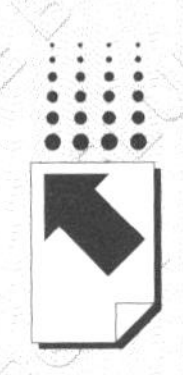

权威·前沿·原创

皮书系列为

“十二五”“十三五”“十四五”时期国家重点出版物出版专项规划项目

智库成果出版与传播平台

数字时代的测绘地理信息研究报告

（2023）

REPORT ON SURVEYING & MAPPING AND GEOINFORMATION IN THE DIGITAL ERA (2023)

主　　编 / 刘国洪
副 主 编 / 陈常松
执行主编 / 马振福　乔朝飞

社会科学文献出版社
SOCIAL SCIENCES ACADEMIC PRESS (CHINA)

图书在版编目(CIP)数据

数字时代的测绘地理信息研究报告. 2023 / 刘国洪主编. -- 北京：社会科学文献出版社，2024. 10.
(测绘地理信息蓝皮书). -- ISBN 978-7-5228-3925-7

Ⅰ. P208.2

中国国家版本馆 CIP 数据核字第 2024M1Q670 号

测绘地理信息蓝皮书
数字时代的测绘地理信息研究报告（2023）

主　　编 / 刘国洪
副 主 编 / 陈常松
执行主编 / 马振福　乔朝飞

出 版 人 / 冀祥德
责任编辑 / 黄金平
文稿编辑 / 赵亚汝
责任印制 / 王京美

出　　版 / 社会科学文献出版社 · 文化传媒分社（010）59367004
　　　　　地址：北京市北三环中路甲29号院华龙大厦　邮编：100029
　　　　　网址：www.ssap.com.cn
发　　行 / 社会科学文献出版社（010）59367028
印　　装 / 三河市东方印刷有限公司

规　　格 / 开　本：787mm × 1092mm　1/16
　　　　　印　张：20.5　字　数：305 千字
版　　次 / 2024年10月第1版　2024年10月第1次印刷
书　　号 / ISBN 978-7-5228-3925-7
定　　价 / 158.00元

读者服务电话：4008918866

编委会名单

主要编撰者简介

刘国洪　自然资源部党组成员、副部长，兼任国家自然资源副总督察，博士。

陈常松　国家基础地理信息中心主任、研究员，博士，享受国务院政府特殊津贴。多年负责测绘地理信息发展规划计划管理及重大项目工作，主持多项测绘地理信息软科学研究项目，编著多本图书，现任中国测绘学会发展战略工作委员会主任委员。

马振福　自然资源部测绘发展研究中心原副主任，高级工程师。

乔朝飞　自然资源部测绘发展研究中心应用与服务研究室主任、研究员，中国矿业大学（北京）硕士专业学位研究生校外导师，博士。负责2010~2023年测绘地理信息蓝皮书的组织编纂工作，主持和参与多项测绘地理信息软科学研究项目，参与编著多本图书。

前　言
加快推进测绘地理信息事业转型升级 为全面实现经济社会数字化转型做出新贡献

刘国洪*

当今世界，以大数据、人工智能等技术为代表的数字技术广泛应用于经济社会各个领域，正在成为重组全球要素资源、重塑全球经济结构、重构全球竞争格局的关键力量。党中央、国务院积极顺应国际发展大势，主动适应数字时代要求，科学部署数字中国建设，大力发展数字经济，全面推进经济社会各个领域数字化转型。测绘地理信息作为重要的战略性数据资源和新型生产要素，在支撑治国理政、赋能各行各业、服务千家万户等方面发挥着重要作用。自然资源部党组认真落实党中央、国务院决策部署，面向高质量发展新要求，加快布局测绘地理信息事业转型升级工作，2023 年全国测绘地理信息工作会议确定了新时代新征程测绘地理信息"两支撑、两服务"的工作要求和"四个为"的目标任务，出台《关于加快测绘地理信息事业转型升级更好支撑高质量发展的意见》，进行全面部署。推动测绘地理信息事业转型升级，为高质量发展提供测绘地理信息数据要素保障，成为当前和今后一个时期测绘地理信息事业发展的主题主线。

一　准确把握形势

推进测绘地理信息事业转型升级，是全面落实党中央、国务院战略部署，

---

*　刘国洪，自然资源部党组成员、副部长，兼任国家自然资源副总督察，博士。

着眼于数字时代新要求提出的新部署新思路新举措，也是顺应国际科技发展大势，推动我国测绘地理信息事业高质量发展的必然选择。

（一）落实数字中国建设战略的迫切需要

习近平总书记深刻指出“当今时代，数字技术、数字经济是世界科技革命和产业变革的先机，是新一轮国际竞争重点领域，我们一定要抓住先机、抢占未来发展制高点”。[①] 党的二十大报告将数字中国建设、数字经济发展提升到了构筑国家竞争新优势、推进中国式现代化的战略高度，明确要求“建设数字中国，加快发展数字经济，促进数字经济和实体经济深度融合，打造具有国际竞争力的数字产业集群”。“十四五”以来，党中央、国务院先后出台《“十四五”新型基础设施建设规划》《“十四五”数字经济发展规划》《关于加强数字政府建设的指导意见》《关于构建数据基础制度更好发挥数据要素作用的意见》《数字中国建设整体布局规划》等多个重要文件，围绕全面推进经济社会数字化发展做出一系列战略部署，赋予测绘地理信息新型基础设施和重要生产要素的战略地位，对新时代新征程测绘地理信息工作提出了明确任务和具体要求。面对新机遇新定位新要求，必须加快推进测绘地理信息事业转型升级，强化时空数字化驱动力，真正以新理念新业态新模式全面融入“五位一体”总体布局的全领域各环节，助力“数据之治”，充分发挥测绘地理信息数据要素乘数效应，赋能经济社会高质量发展。

（二）落实数字生态文明建设战略的迫切需要

习近平总书记在全国生态环境保护大会上强调，要“深化人工智能等数字技术应用，构建美丽中国数字化治理体系，建设绿色智慧的数字生态文明”。[②] 推进数字生态文明建设，大力促进绿色化和数字化融合，是自然资源部门学习贯彻习近平生态文明思想、有效履行自然资源管理“两统一”核心

① 《习近平谈治国理政》第4卷，外文出版社，2022，第206页。

② 《加快推进绿色智慧的数字生态文明建设》，新华网，http://www.xinhuanet.com/politics/20230928/8b8b4311def2416b8972d418f74adc0a/c.html。

职责的重要任务和有效路径。测绘地理信息具有卫星导航定位、航空航天遥感、时空大数据、空间统计分析等技术优势，在自然资源管理和国土空间治理全业务链条中发挥着越来越重要的支撑作用。落实党中央、国务院关于数字生态文明建设战略部署，迫切需要测绘地理信息工作着力提升无域不达的时空感知、无处不在的时空连接、无时不用的时空计算、无所不及的时空智能能力，支撑美丽中国数字化治理体系建设，促进自然资源、国土空间治理体系和治理能力现代化；迫切需要推动测绘地理信息数据与自然资源管理深度融合，进一步促进自然资源在时间、空间上的优化配置，切实发挥测绘地理信息数据要素在数字生态文明建设中的保障作用。

（三）提升国家安全保障能力的迫切需要

习近平总书记在十九届中央政治局第二次集体学习时指出，“要切实保障国家数据安全。要加强关键信息基础设施安全保护，强化国家关键数据资源保护能力，增强数据安全预警和溯源能力”。[①] 他多次强调要“以新安全格局保障新发展格局”。全面建设社会主义现代化国家，必须统筹好发展与安全两件大事，实现高质量发展和高水平安全良性互动。测绘地理信息事关国家主权、安全和发展利益，测绘地理信息安全受到前所未有的重视。我国地理信息安全不仅面临基础测绘成果管理和使用等传统领域风险，还面临境外互联网地理信息服务、国外地理信息软硬件应用等新的安全隐患，以及人工智能、自动驾驶、众源测绘等新技术新业态新模式可能带来的潜在安全风险。迫切需要紧跟国内外发展形势，及时研判安全风险和隐患，构建更加严密的安全保障体系，牢牢守住测绘地理信息数据安全底线，把安全发展贯穿构建测绘地理信息事业新发展格局的全过程各环节。

二 锚定主攻方向

推进测绘地理信息事业转型升级，关键是要聚焦“强化测绘地理信息数

① 《习近平关于总体国家安全观论述摘编》，中央文献出版社，2018，第179页。

据要素保障”这一主攻方向，在数据资源供给、流通交易、赋能应用、安全治理、制度保障等方面下功夫，加快推进测绘地理信息数据资源向数据资产转变，加速激活其作为生产要素的价值潜能，推动形成新质生产力，为高质量发展提供新动能。

（一）测绘地理信息数据要素保障是自然资源部门的核心职能

新时代新征程自然资源部门工作定位从统筹安全和发展的角度，明确了测绘地理信息工作作为自然资源“两统一”核心职能的具体内涵。“严守资源安全底线”要求建立健全测绘地理信息安全保障体系，强化安全监管；“促进绿色低碳发展”要求提升测绘地理信息获取和服务支撑能力。各级自然资源部门要正确认识在推进测绘地理信息事业转型发展中的主体责任，树立测绘地理信息数据与土地、矿产、海洋等资源共同构成自然资源保障要素的理念，肩负起为数字中国建设和数字经济发展提供数据要素保障的职责使命。

（二）全面准确把握“数据作为生产要素”的内在需求

数据要成为生产要素，必须与实体经济融合转化为生产经营活动所必需的基础性资源，融入生产、分配、流通、消费和社会服务管理等各环节。数据作为生产要素，需满足数据“可机读”、标准开放、供给稳定、质量可靠、产权明晰、流通顺畅、环境安全等前提条件。测绘地理信息数据历来为经济建设、国防建设、社会发展和生态保护所必需，经过二十多年数字化信息化发展，数据供给能力、应用能力以及相关的政策技术环境已基本具备，开发利用的全社会共识已经达成。要把握将数据上升为生产要素的要求，加快在产权登记、流通交易等方面进行管理创新，健全测绘地理信息数据要素市场配置机制。

（三）加快测绘地理信息数据安全治理

测绘地理信息的双重属性决定了，其既要服务经济社会发展，也要保障国家安全。跨界融合、泛在感知、智能自主、精准服务的技术发展趋势，对测绘地理信息安全防控提出更高要求。强化测绘地理信息数据要素保障，必须坚持统筹发展和安全，将数据安全治理放在首要位置。既要丰富数据资源供给，扩大数据社会化应用，充分挖掘测绘地理信息数据作为生产要素的价值和数据融合平台的作用，又要积极化解数据共享应用和安全保密的矛盾，遵循“该保的保住、该放的放开”原则，强化分类施策、推进多元治理、加强技术应用，让数据流通更顺畅、应用更安全。

三　健全保障体系

统筹推动测绘地理信息公共服务和市场服务数字化，形成测绘地理信息数据供给端、流通交易、需求端有机衔接的，相关基础设施、管理政策和运行机制有机构成的测绘地理信息数据要素保障体系。

（一）加快构建新型基础测绘体系，为数字中国建设打造统一的时空基底

构建以现代测绘基准、实景三维中国、时空大数据平台为主要内容的新型基础测绘业务格局。推进智能化测绘技术体系建设，加快扩大和提升测绘地理信息公共数据资源供给的规模和质量。健全测绘基准基础设施维护更新常态化机制，加强全国测绘基准资源的统筹整合，加快构建基于北斗的全国卫星导航定位基准站“一张网”，保持测绘基准的技术先进性、运行安全性和服务稳定性，强化测绘基准的法定性和全国一致性。要坚持数据为王，加快推进实景三维中国建设，保质保量地实现数据资源建设目标，形成新型基础测绘标准化产品；坚持应用为本，推动实景三维中国数据供给与多元应用场景、生产生活需要深度融合，实现需求牵引供给、供给创造需求的良性互动，构建开放应用生态；坚持创新为要，加强实景三维中国建设的理念创新、管理创新、技术创新、服务创新，释放创新动能。大力推进时空大数据平台建设，统筹国家、省、市、县级平台的系统构建和纵向贯通，提升公共数据网络化、智能化、知识化服务能力，更好发挥统一时空基底、数据融合平台和时空赋能平台作用。

（二）加快构建测绘地理信息数据要素市场运行体系

强化数据要素市场供给，加快测绘地理信息公共数据公众版成果开发，推进测绘地理信息公共数据授权运营，建立健全测绘地理信息公共数据有偿使用和收益分配机制，鼓励社会力量进行增值开发利用；鼓励社会力量依法依规采集处理测绘地理信息数据，加大企业数据供给力度。畅通数据要素流通交易渠道，加快推进测绘地理信息数据产权登记、流通交易等基础制度建设，建立数据市场准入规则、数据流通规则和质量标准化体系，完善鼓励多元投入、激发市场活力、保护数据产权、活跃数据交易的激励机制，推进安全可信的数据交易流通平台、数据交易场所建设，培育测绘地理信息数据商和第三方专业服务机构。发挥数据要素乘数效应，加快推动北斗导航定位、实景三维中国等测绘地理信息数据要素应用场景挖掘，促进测绘地理信息数据向制造、农业、交通、通信、建筑、文化、电力等实体经济领域加速渗透，与现代物流、低空经济、平台经济、自动驾驶等新产业融合发展。

（三）加快健全测绘地理信息数据安全治理体系

落实数据安全法规制度，顺应形势变化、技术发展和现实需要，重构测绘地理信息数据安全政策，按照涉密与非涉密数据进行分类施策，完善涉密数据定密技术标准及相关保密制度，建立测绘地理信息数据分类分级保护制度，完善重要测绘地理信息数据管理制度，构建测绘地理信息数据安全治理制度体系。加强安全可信的数据安全技术应用，加快测绘地理信息保密处理技术优化升级，推动数字水印、安全控制、国产密码等安全技术融合应用，形成涉密测绘地理信息数据可信分发、可控使用和过程溯源技术体系。推进国产化测绘地理信息软件硬件装备的自主研发、安全测评和推广应用。探索建立数据安全多元治理新模式，确定数据安全治理规则和标准，制定测绘地理信息数据流通和交易负面清单，推进政府、企业、公众协同治理。积极应对新技术新业态新模式风险挑战，建立安全评估机制，及时调整管理策略。

摘　要

当前，数字经济发展如火如荼，深刻地影响和改变经济社会发展方式。数据作为新兴的生产要素，已成为数字时代的“石油”。测绘地理信息事业作为数字经济发展的重要组成部分，需要适应新形势，加快转型发展。为此，自然资源部测绘发展研究中心组织编辑第十四本测绘地理信息蓝皮书——《数字时代的测绘地理信息研究报告（2023）》。本书梳理总结了数字时代测绘地理信息工作面临的发展形势，探讨了数字时代推动测绘地理信息工作高质量发展的举措。

本书包括总报告和专题报告两部分内容。总报告分析了数字时代测绘地理信息工作面临的新形势，总结了数字时代测绘地理信息工作发展现状，剖析了数字时代测绘地理信息工作存在的主要问题，提出了数字时代测绘地理信息工作高质量发展的有关建议。专题报告由数字基础设施篇、数据资源篇、数据安全篇、数创科技篇、基础制度篇和应用篇等六部分组成，从不同领域和角度分析了在数字时代如何推动测绘地理信息工作高质量发展。

关键词：测绘地理信息　数字时代　数据要素　生产要素

目 录

Ⅰ 总报告

B.1 数字时代的测绘地理信息研究报告 …… 马振福 乔朝飞 等 / 001

一 数字时代测绘地理信息工作面临的新形势 ………… / 002

二 数字时代测绘地理信息工作发展现状 ……………… / 007

三 数字时代测绘地理信息工作存在的主要问题 ……… / 016

四 数字时代测绘地理信息工作高质量发展的有关建议 …… / 018

Ⅱ 数字基础设施篇

B.2 北斗时空信息助推数字经济发展……………………… 于贤成 / 027

B.3 国土空间基础信息平台能力提升的基本路径

……………………………………………… 吴洪涛 李治君 / 038

B.4 智慧城市时空大数据平台建设与应用进展 ………… 严荣华 / 052

B.5 地理信息公共数据及其开放平台构建
……………………………………………黄　蔚　张红平　等 / 064

Ⅲ　数据资源篇

B.6 数字时代海洋地理信息资源建设……………………相文玺 / 074
B.7 高级辅助驾驶地图数据资源建设……………………刘玉亭 / 085

Ⅳ　数据安全篇

B.8 地理信息安全与监管 ……………………… 李朋德　朱月琴 / 097
B.9 时空信息安全技术探索与实践
……………………………………………燕　琴　王继周　等 / 106
B.10 数字时代的地图审查工作 ……………张文晖　狄　琳　等 / 114
B.11 地理信息安全治理体系构建 …………… 贾宗仁　乔朝飞 / 123

Ⅴ　数创科技篇

B.12 面向基础设施安全监测的 3S 集成技术与应用
……………………………………………李清泉　汪驰升　等 / 134
B.13 自动驾驶高精度地图发展现状与趋势
……………………………………………杜清运　任　福　等 / 150
B.14 北京市地理实体生产关键技术研究及应用
……………………………………………陈品祥　曾艳艳　等 / 163
B.15 自动单体构建技术在实景三维中国建设中的应用与发展
……………………………………………高　凯　乐黎明　等 / 176

Ⅵ 基础制度篇

B.16 当前测绘地理信息工作面临的形势及发展思路 …… 徐开明 / 187

B.17 测绘地理信息支撑“多测合一”改革的实践与思考
…………………………………………………………… 杨宏山 / 199

B.18 注册测绘师制度建设与实施现状分析
………………………………………………… 易树柏 王 琦 等 / 211

B.19 自然资源数据开发利用引入特许经营模式的构想
…………………………………………………………… 乔朝飞 / 221

B.20 地理空间公共数据基础制度构建研究
——以卫星遥感数据为例 …………… 周月敏 李 军 等 / 230

Ⅶ 应用篇

B.21 数字时代地理信息产业发展 ……………………… 李维森 / 241

B.22 中国数字孪生城市建设进展与趋势
………………………………………………… 党安荣 田 颖 等 / 253

B.23 测绘地理信息赋能数字经济发展 …… 王 华 陈晓茜 等 / 261

B.24 城市智理时空数字化平台探索与实践
——以上海市为例 ……………………… 王 号 王 跃 等 / 271

Abstract ………………………………………………………… / 281

Contents ………………………………………………………… / 283

皮书数据库阅读**使用指南**

总报告

B.1 数字时代的测绘地理信息研究报告

马振福　乔朝飞　贾宗仁　周　夏*

摘　要： 当前，数字经济发展如火如荼，深刻地影响和改变经济社会发展方式。数据作为新兴的生产要素，已成为数字时代的“石油”。本报告剖析了数字时代测绘地理信息工作面临的国内外形势；梳理总结了数字基础设施、数据资源供给、数据科技创新、数据应用等方面的发展现状；指出了测绘地理信息工作目前存在的主要问题，包括数据要素价值远未充分体现、数据安全保障仍然存在隐患，以及相关标准体系不够健全；最后提出了数字时代测绘地理信息工作高质量发展的有关建议，包括加强地理信息数据资源供给、推动地理信息数据要素市场建设、构筑自立自强的技术创新体系、健全体制机制促进协同发展，以及强化人才支撑。

关键词： 数字时代　测绘地理信息　数据要素

* 马振福，自然资源部测绘发展研究中心原副主任，高级工程师；乔朝飞，自然资源部测绘发展研究中心应用与服务研究室主任、研究员，博士；贾宗仁，自然资源部测绘发展研究中心副研究员；周夏，自然资源部测绘发展研究中心助理研究员。

一　数字时代测绘地理信息工作面临的新形势

（一）国际形势

1. 世界各国高度重视数字经济发展

近年来，世界主要国家不断提升数字经济发展战略层级，陆续以顶层设计形式出台相关政策，不断健全法律法规体系，加快推动数字产业化和产业数字化，促进数字技术与实体经济深度融合。2020 年以来，德国、英国、澳大利亚等国家相继发布数字经济发展战略，明确了未来一段时期的发展愿景和方向；韩国、欧盟等国家和地区陆续出台了促进数据要素市场建设、强化数据治理、加强隐私保护等方面的法案；越南等国家通过改革体制机制，强化多部门协同，保障数字经济发展战略实施落地。《全球数字经济白皮书（2022 年）》数据显示，2021 年全球 47 个国家数字经济增加值规模为 38.1 万亿美元，同比名义增长 15.6%，占 GDP 比重为 45.0%。① 大力发展数字经济已成为发达国家和新兴经济体应对疫情冲击、加快经济社会转型的共同选择。

2. 发达国家地理信息数据要素市场领先优势明显

《中国地理信息产业发展报告（2022）》数据显示，2021 年全球地理信息市场规模为 3950 亿美元，增长率为 8.2%；预计到 2025 年，市场规模将达到 6810 亿美元。② 上述数据充分反映了地理信息数据作为基础性关联性生产要素，在生产、分配、流通、消费等各环节形成的价值链增值，以及地理信息数据要素市场的不断壮大。发达国家利用技术壁垒、资本壁垒和数据独占优势，持续在全球地理信息数据要素市场保持领先地位。谷歌、HeRe、TomTom 等地图企业，Maxar、空客防务等商业遥感企业，海克斯康、天宝、Esri 等地理信息服务商，在各自细分领域仍然保持绝对优势，在全球市场的领先地位

---

① 《全球数字经济白皮书（2022 年）》，中国信息通信研究院网站，http://www.caict.ac.cn/kxyj/qwfb/bps/202212/t20221207_412453.htm。

② 中国地理信息产业协会编著《中国地理信息产业发展报告（2022）》，测绘出版社，2022，第 1 页。

短期内难以撼动。中国等新兴经济体近年来通过持续的政策扶持、技术和服务模式创新，已成为全球地理信息数据要素市场的重要一极，有望打破西方长期占据龙头地位的局面，形成美中欧三极格局。

3. 时空信息技术创新和基础设施建设加速推进

近年来，以位置服务、对地观测、数字孪生为核心的时空信息技术和基础设施成为世界主要国家科技发展的重要战略方向。位置服务方面，美国、欧盟、俄罗斯的新一代全球导航卫星系统（GNSS）的卫星信号强度、抗干扰能力大幅提升；融合卫星导航、移动通信、广域实时精密定位、室内定位等技术的室内外无缝高精度导航定位技术及相关应用快速发展；GNSS 基准站网规模快速增长，仅海克斯康、Geo++ 两家公司在全球建立的 GNSS 基准站网就接近 8000 个。[①] 对地观测方面，光学卫星和雷达卫星呈现高分辨率、星座化趋势，尤其是合成孔径雷达（SAR）卫星快速发展，与光学卫星形成互补，大幅提升全天时、全天候对地观测能力；对地观测云服务、星地计算、星地协同加速布局，卫星遥感数据服务即时化、订阅化、智能化成为发展趋势。数字孪生方面，作为促进物理实体与虚拟实体在地理空间中交互共融、实现物理实体在全生命周期智慧管理的关键技术，数字孪生在全球智慧城市、电力、水利、交通、航空航天等领域已开展大量应用实践，并朝着智能化、综合化和实时化方向不断演进。[②]

4. 地理信息技术、产品、服务跨界融合持续深化

以大数据、人工智能、区块链等为代表的数字技术，深刻影响测绘地理信息的生产组织方式、产品形态和产业服务链条。3S 技术（遥感、全球定位系统、地理信息系统）与新兴数字技术深度融合，推动地理信息数据获取智能化、服务平台化、应用个性化，产业链条不断延伸。数字技术赋能下，遥

---

① 《发展研究 | 在做大做强数字经济背景下优化时空数据治理工作》，“中国测绘学会”微信公众号，https://mp.weixin.qq.com/s?__biz=MzI1NTA2MzYxMg==&mid=2650147985&idx=4&sn=e385bda7891f03c83e74d5f74a2d2a04&chksm=f2390fc2c54e86d46d521ee627d676118a3d24080513ec355905a4412a736c14119c95f85362&scene=27。

② 吴雁、王晓军、何勇等:《数字孪生在制造业中的关键技术及应用研究综述》，《现代制造工程》2021 年第 9 期。

感影像、实时位置、轨迹等地理信息数据的价值凸显，作为生产要素参与政府公共服务和商业化服务的作用更加突出。影像自动解译、位置智能感知、智能网联汽车等新业态、新应用不断涌现且产值不断增加。越来越多的互联网平台企业将地理信息作为重要业务板块之一，通过发展地理信息数据业务，或收购合并传统测绘地理信息企业等方式，整合地理信息数据资源为其平台业务提供支撑。

（二）国内形势

1. 党中央高度重视数字经济发展和测绘地理信息工作

习近平总书记指出，“长期以来，我一直重视发展数字技术、数字经济。二〇〇〇年我在福建工作期间就提出建设‘数字福建’，二〇〇三年在浙江工作期间又提出建设‘数字浙江’。党的十八大以来，我多次强调要发展数字经济”，“二〇一七年在十九届中央政治局第二次集体学习时强调要加快建设数字中国，构建以数据为关键要素的数字经济，推动实体经济和数字经济融合发展；二〇一八年在中央经济工作会议上强调要加快 5G、人工智能、工业互联网等新型基础设施建设；二〇二一年在致世界互联网大会乌镇峰会的贺信中指出，要激发数字经济活力……让数字文明造福各国人民”。[①]

“党的十八大以来，党中央高度重视发展数字经济，将其上升为国家战略。党的十八届五中全会提出，实施网络强国战略和国家大数据战略，拓展网络经济空间，促进互联网和经济社会融合发展，支持基于互联网的各类创新。党的十九大提出，推动互联网、大数据、人工智能和实体经济深度融合，建设数字中国、智慧社会。”[②] 党的二十大提出，“加快发展数字经济，促进数字经济和实体经济深度融合”。[③] 近年来，国家出台《网络强国战略实施纲要》、《数字经济发展战略纲要》、《关于构建数据基础制度更好发挥数据要素作用的

---

① 《习近平著作选读》第 2 卷，人民出版社，2023，第 534~535 页。

② 《习近平谈治国理政》第 4 卷，外文出版社，2022，第 205 页。

③ 习近平：《高举中国特色社会主义伟大旗帜　为全面建设社会主义现代化国家而团结奋斗——在中国共产党第二十次全国代表大会上的报告》，人民出版社，2022，第 30 页。

意见》(以下简称《数据二十条》)、《"十四五"数字经济发展规划》、《数字中国建设整体布局规划》等一系列政策，统筹部署推动数字经济和数字中国发展。党的二十届二中全会通过的《党和国家机构改革方案》明确，组建国家数据局。国家数据局的成立将从组织机构层面进一步推动我国数字经济健康快速发展。

习近平总书记十分重视测绘地理信息工作，曾经分别就测绘地理信息数据要素保障、新型基础设施建设与应用，以及构建国际合作新平台等发表重要论述。2014年，习近平总书记在两院院士大会上以清朝政府花费10年时间绘制的科学水平空前的《皇舆全览图》为例，阐明"科学技术必须同社会发展相结合"。[①] 2018年11月，在致联合国全球卫星导航系统国际委员会第十三届大会的贺信中指出，"卫星导航系统是重要的空间基础设施"，"北斗系统已成为中国实施改革开放40年来取得的重要成就之一"。[②]2020年9月22日，在第七十五届联合国大会一般性辩论上发表重要讲话，郑重宣布："中国将设立联合国全球地理信息知识与创新中心和可持续发展大数据国际研究中心，为落实《联合国2030年可持续发展议程》提供新助力。"[③] 2021年9月16日，在致首届北斗规模应用国际峰会的贺信中指出，"当前，全球数字化发展日益加快，时空信息、定位导航服务成为重要的新型基础设施"。[④] 习近平总书记的重要讲话和重要论述，为新时代新征程全面推进测绘地理信息事业转型升级提供了根本遵循、指明了前进方向、提出了明确要求。

2. 地理信息数据作为重要生产要素的价值日益凸显

生产要素是指用于商品和劳务生产的经济资源。[⑤] 在数字时代，数据作为"黏合剂"，全面融入劳动与资本等传统生产要素，促进要素间的连接和流

---

① 《习近平谈治国理政》，外文出版社，2014，第125页。

② 《习近平向联合国全球卫星导航系统国际委员会第十三届大会致贺信》，《人民日报》2018年11月6日，第1版。

③ 《习近平在联合国成立75周年系列高级别会议上的讲话》，人民出版社，2020，第12页。

④ 《习近平书信选集》第1卷，中央文献出版社，2022，第359页。

⑤ 宋冬林、孙尚斌、范欣:《数据成为现代生产要素的政治经济学分析》，《经济学家》2021年第7期。

通，形成各类生产要素一体化的要素体系。[①] 地理信息数据作为一类重要的基础性数据资源，能够有效支持政府管理决策和企业生产效率提升。[②]

在支持政府管理决策方面，在地理信息大数据分析技术的支持下，政府在自然资源管理、国土空间格局优化与资源合理配置、智慧城市建设和管理、防灾减灾、环境保护等方面利用地理信息数据对政策措施的实施效果进行评估，通过进行大数据情景分析实时修正方案，通过实时决策提高政策制定的效率。

在支持企业生产效率提升方面，企业利用地理信息大数据确定最佳的销售地点、销售规模，刻画出更复杂、更完整的客户画像，了解消费者的偏好，从而有针对性地提供更准确的定制产品和服务，进而提升生产效率。滴滴、美团等平台企业，以及电信和物流等相关企业基于互联网位置服务，结合算法规则、数据挖掘分析，为用户提供衣食住行等方面的信息服务，并依托数据直接获取收益，同时通过反馈更实时、精准、丰富的数据助力地图技术和服务的迭代更新。

3. 测绘地理信息工作定位发生新变化

2018 年自然资源部组建成立后，测绘地理信息工作的定位发生了新的变化。2019 年 2 月，自然资源部首次组织召开全国国土测绘工作座谈会，提出测绘地理信息工作要“围绕自然资源‘两统一’、兼顾社会化公共服务”。[③] 2020 年 10 月，自然资源部召开全国国土测绘工作会议，明确测绘地理信息工作要“支撑自然资源管理、服务生态文明建设，支撑各行业需求、服务经济社会发展”（“两支撑 两服务”）。[④]2021 年 7 月召开的全国地理信息管理工作会议又进一步明确测绘地理信息工作要“支撑经济社会发展、服务各行业需

① 李海舰、赵丽：《数据成为生产要素：特征、机制与价值形态演进》，《上海经济研究》2021 年第 8 期。

② 徐翔、厉克奥博、田晓轩：《数据生产要素研究进展》，《经济学动态》2021 年第 4 期。

③ 李卓聪：《2019 年全国国土测绘工作座谈会召开 自然资源部将启动“十四五”基础测绘规划编制》，《资源导刊》2019 年第 3 期。

④ 《2020 年全国国土测绘工作会议在京召开》，自然资源部网站，https://www.mnr.gov.cn/dt/ywbb/202011/t20201103_2581681.html。

求，支撑自然资源管理、服务生态文明建设，不断提升测绘地理信息工作能力和水平”（“两支撑 一提升”）。[①] 2023 年 5 月召开的全国测绘地理信息工作会议明确对测绘地理信息工作的要求是“支撑经济社会发展、服务各行业需求，支撑自然资源管理、服务生态文明建设”。[②] 2023 年 8 月，自然资源部印发《关于加快测绘地理信息事业转型升级 更好支撑高质量发展的意见》，明确新时代测绘地理信息的工作定位是“支撑经济社会发展、服务各行业需求，支撑自然资源管理、服务生态文明建设”。[③] 至此，测绘地理信息工作的定位已经十分清晰和明确。

“两支撑 两服务”是新时期指导测绘地理信息事业发展的重要原则，是各级自然资源部门和广大测绘地理信息单位做好相关工作、推动事业发展的基本遵循。新的工作定位要求测绘地理信息工作按照《测绘法》的要求，继续支撑好、服务好经济社会和各行业发展，同时要体现部门特色，着力加强对自然资源管理工作的支撑和服务。

二 数字时代测绘地理信息工作发展现状

（一）数字基础设施方面

我国现代测绘基准体系逐步完善，2000 国家大地坐标系（CGCS 2000）得到全面应用，测绘基准基础设施技术全面升级。自然资源系统卫星导航定位基准站网全国覆盖并提供厘米级定位服务，系统内基准站北斗三号升级改造逐步完成。构建了国家新一代重力基准网。部分省份似大地水准面精度达 3 厘米、部分城市达毫米级。[④]

---

① 《2021 年全国地理信息管理工作会议召开》，中央人民政府网站，http://www.gov.cn/xinwen/2021-08/02/content_5628951.htm。

② 《全国测绘地理信息工作会议召开》，自然资源部网站，https://www.mnr.gov.cn/dt/ywbb/202305/t20230515_2786406.html。

③ 《自然资源部关于加快测绘地理信息事业转型升级 更好支撑高质量发展的意见》，自然资源部网站，http://gi.mnr.gov.cn/202308/t20230823_2797918.html。

④ 吕苑鹃：《奋楫笃行启新局——五年来我国测绘地理信息事业发展综述》，《中国自然资源报》2023 年 5 月 15 日，第 1 版。

（二）数据资源供给方面

1. 政府部门地理信息资源供给方面

基础地理信息资源建设取得明显进展。1∶5 万基础地理信息数据库保持按年度动态更新，1∶1 万陆地国土覆盖率达 65%。完成了新一代数字高程模型（DEM）对陆地国土的全覆盖，分辨率由 25 米格网提升至 10 米格网，现势性由 2010 年提升至 2019 年。2 米分辨率数字正射影像（DOM）按季度覆盖全国，优于 1 米分辨率 DOM，实现重点区域 1 年 1 版，部分省份做到每季度 1 版。[①]

实景三维中国纳入数字中国建设整体布局规划并全面启动，国家和省、市、县协同推进地形级、城市级、部件级实景三维建设，推动产品表达方式从二维向三维转变，产品覆盖从陆地表面向海洋、水下、地下等延伸，加快形成新一代国家时空信息数据库，为数字中国、数字经济、数字政府、数字社会提供统一的空间定位框架和分析基础。基础测绘与自然资源业务融合发展取得积极进展，实景三维中国成为自然资源调查监测、执法督察、国土空间规划等业务的时空基底。[②]

海洋地理信息资源建设进入全面推进新阶段。形成覆盖中国海域的 1∶50 万、1∶100 万、1∶230 万、1∶400 万、1∶700 万海洋地理信息产品。广西、浙江、山东、广东、深圳等省区市相继开展管辖海域内 1∶5000~1∶10000 比例尺的近岸海洋测绘工作。[③]

自然资源、林业和草原、交通、生态环境、水利、气象等部门出于业务需要生产了大量专题地理信息数据，均不同程度地向社会开放共享。[④]

---

① 吕苑鹃:《奋楫笃行启新局——五年来我国测绘地理信息事业发展综述》,《中国自然资源报》2023 年 5 月 15 日，第 1 版。

② 吕苑鹃:《奋楫笃行启新局——五年来我国测绘地理信息事业发展综述》,《中国自然资源报》2023 年 5 月 15 日，第 1 版。

③ 自然资源部测绘发展研究中心:《关于统筹全国基础测绘建设调研的报告》，2023（内部资料）。

④ 乔朝飞、徐坤、孙威等:《我国政府部门地理信息数据开放：现状、问题及发展建议》,《地理空间信息》2023 年第 1 期。

2. 企业地理信息资源供给方面

近年来，地理信息相关企业加速在 GNSS 基准站、商业遥感卫星星座、自动驾驶高精度地图等时空信息基础设施领域布局，地理信息数据获取能力大幅提升，遥感影像、实时位置、互联网地图和高精度地图等数据资源呈现爆发式增长态势，企业逐步取代政府部门成为我国地理信息资源供给的主力军。

在商业遥感数据资源方面，长光卫星、世纪空间、航天宏图、中国四维等企业通过发射运营卫星以及代理国外卫星等方式，积累了海量商业遥感影像数据。例如，长光卫星对外提供的吉林系列商业遥感数据量达到 8PB，涵盖 50cm 级高分辨率光学影像、亚米级影像、多光谱影像和夜光 / 微光数据[①]；航天宏图运营国内首个干涉 SAR 商业卫星星座，拥有国内首个遥感云服务平台和千万级样本数据[②]。

在卫星导航定位数据资源方面，千寻位置、迅腾科技、中国移动、国家电网、六分科技、中国联通、华测导航、开普勒科技、时空道宇等企业投资建设了 2 万余座基准站，已建成 9 个以上全国性的基准站网，拥有海量卫星导航定位数据，提供高精度智能化、实时化位置服务。[③] 例如，千寻位置对外提供的基础定位数据服务覆盖超过 230 个国家和地区，日均处理位置数据 10 亿次，日业务数据新增量达 1TB。[④]

在互联网地图数据资源方面，百度、高德、腾讯、顺丰、美团、京东等企业立足于自身平台业务数据优势，持续获取国内外海量路网、兴趣点（POI）、建筑物、地址库等数据，依托这些数据所形成的互联网地图服务、导航服务已经广泛服务于百姓衣食住行。例如，百度地图全球路网覆盖 7000 万公里，2 亿 POI 覆盖全球 200 多个国家和地区，拥有超过 3000 万个地标类

---

① 遥感商城官网，https://www.jl1mall.com/store/ResourceCenter。

② 航天宏图官网，http://www.piesat.cn/#。

③ 熊伟、王勇、敖敏思等：《加快构建全国卫星导航定位基准站“一张网”》，《测绘地理信息智库建议》2023 年第 15 期（自然资源部测绘发展研究中心内部刊物）。

④ 千寻位置官网，https://www.qxwz.com/about?spm=portal.index.menu6.7.0.d31nzdt69zr。

POI，覆盖全国主干道路分钟级更新的交通动态数据。[①]

在高精度地图数据资源方面，作为产业新的增长点，近年来传统图商、自动驾驶解决方案商、车企纷纷加大对其的投入力度，持续扩大包含交通标志、地面标识、车道线、信号灯等上百种要素的高精度地图数据的覆盖范围[②]，在数据体量上已远超传统导航电子地图数据。例如，百度高级辅助驾驶地图覆盖的道路里程近 150 万公里，实现全国一、二线城市全覆盖。[③] 四维图新 OneMap 高精度地图数据覆盖全国 44 万多公里高速公路和城市快速公路，覆盖全国 120 余个城市超过 30 万公里的城市内结构化道路、省道、国道。[④]

（三）数据科技创新方面

科技创新已经成为地理信息事业高质量发展的第一推动力和核心支撑。伴随着地理信息数据及技术与大数据、物联网、人工智能等新一代数字信息技术的融合创新、应用发展，科技创新进程不断加快，赋能数字化转型发展的重要支撑作用不断夯实。

1. 大地测量方面

随着 2020 年我国独立自主研发的卫星导航系统——北斗三号全球卫星导航系统全面建成并开通，我国卫星导航与位置服务的应用与产业发展不断加快。[⑤] 北斗系统加速与新技术融合发展，“北斗 +”“+ 北斗”正成为中国卫星导航产业的新模式、新业态。广州市依托已升级改造的连续运行卫星定位综

---

① 百度地图开放平台官网，https://lbsyun.baidu.com/。

② 中国智能网联汽车产业创新联盟自动驾驶地图与定位工作组：《智能网联汽车高精地图白皮书（2020）》，阿米巴官网，https://www.ambchina.com/data/upload/image/20211124/%E6%99%BA%E8%83%BD%E7%BD%91%E8%81%94%E6%B1%BD%E8%BD%A6%E9%AB%98%E7%B2%BE%E5%9C%B0%E5%9B%BE%E7%99%BD%E7%9A%AE%E4%B9%A6.pdf。

③ 《30 省 134 城，百度地图率先获准全国高级辅助驾驶地图》，“Apollo 智能驾驶”百度百家号，https://baijiahao.baidu.com/s?id=1774900966833816903&wfr=spider&for=pc。

④ 四维图新官网，https://www.navinfo.com/map-products。

⑤ 《从仰望星空到经纬时空：新时代的中国北斗闪耀全球》，国家航天局网站，https://www.cnsa.gov.cn/n6758823/n6758838/c10068624/content.html。

合服务系统（GZCORS），开展新一代PPP（精密单点定位技术）-RTK（实时动态载波相位差分技术）城市CORS定位新技术创新研究及应用，并结合国内领先的陆海一体似大地水准面模型成果，构建基于“北斗三号”的广州市陆海一体、动态高精现代测绘基准，使之成为满足广州市实景三维、智能交通、灾害预警、国土规划等领域的高精度位置服务需求的国家重要中心城市新型时空信息基础设施。[①] 湖南省成功打造全国首个北斗开放实验室等国家级卫星导航技术创新平台，建立邮政物流、工程机械、环洞庭湖、北斗低空综合应用示范等4个有明确应用需求和典型特色的国家北斗应用示范工程。湖南北云科技的“北斗+智能网联汽车”系统，在全国400多个城市中投入使用；湖南联智科技研发的“北斗+安全智能监测”预警技术，在全国布设监测点超9000个。北斗在防灾减灾、智能交通、智慧城市等领域实现众多特色示范应用。[②] 雄安新区依托“5G+北斗”无人化业务运营平台，实现无人接驳车、无人零售车、无人清扫车、巡逻机器人等多种无人化工作的综合性应用场景。[③] 联适导航自主研发的国内首个基于北斗卫星导航定位系统的自动驾驶系统——AF300北斗导航自动驾驶系统，以北斗卫星导航和智能控制为核心技术，探索我国“北斗+农业”的智慧农业新模式[④]，并在全球50多个国家和地区广泛应用，在国内推广建设数十个无人化智慧农场[⑤]。

2. 地理信息系统方面

易智瑞信息技术有限公司依托二三维一体化GIS平台GeoScene，融合BIM、物联网、大数据、智能感知、微服务架构等技术，自主研发城市信息

---

① 《广州卫星定位系统“北斗三号”升级改造完成》，自然资源部网站，https://www.mnr.gov.cn/dt/ch/202303/t20230324_2779292.html。

② 《“湘”拥北斗 未来已来 ——湖南北斗产业发展观察》，湖南省人民政府网站，http://www.hunan.gov.cn/hnszf/hnyw/sy/hnyw1/202212/t20221204_29147026.html。

③ 《“5G+北斗”无人化运营！带你看雄安智慧交通》，中国雄安官网，http://www.xiongan.gov.cn/2022-03/27/c_1211623240.htm。

④ 《【张江访谈录 · 科创50人】联适导航李晓宇：“北斗+”农业“土”吗？不！它恰恰是当下热议的未来产业！》，“科创上海”微信公众号，https://mp.weixin.qq.com/s/d0pL4j3CcrG97hKJo69eVA。

⑤ 《北斗西虹桥基地：创新发展模式，扩大国际朋友圈》，上海市商务委员会网站，https://sww.sh.gov.cn/swdt/20230904/bfe0f3c21da84d16b294ab04caaebea0.html。

模型基础平台解决方案，全面赋能智慧城市建设，已成功应用于天津、青岛、鹤壁等城市建设中。[①]超图软件发布了我国最新自主研发的跨平台遥感地理信息系统一体化软件——SuperMap GIS2023[②]，积极与阿里云、天翼云等国产生态的合作伙伴进行多维度、多领域的适配和兼容认证，并增强AI赋能，打造自主可控、高性能、智能化、跨平台化的生态圈，通过强大的空间智能系统赋能各行业应用场景创新发展[③]。南方数码基于国产化软硬件平台，将AI与时空大数据、遥感等传统地理信息技术以及云计算、“互联网+”、物联网等高新科技不断交叉融合，推出时空大数据智能服务平台——iGIS，现已完成与华为全场景AI计算框架MindSpore的适配认证[④]，赋能调查监测、耕地保护、卫片执法、灾害防治等自然资源智慧治理，已在东营市、广州市、长沙市等城市的自然资源治理工作中得到应用[⑤]。

3. 遥感方面

商汤科技发布SenseEarth 3.0智能遥感云平台，以AI遥感大模型开创DaaS全新智慧遥感服务模式，降低遥感的应用成本和知识门槛，已服务行业用户超过2万个，覆盖自然资源、农业、金融、环保、光伏等行业，尤其在自然资源行业已在超过14个省市的自然资源执法监察中得到广泛应用。截至2023年5月，SenseEarth 3.0平台已上线超过120个智能遥感相关产品，覆盖范围达8.7万平方公里。[⑥]航天宏图结合CV大模型和NLP技术，融合其自主研发的国内首个遥感与地理信息云服务平台（PIE-Engine）的核心技术，打

---

① 《省级学会丨“测绘地理信息技术”研讨交流会召开 挖掘地理信息产业潜藏价值》，“中国测绘学会”微信公众号，https://mp.weixin.qq.com/s/JlVbwk-3m5QpZMH1QtnEnw。

② 《2023地理信息软件技术大会召开 朝阳科技企业发布新产品》，北京市朝阳区人民政府网站，http://www.bjchy.gov.cn/dynamic/zwhd/4028805a891704f1018919b0212502eb.html。

③ 《超图软件上半年业绩扭亏为盈 持续发力大模型和AIGC》，中华网，https://hea.china.com/hea/20230815/202308151392402.html。

④ 《iGIS时空大数据智能服务平台获得广东省GIS行业内首个AI框架昇思MindSpore认证》，“南方数码”微信公众号，https://mp.weixin.qq.com/s/ycY-3qplyOZPgwQgyfv1nw。

⑤ 《南方数码：AI助力自然资源智慧治理》，自然资源部网站，http://www.mnr.gov.cn/dt/ch/202303/t20230317_2778772.html。

⑥ 《商汤科技发布SenseEarth 3.0智能遥感云平台，以AI遥感大模型开创DaaS创新服务模式》，商汤科技网站，https://www.sensetime.com/cn/news-detail/51167081?categoryId=72。

造出面向多模态遥感数据的遥感解译专用 AI 大模型——“天权”视觉大模型，解决“AI+ 遥感”业务模式局限性，致力构建“分割、检测、生成”一体化的智能遥感生态体系，赋能国防安全、国土资源、交通水利等多个应用领域。[①]中国科学院空天信息创新研究院与华为开展深度技术合作，基于昇腾 AI 基础软硬件平台，牵头研制首个面向跨模态遥感数据的生成式预训练大模型——“空天 · 灵眸”（RingMo），旨在为遥感领域多行业应用构建一个通用的多模态多任务模型。该模型在国防安全、实景三维等多个领域已开展试用，将进一步向自然资源、交通、水利等领域推广。[②]

4. 测绘地理信息领域专利方面

专利是衡量科技创新产出和成果转化水平的重要指标。截至 2021 年 12 月 31 日，全国有 2460 家单位申请了测绘地理信息类专利，申请量为 26895 项，有 2257 家单位获得测绘地理信息类专利授权，授权量为 19632 项。在新的测绘资质管理政策实施以后，测绘地理信息类专利申请依然保持快速增长态势，测绘资质单位数量比 2019 年底下降了 27.66%，然而，测绘资质单位的测绘地理信息类专利申请和授权数量反而明显增加，分别增长了 101.31% 和 183.29%。测绘地理信息领域每万人专利申请量和每万人专利授权量已经远高于全国平均水平，测绘地理信息领域在科技创新、科技成果转化等方面取得了显著进步。[③]

（四）数据应用方面

1. 支撑自然资源管理、支撑国家现代化治理和数字化转型方面

地理信息数据作为重要的生产要素和战略性数据资源，随着地理信息技术及数据资源与新一代信息技术的融合创新，在自然资源的管理监测、国土

① 《航天宏图发布遥感大模型，致力构建智能遥感生态体系》，“航天宏图”微信公众号，https://mp.weixin.qq.com/s/aeVVJswNxQ5HYURoal0PFQ。

② 《首个面向跨模态遥感数据的生成式预训练大模型发布》，中国科学院空天信息创新研究院网站，http://aircas.ac.cn/dtxw/kydt/202208/t20220822_6502393.html。

③ 《2023 测绘地理信息发展动态第六期》，自然资源部测绘发展研究中心网站，https://www.drcmnr.com/fzyjdt/2549.jhtml。

空间规划、生态文明建设等方面得到广泛应用，不断夯实时空信息作为基础设施在实现自然资源治理能力现代化、推动高质量发展中的重要支撑作用。

广东集测绘地理信息业务与服务“私有云 + 桌面云”于一体，利用云计算和 GPU 直通技术建成“珠海测绘云”一体化信息服务平台，推进珠海市测绘服务系统向集中、高效、安全、智能的测绘服务系统转型升级，为国土空间规划、数字城市建设等提供空间信息和服务支撑。[①] 广西积极探索“实景三维 + ”的融合应用服务模式，自主研发了国土空间规划实景三维智能可视化分析系统，辅助完成平陆运河土石方综合利用，提高土地综合整治潜力。[②] 陕西测绘地理信息局构建“一中心、四平台”新型服务体系[③]，形成动态化、智能化、一体化、科学化的“天、空、地、水”全息测绘技术与监管体系，打造秦岭保护信息化网格化监管平台，实现黄河实景三维与“三区三线”数据融合，构建地灾模型、沟通模型、水文模型等“模型黄河”，协助督察部门持续开展卫片监测图斑分析等，将测绘地理信息工作融入生态文明建设、督察执法等各项工作中。[④] 四川省测绘地理信息工作不断探索测绘 + 水利、测绘 + 自然资源督察、测绘 + 林草、测绘 + 自然资源资产审计、测绘 + 应急管理等模式，为河湖长制、自然资源督察、林业病虫害防治、自然资源资产审计、防灾减灾救灾工作等做好服务支撑。[⑤] 重庆市大力实施国土空间数字化治理与智慧国土建设的时空数字化改革，在全国范围内率先建成省域全覆盖实景三维模型，建成地理信息公共服务平台、综合市情系统、生态环境大数据平台、重庆市公共数据资源开放系统等一系列时空信息平台，30 多家市级部门接入时空数据在线服务，支撑国土空间规划、生态保护修复、城市运行监

① 《“珠海测绘云”一体化信息服务平台建成》，自然资源部网站，https://www.mnr.gov.cn/dt/ch/202303/t20230302_2777159.html。

② 《实景三维 | 广西：数智支撑精准治理》，“中国测绘学会”微信公众号，https://mp.weixin.qq.com/s/O1UNK6sO2oh8PTmPG4N7kQ。

③ “一中心、四平台”是指地理空间大数据中心和地理信息公共服务平台、北斗导航位置服务平台、遥感监测平台、应急保障服务平台。

④ 《筑牢测绘地理信息资源池 打造融合应用服务新高地》，“陕西测绘地理信息局”微信公众号，https://mp.weixin.qq.com/s/5OF2u0Rc_pu7ZL4b1xrPqQ。

⑤ 《四川测绘地理信息局：调研“成色足”寻找“最优解”》，“自然资源部”微信公众号，https://mp.weixin.qq.com/s/_mZuDeN22KewqgI8C81ghg。

测、重大基础设施建设等领域应用。[①]

2. 服务人民美好生活、赋能数字中国建设方面

测绘地理信息作为重要数字基础设施，一直以来都对经济社会发展发挥着重要支撑作用。进入数字时代，随着经济社会各领域对地理信息的新需求不断涌现，地理信息相关应用及技术的跨界融合发展不断深化，以推进新型基础测绘体系建设、实景三维建设、智慧城市时空大数据平台建设、地理信息公共服务平台建设等为抓手，测绘地理信息为经济社会发展提供优质高效的测绘公共产品和服务保障能力不断增强。

石家庄、南京、杭州等 40 个智慧城市时空大数据平台建设完成，整合基础时空、公共领域、自然资源、行业部门、实时感知等数据资源，对接相关部门、行业应用系统，为自然资源监测管理、城市精细化管理、经济发展和公众生活提供时空基础支撑。[②] 河南开封打造“多测合一”网上服务“中介超市”平台、数据共享平台等，减少办事环节、减轻企业负担、推进成果共享，并与住建、应急、人防、气象、消防等对接，不断激发市场活力，助力经济社会高质量发展。[③]“天地图 · 广东”持续完善地理信息融合与增量更新技术，不断增强影像底图、数据资源等生产和应用服务能力，为气象和地震等部门、互联网地图应用企业提供基础性地理信息资源，持续为经济社会发展提供服务保障，并让社会公众通过“天地图”官网和微信小程序，自主参与在线更新兴趣点，“天地图”众源更新模式初具雏形。[④] 贵州通过优化遥感影像统筹服务平台及时提供各类分辨率遥感影像数据、专题地图、4D 产品等成果，并为省住房和城乡建设厅开展历史文化及传统村落保护相关工作

① 《院士专家为重庆时空数字化改革支招》，自然资源部网站，https://www.mnr.gov.cn/dt/ch/202304/t20230404_2779912.html。

② 《40个智慧城市时空大数据平台建成》，人民网，http://jx.people.com.cn/n2/2023/0518/c186330-40420264.html;《40 个智慧城市时空大数据平台建成，打造智慧城市“底座”》，城市光网，https://www.urbanlight.cn/newsdetail/375c8135-03dc-415e-883f-3793e30dbcf5。

③ 《河南开封：“多测合一”为企业送出“大礼包”》，自然资源部网站，https://www.mnr.gov.cn/dt/ch/202304/t20230417_2782091.html。

④ 《“天地图 · 广东”持续完善地理信息融合与增量更新技术》，自然资源部网站，https://www.mnr.gov.cn/dt/ch/202304/t20230426_2784234.html。

监测、省审计厅开展乡村振兴审计等工作提供测绘地理信息产品及服务，助力数字乡村建设和乡村振兴。[①] 青海省地理信息和自然资源综合调查中心在山洪灾害发生后第一时间启动测绘应急响应，为救灾指挥部提供最新遥感影像、地图数据及服务。[②] 雅安市芦山县、宝兴县发生地震后，四川基础地理信息中心紧急利用雅安市三维辅助系统为防范地震引发的次生地质灾害提供测绘应急保障和技术支撑，测绘地理信息数据及技术在应急指挥、抢险救援、恢复重建和防灾减灾等方面的保障能力不断提升。[③]

三　数字时代测绘地理信息工作存在的主要问题

（一）数据要素价值远未充分体现

与发达国家相比，我国政府部门地理信息数据开放程度不高，数据的潜在价值远远没有得到充分体现。在政府部门之间和部门内部各领域之间，地理信息数据开放水平参差不齐。产生上述问题的原因包括数据开放的相关法律法规建设滞后、体制机制不够健全、相关标准规范缺乏等。[④]

受保密政策限制，以及缺乏良好顺畅的利益分享机制，政府和企业之间的地理信息数据流通不足。政府部门和企业的地理信息数据各自封闭，无法形成数据循环利用格局。

数据基础制度存在较多空白。《数据二十条》提出要构建数据产权、流通交易、收益分配、治理等方面的数据基础制度。目前，我国地理信息数据的产权制度、流通交易制度、收益分配制度依然缺失，急需建立健全，以便为充分发挥数据潜能奠定制度基础。

---

① 《贵州厅发挥遥感影像优势助力乡村振兴》，自然资源部网站，https://www.mnr.gov.cn/dt/ch/202302/t20230220_2776263.html。

② 《青海省地理信息和自然资源综合调查中心测绘应急保障服务助力大通县抗洪救灾》，青海省自然资源厅网站，https://zrzyt.qinghai.gov.cn/dt/gzdt/content_5484。

③ 《自然资源部四川基础地理信息中心为雅安 6.1 级地震提供应急保障》，四川测绘地理信息局网站，http://scsm.mnr.gov.cn/xwdt/gzdt/51533.htm。

④ 乔朝飞、徐坤、孙威等:《我国政府部门地理信息数据开放：现状、问题及发展建议》,《地理空间信息》2023 年第 1 期。

（二）数据安全保障仍然存在隐患

一是我国地理信息安全法律制度体系尚不健全。一方面，缺少高位阶的法规进行统领。涉及地理信息安全的规范性文件均是以印发通知形式针对某一事项或若干事项进行规范，这种规范方式使得涉及地理信息安全的法律规范虽然数量众多、涉及面广，但总体上较为零散独立。另一方面，对于贯彻《数据安全法》缺乏制度性安排。作为地理信息数据要素保障的重要内容，地理信息数据在以安全治理促发展上缺乏相应的制度安排。

二是地理信息安全防控技术手段严重缺乏。长期以来，我国地理信息安全防控技术远远落后于地理信息应用需求和产业发展需要，尤其是在大数据、人工智能等现代信息技术快速发展趋势下，由于缺乏有效的安全防护、监管手段，无法从容应对当前严峻的安全形势。

三是地理信息安全监管存在薄弱环节。目前地理信息安全监管主要聚焦于涉密测绘成果的非法使用行为，但由于采用随机抽查形式，涉密测绘成果领用单位被抽查的概率较低，检查覆盖面有限、效率低。而对互联网地理信息数据、市场主体间的数据流通交易行为、数据跨境流动等，仍然缺少有效监管手段，基本处于监管空白状态。此外，地理信息安全监管的部门协调、上下联动机制尚未建立。

四是地理信息安全能力建设滞后。地理信息安全标准体系缺失，现行测绘地理信息标准对于“安全”主题突出不够，在卫星导航定位基准站建设与维护、智能网联汽车地理信息数据采集、公开地图编制等领域缺少强制性国家标准。地理信息安全人才储备不足，相较于地图审核、质检队伍，地理信息安全执法力量严重不足。地理信息安全意识教育不足，尤其是面向社会公众的意识教育基本缺失。

（三）相关标准体系不够健全

一是缺乏整体统一的标准体系设计。缺乏统一的全国技术标准，技术标准管理机制、技术标准理论与实践仍存在短板，加剧了地理信息数据孤岛问题，阻碍了异构多源数据的统一管理和共享应用，不利于地理信息数据要素化。

二是技术的融合创新与标准协同不足。面对涌现出的新产业、新业态和新模式，相关的数据采集及应用缺乏相应国家标准的支撑。标准的滞后影响数据产品的标准化、规范化，一定程度上也阻碍了数据的采集使用及跨界流动，难以适应技术变革、数据融合、产业升级等趋势。

三是相关标准之间不一致、不协调，细化领域标准化水平不均衡。部分国家、行业、地方测绘地理信息标准存在不一致，不同的标准规范对产品的定义、规格、精度等规定不统一。测绘地理信息标准与其他部门或行业制定的同类标准存在不能有效衔接、兼容通用的情况。部分重点领域标准化工作仍然不能满足数字时代地理信息数据要素保障作用的发挥，如实景三维中国建设、智慧城市时空信息云平台、导航定位与位置服务等领域标准仍不成熟，存在标准缺失现象。海洋测绘在应用标准的建设上相对薄弱，陆海统筹相对不足。

四　数字时代测绘地理信息工作高质量发展的有关建议

今后一个时期测绘地理信息工作高质量发展的总体思路：按照“2221”的整体框架进行布局，即夯实数字基础设施和数据资源体系“两大基础”，强化数字技术创新体系和数字安全屏障“两大能力”，优化数字化发展国内国际“两个环境”，实现充分发挥数据要素价值的“一个总目标”。

（一）加强地理信息数据资源供给

1. 加强数字基础设施建设

优化升级国家测绘基准体系。更新并动态维持国家大地坐标基准，完成2000国家大地坐标系新一代坐标框架更新，实现坐标精度优于5毫米，速度场精度优于0.1毫米。建立新一代国家重力基准网，建立我国自主的2190阶地球重力场模型。构建精度为3~5厘米的新一代国家似大地水准面模型。构建海洋测绘基准体系，建立我国高程/深度基准转换模型。加强国家测绘基准体系的统筹管理和公共服务。研究探索充分利用市场资源进行测绘基准维护建设的体制机制。

2. 加强地理信息数据资源的供给

优化地理信息资源战略布局。维持陆地国土 1∶5 万基础地理信息库按年度动态更新，完成陆地国土 1∶1 万基础地理信息资源必要覆盖和核心要素按年度更新，全面推进市县 1∶500、1∶2000 基础地理信息资源建设和更新。统筹推进实景三维中国建设，完成 10 米和 5 米格网数字高程模型（DEM）全国覆盖与更新优化，丰富 2 米格网数字高程模型，基本完成全国地级以上城市的三维模型建设。

加快构建新型基础测绘体系。一是创新新型基础测绘产品模式。支持和鼓励各地因地制宜开展新型基础测绘建设试点，在基础地理实体数据库建设、实景三维中国建设、时空大数据平台建设等方面进行积极探索。设计定义以地理实体为核心的产品模式，按照“一库多能、按需组装”的目标要求，以及与自然资源其他业务紧密耦合的需要，研究提出国家地理实体时空数据库建设的总体规划和实施方案。加快推进智慧城市时空大数据平台建设，提供数据和服务。二是创新新型基础测绘生产组织模式。重构基础测绘队伍组织模式，探索建立基于行业纵向和部门横向数据统筹共享、互联网的众源获取和大众的众包采集等的生产组织方式。调整基于比例尺的基础测绘分级管理模式，构建基于地理实体、全国统筹、分工协作、信息共享的新型基础测绘分级管理制度以及相应的规划计划管理制度。根据自然资源标准化相关要求和体系框架，提出新型基础测绘标准体系。

加快公众版测绘成果开发和编制。加工和编制多尺度、多类型的公众版测绘成果，方便向社会提供以及社会使用，力争在“十四五”期间实现 95% 的用户使用的测绘成果不涉密。

（二）推动地理信息数据要素市场建设

1. 建立健全数据基础制度

加快研究建立地理信息数据产权制度。明晰的地理信息数据产权是地理信息数据交易的必要前提。[①] 地理信息数据是一种客观存在物，可以用《知识产权法》等现有法律去规范其权利归属。由于不同种类的数据的确权具有不同的特点，在现阶段我国数据确权工作尚未实质性开展的情况下，应未雨绸缪，尽早组织开展地理信息数据确权相关研究和探索，为后续地理信息基础制度的建立奠定基础。

开展地理信息数据资产计价研究。实现地理信息数据流通和交易的另一个前提是数据资产化，即要明确数据的定价。因此，应组织开展地理信息数据资产计价研究，为实现政府部门数据和企业数据的流通交易提供基础。

研究建立地理信息数据要素按价值贡献参与分配机制。地理信息数据作为生产要素参与生产流通，必然要明确各数据参与方的利益分配机制。应组织开展相关研究，探索建立公共地理信息数据资源开放收益合理分享机制，允许并鼓励各类企业依法依规依托地理信息公共数据提供公益服务。

2. 推动地理信息公共数据授权运营

我国政府数据开发利用历经了三个阶段，分别是数据共享、数据开放和数据授权运营。[②] 从发展趋势看，政府数据授权运营是未来有效增加公共数据供给的主要方式之一。《数据二十条》明确提出，要“探索用于产业发展、行业发展的公共数据有条件有偿使用”。部分省市已通过了有关公共数据授权运营的地方立法，并开展了相关实践。[③] 自然资源部门应按照国家有关文件，结合公众版测绘成果的推出，开展地理信息公共数据授权运营探索，充分释放地理信息公共数据的价值。

3. 开展地理信息数据市场试点建设

选择有条件的地区开展地理信息数据市场试点建设，为建设地理信息数据市场积累经验。试点建设中，要加快突破数据可信流通、安全治理等关键技术，建立创新容错机制，探索完善相关配套政策标准和制度。

---

① 乔朝飞、周夏：《论地理信息数据产权》，《中国软科学》2022 年第 9 期。

② 于施洋、王建冬、黄倩倩：《论数据要素市场》，人民出版社，2023，第 68~82 页。

③ 马颜昕：《公共数据授权运营的类型构建与制度展开》，《中外法学》2023 年第 2 期。

（三）构筑自立自强的技术创新体系

1. 促进产学研用深度融合

科学界定政府与企业、科研院所等社会主体在自主创新工作中的职责，整合政府和社会资源，建立健全以政府为引导、以企业为主体、以市场为导向、产学研用深度融合的技术创新体系。统筹协调科技创新资源，通过平台共建、技术共研、采购服务、成果共享等合作方式，促进各类科研资源有效集聚，加强跨领域协同创新，充分发挥区域科研机构集群优势。支持测绘地理信息企业与相关高校、科研院所、生产单位深度合作，推动人才、资本、数据等创新要素向企业集聚。推进地理信息产业产学研融合创新基地建设，推动行业创新与市场需求直接互动，通过企业需求引导高校科研成果供给与转化无缝对接，促进创新链、资金链、产业链、人才链有机融合，畅通成果转化渠道。积极开展关键技术研究、技术转移、科技成果转化及产业化应用，打通基础研究、工程技术研发、科技成果转化的全链条，将科研优势充分转化为产业优势。

2. 强化企业科技创新主体地位

积极培育行业龙头企业、科技型骨干企业，提升行业竞争力。积极推进“地理信息＋”、跨界融合等地理信息服务和商业模式创新，推动地理信息产业向价值链高端迈进。优化地理信息产业结构和地理信息资源配置，积极营造协同、高效、融合的地理信息产业创新发展良好生态，促进大中小企业融通发展、跨界转型，提升企业集群化、规模化程度。合理运用资本市场，政府通过政策供给、信息和合作平台的搭建，引导资本链、创新链、产业链融合发展，让市场成为创新资源配置的决定性力量，推动企业加强创新投入。持续优化行业管理，推进相关审批制度改革，降低制度性交易成本，为地理信息应用的新业态、新模式发展营造宽松、优良的市场环境。

3. 加强“卡脖子”领域科技攻关

加强测绘地理信息领域技术创新，全力攻关全球测绘、海洋测绘、陆地国土测绘、实景三维中国建设、测绘地理信息技术跨界融合、地理信息数据应用场景建设等领域涉及的关键核心软件技术，加速推动地理信息技术与新一代信息技术的应用研究和融合创新。从研发人员、资金投入及政策支持等方面加大对国内测绘地理信息高新技术企业的支持力度，实现国产地理信息产品和技术的全面自主化替代，努力实现核心技术和底层技术的安全与自主可控。立足国家和自然资源行业重大需求，聚焦国际前沿、热点和焦点，构建定位清晰、运行高效、开放共享、协同发展的地理信息科技创新平台体系，统筹科技力量，加强原创性、引领性科技攻关，打通基础研究、工程技术研发、科技成果转化的全链条，努力实现高水平科技自立自强，并为国产地理信息技术及产品走出去搭建平台、创造条件。

4. 健全数据标准体系

立足于测绘地理信息数据及技术的创新和融合应用的需求，开展现行测绘地理信息领域国家和行业标准的清理和修订工作，厘清各标准的侧重点和边界。加强关键技术领域标准研究，健全科技成果转化为标准的机制。提高标准的适用性，促进地理信息相关标准与国家数字基础设施相关标准的融合发展。完善支撑国家重大战略、重大项目、重点工程与应用需求的标准体系，建立重大科技项目与标准化工作联动机制，重点研制现代测绘基准、实景三维中国、时空大数据平台、测绘成果管理、新业态应用等方面的标准。积极参与国际标准制定，提升我国在地理信息国际标准化工作中的地位和话语权。

（四）健全体制机制促进协同发展

1. 筑牢可信可控的地理信息安全屏障

把维护国家安全贯穿地理信息数据治理全过程，以安全应用为核心，健全地理信息数据安全制度，完善数据安全监管和风险监测预警机制，构建地理信息安全技术防控体系，充分保障地理信息数据可信可控流通。

一是健全地理信息数据安全制度。研究出台地理信息安全专门部门规章，或在《测绘法》《测绘成果管理条例》修订中设立专章。根据国内外地理信息数据获取能力和相关技术发展情况，适时调整地理信息安全保密政策。加强涉密测绘成果生产、保管、提供、使用、销毁各环节的安全管控和可追溯管理，优化各环节保密管理制度。建立地理信息数据分类分级保护制度，编制《地理信息重要数据目录》，加强地理信息重要、核心数据保护。探索建立地理信息数据流通和交易负面清单，明确不能交易和限制交易的数据项。探索建立地理信息数据跨境分类分级管理机制，防范数据出境安全风险。

二是强化地理信息安全监管和风险监测预警机制。建立涉密地理信息业务系统安全风险监测机制。开展互联网地理信息常态化风险监测。建立地理信息数据安全事件应急处置机制，制定应急处置预案。开展地理信息采集、传输、存储、服务等软硬件安全检测。建立地理信息安全重点热点问题常态化分析评估机制。开展针对地理信息安全重点领域、对象和产品的日常检查和专项检查，在智能网联汽车、卫星导航定位基准站等重点领域建立监管平台。规范地理信息安全监管工作程序，健全跨部门、跨地区监管联动响应和协作机制。

三是提高地理信息数据治理技术支撑能力。面向不同级别地理信息安全需求，加快研发地理信息数据相关保密处理技术、密码技术、监管技术，构建地理信息安全技术防控体系，形成全流程的安全可控、溯源监管和监测预警技术能力。推动区块链、商用密码、安全控制技术的应用和推广，探索隐私计算等新技术在地理信息领域的应用。加强检测鉴定、风险评估、内容监管、监督检查、监测预警等地理信息安全监管相关支撑工具研发。建立地理信息安全防控推荐性技术和产品目录。加强地理信息数据流通溯源等关键基础技术攻关，强化数据标记、数据加密、数据检索等技术研究，提高对地理信息数据交易、跨境数据流动等领域监管支撑能力。

2. 建设公平规范的数据治理生态

一是创新地理信息数据协同治理机制。加快形成政府监管、企业履责、社会监督等多主体参与的地理信息数据协同治理格局。完善测绘资质资格管理、测绘成果管理、地图管理、质量管理、安全管理等政策和机制，将行业管理的重心放到“有效监管”和“优化服务”上来。探索建立以“信用”和“清单”为核心的地理信息数据处理活动监管机制，完善测绘地理信息数据处理活动的失信惩戒、守信激励和信用修复等机制。压实测绘资质单位和相关地理信息企业履职责任，规范地理信息数据采集、存储、流通、交易和开发等各环节安全保障措施，推动建立数据合规和风险控制机制，促进测绘资质单位和相关企业自律和自治。完善社会监督机制，发挥行业协会引导和监督作用，推进社会化协同治理。

二是加快推动地理信息数据治理标准化。从保障国家安全、人民生命和财产安全角度，持续加大涉及空间基准、基础地理信息数据及基本比例尺地形图、导航电子地图等方面的强制性国家标准建设力度。加快构建智能网联汽车基础地图、新型基础测绘和实景三维中国标准体系。促进地理信息标准与汽车、通信、电子、交通运输、信息安全、密码等行业领域标准相互协调与兼容，预留空间和接口。加快建立地理信息数据流通安全标准体系，探索研制地理信息数据确权、数据交易、质量评估等标准，推动地理信息数据产品、接口标准化。探索建立地理信息数据质量评估标准体系，鼓励第三方机构、中介服务组织加强数据采集和质量评估标准制定。

3. 加强国际合作与交流

一是提升全球地理信息资源建设能力。面向我国推动构建人类命运共同体、建设更高水平开放型经济新体制、推动共建“一带一路”高质量发展、积极参与全球治理等需要，科学规划全球地理信息资源开发建设范围、内容、精度、更新周期、实施步骤等，进一步提升全球地理信息数据服务能力。

二是深化测绘地理信息国际合作。加快推进联合国全球地理信息知识与创新中心建设，依托中心积极承办各类全球性技术培训、业务交流、创新论坛、政策会话等活动，将其打造为国际地理信息相关服务共享平台、创新交流平台、技术输出输入平台和全球事务共商平台。积极参与联合国等国际组织的合作平台，鼓励地理信息领域科技人才在国际组织中任职。充分利用自主卫星导航、卫星遥感资源，开展全球性或者区域性地理空间定位坐标框架建设和应用、地球系统科学研究和咨询等，推动制定并实施全球性或者区域性资源环境调查监测行动计划，构建全球地理信息公共数据集等。深化技术标准国际交流合作，推动标准互认，支持我国相关组织提出国际标准提案，积极参与国际标准制定，依托“一带一路”推动地理信息相关标准海外落地应用。

三是推动地理信息企业“走出去”。以卫星导航应用、卫星遥感应用和地理信息系统应用等为重点，推动特色服务出口基地（地理信息）建设，扩大我国先进测绘地理信息技术、装备、产品、服务出口规模，培育一批居于全球价值链中高端的地理信息数据服务商。研究制定支持企业“走出去”进行国际业务拓展相关政策，帮助企业尽快形成全球地理信息服务能力。

（五）强化人才支撑

1. 加强人才队伍建设

面向生态文明建设和自然资源管理及数字中国建设需要，结合测绘地理信息的专业优势及应用基础，优化队伍布局，完善队伍知识结构，加快培养适应数字化治理要求的国土空间规划、自然资源调查监测、国土整治与生态修复、海洋和地质灾害监测预报等相关复合型科技人才。进一步促进不同专业队伍的沟通与交流，加强技术合作、业务交流，提升业务支撑能力。注重培养发展具有前瞻性和国际眼光的战略科技人才、科技领军人才，大力发展高水平的自然资源科技创新团队。健全服务培养体系，促进职业素养提升，推行继续教育制度，组织国内外高端研修培训、高水平学术交流会议，拓宽人才国际视野，不断强化人才职业素养、专业知识等科学素质方面教育培训，将服务培养融入人才发展的各个阶段，提升人才的数字思维、数字认知、数字技能。加快培养既熟悉地理信息业务又懂数字技术开发应用的新型自然资源科技人才，加快推进地理信息业务向信息化、数字化、智能化方向发展。

2. 健全人才培养、使用、评价和激励制度

全面实施地理信息科技创新人才工程，强化重大工程项目的创新导向，通过组织开展测绘地理信息重大工程、重大项目、重要工作，积极实行“揭榜挂帅”“赛马”等制度，并立足产业发展趋势，坚持以赛育人，不断优化技能人才的竞赛体系、工作格局，培养、选拔和锻炼一批高水平管理、专业、技能人才，不断拓展高层次科技创新人才队伍。重点培育一批具备国际视野、熟悉地理信息科技创新的中青年科技人才，加强地理信息专业化实验

应用、基础理论研究、技术与标准研发、装备研制等相关科研人才队伍建设，以战略思维强化青年科技人才培养，拓宽科研人才及青年人才职业发展通道，完善人才队伍力量布局。完善科技创新人才激励机制，立足于实质能力和实际贡献评价项目、人才、机构，推进科技成果转化落地，制定、落实进一步提升科技创新效能改革激励政策，为科技人员创造良好制度环境，强化制度留人。

3. 创新地理信息学科建设

鼓励政府、行业、企业、科研院所合作建设产教融合型技术技能创新服务平台，推进职普融通、产教融合、科教融汇，实现地理信息职业教育、高等教育、继续教育协同创新。推动跨学科交叉融合，实现专业结构与产业结构的有效对接，整合传统专业的教育资源，增设新兴专业。积极推进地理信息技术体系相关领域的国家重点实验室、工程创新中心和测绘地理信息领域新兴专业建设，适应科技发展趋势和市场需求。

数字基础设施篇

B.2 北斗时空信息助推数字经济发展

于贤成 *

摘　要： 本报告论述了数字经济是国民经济增长的重要驱动力，北斗相关产业是数字经济的重要组成部分。北斗室内外无缝定位导航技术的发展，为数字经济提供全面服务；北斗在各领域和各区域的深入应用，助推数字经济快速发展；北斗成为智能产业发展的基础，为数字经济发展注入活力；北斗逐渐形成业务化作业新模式，打造数字经济新业态。随着北斗规模化应用进入市场化、产业化、国际化发展的阶段，北斗将提升我国各个产业的信息化、智能化水平，不断促进传统行业转型升级，催生新业态，加速数字经济的发展。面向未来，我国将建设技术更先进、功能更强大、服务更优质的北斗系统，建成更加泛在、更加融合、更加智能的综合时空体系。

关键词： 数字经济　北斗时空信息　智能产业

* 于贤成，中国卫星导航定位协会会长。

一　数字经济是国民经济增长的重要驱动力

数字经济是继农业经济、工业经济之后的主要经济形态，是以数据资源为关键要素，以现代信息网络为主要载体，以信息通信技术融合应用、全要素数字化转型为重要推动力，促进公平与效率更加统一的新经济形态。[①]

根据国家统计局发布的《数字经济及其核心产业统计分类（2021）》，数字经济核心产业包含23个中类（见表1）。发展数字经济是把握新一轮科技革命和产业变革新机遇的战略选择。[②]“十三五”时期，我国不断完善数字基础设施，加快培育新业态、新模式，在推进数字产业化和产业数字化方面取得显著成效。2020年，我国数字经济核心产业增加值占国内生产总值（GDP）比重为7.8%。[③] 2021年，我国数字经济的规模达到了45.5万亿元，占GDP的比重达到了39.8%，数字经济成为稳增长的强大力量。[④]

表1　数字经济及其核心产业统计分类

大类	中类
01 数字产品制造业	0101 计算机制造
	0102 通讯及雷达设备制造
	0103 数字媒体设备制造
	0104 智能设备制造
	0105 电子元器件及设备制造
	0106 其他数字产品制造业

① 《国务院关于印发“十四五”数字经济发展规划的通知》，中央人民政府网站，https://www.gov.cn/zhengce/content/2022-01/12/content_5667817.htm。

② 《习近平主持中央政治局第三十四次集体学习：把握数字经济发展趋势和规律 推动我国数字经济健康发展》，中央人民政府网站，https://www.gov.cn/xinwen/2021-10/19/content_5643653.htm。

③ 《国务院关于印发“十四五”数字经济发展规划的通知》，中央人民政府网站，https://www.gov.cn/zhengce/content/2022-01/12/content_5667817.htm。

④ 中国信息通信研究院：《中国数字经济发展报告（2022年）》，中国信通院网站，http://www.caict.ac.cn/kxyj/qwfb/bps/202207/P020220729609949023295.pdf。

续表

大类	中类
02 数字产品服务业	0201 数字产品批发
	0202 数字产品零售
	0203 数字产品租赁
	0204 数字产品维修
	0205 其他数字产品服务业
03 数字技术应用业	0301 软件开发
	0302 电信、广播电视和卫星传输服务
	0303 互联网相关服务
	0304 信息技术服务
	0305 其他数字技术应用业
04 数字要素驱动业	0401 互联网平台
	0402 互联网批发零售
	0403 互联网金融
	0404 数字内容与媒体
	0405 信息基础设施建设
	0406 数据资源与产权交易
	0407 其他数字要素驱动业

资料来源：《〈数字经济及其核心产业统计分类（2021）〉（国家统计局令第 33 号）》，国家统计局网站，http://www.stats.gov.cn/sj/tjbz/gjtjbz/202302/t20230213_1902784.html。

《中华人民共和国国民经济和社会发展第十四个五年规划和 2035 年远景目标纲要》第五篇以“加快数字化发展 建设数字中国”为题，全面论述了如何加快数字化发展，建设数字中国。要求培育壮大人工智能、大数据、区块链、云计算、网络安全等新兴数字产业，提升通信设备、核心电子元器件、关键软件等产业水平。构建基于 5G 的应用场景和产业生态，在智能交通、智慧物流、智慧能源、智慧医疗等重点领域开展试点示范。赋能传统产业转型升级，催生新产业、新业态、新模式，壮大经济发展新引擎。[①] 可见，国家已经将数字经济列为经济增长的重要驱动力。

① 《中华人民共和国国民经济和社会发展第十四个五年规划和 2035 年远景目标纲要》，中央人民政府网站，https://www.gov.cn/xinwen/2021-03/13/content_5592681.htm。

二　北斗相关产业是数字经济的重要组成部分

北斗是中国自主研发、独立运行的全球卫星导航定位系统，是为全球用户提供全天候、全天时、高精度的定位、导航和授时服务的重要空间基础设施。数字经济的三大支柱分别是数据资源、新型基础设施和信息通信技术融合应用。

数据资源是数字经济的关键要素，而北斗提供的全天候、全天时、高精度的定位、导航和授时数据是可存储、可使用、可开发，带有空间位置和时间标签的信息数据，属于数字化的知识和信息范畴。

新型基础设施建设是实现数字经济发展的必要条件。2020 年 4 月 20 日，国家发展改革委在新闻发布会上将新型基础设施建设划分为三个方面。一是信息基础设施，包括 5G、工业互联网、物联网、卫星互联网等通信网络基础设施，人工智能、云计算、区块链等新技术基础设施，数据中心、智能计算中心等算力基础设施。二是融合基础设施，包括智能交通基础设施、智慧能源基础设施等传统基础设施的数字化升级改造。三是创新基础设施，包括重大科技基础设施、科教基础设施等支持科学研究、技术开发、产品研制的具有公益属性的基础设施。习近平总书记高屋建瓴将时空信息、定位导航服务列为重要的新型基础设施。[①]

北斗时空信息是依靠无线电技术传输，它与通信技术融合具有天然优势。尤其是应用过程中北斗与 5G 相互赋能，与通信网络、新技术、各类应用数据、传感设备、应用终端都能很好地融合，具有信息通信技术融合应用的特点。

人类各种活动离不开时间和空间信息。卫星导航系统是重要的空间基础设施，为人类社会生产和生活提供全天候的精准时空信息服务，是经济社会发展的重要信息保障。[②] 中国的北斗是世界一流的全球卫星导航系统，为全

① 《习近平向首届北斗规模应用国际峰会致贺信》，中央人民政府网站，https://www.gov.cn/xinwen/2021-09/16/content_5637628.htm。

② 《习近平向联合国全球卫星导航系统国际委员会第十三届大会致贺信》，中央人民政府网站，https://www.gov.cn/xinwen/2018-11/05/content_5337550.htm。

球用户提供可靠、安全、精准的时空信息服务。北斗定位精确，全球范围水平定位精度约 1.52 米；性能优良，能向国际搜救组织免费提供全球范围内搜救服务；系统可靠，控制分系统增加卫星至少 60 天的完全自主运行能力，保证了地面测控站出现故障期间，北斗卫星在轨仍能够正常工作；系统更高效，北斗具有独有星间链路，形成了星星组网、星地组网复杂系统，与其他类型卫星相关联，实现中国卫星之间的联网，能够更加高效地互通天地信息。此外，北斗时空信息具有与网络、技术、数据、终端融合的优势，可以与 5G 相互赋能，促进信息化、智能化水平提升。

因此，北斗卫星导航系统提供的时空信息具备数字经济三大支柱的全部功能和要素。毫无疑问，北斗相关产业是数字经济的重要组成部分。

三　北斗深化应用为数字经济发展注入强大动力

北斗产业化应用是我国七大制造业核心竞争力之一，“十四五”期间，国家要求深化北斗系统推广应用，推动北斗产业高质量发展，突破通信导航一体化融合等技术，建设北斗应用产业创新平台，在通信、金融、能源、民航等行业开展典型示范，推动北斗在车载导航、智能手机、穿戴设备等消费市场规模化应用。要求大力支持通信导航一体化方面的技术创新；在涉及国家安全的行业领域拓展北斗应用；在消费市场实现全面突破，形成规模化应用。

2022 年，我国卫星导航与位置服务产业总体产值达到 5007 亿元。[①] 北斗已有完整的产业链，产业生态良好。北斗应用推广已遍及所有重点行业领域，北斗规模化应用深度融入国民经济发展全局，为经济社会发展注入强大动力。北斗系统已获得民航、海事、应急搜救等国际组织的认可，为北斗系统全球化服务奠定了基础。从图 1 中可知，北斗已广泛服务于专业市场、大众市场、特殊市场，助力国民经济建设，是人们的生产和生活离不开的重要时空信息来源。

---

① 《产值首次突破 5000 亿 我国卫星导航产业快速增长》，新华网，http://www.news.cn/fortune/2023-05/19/c_1212189396.htm。

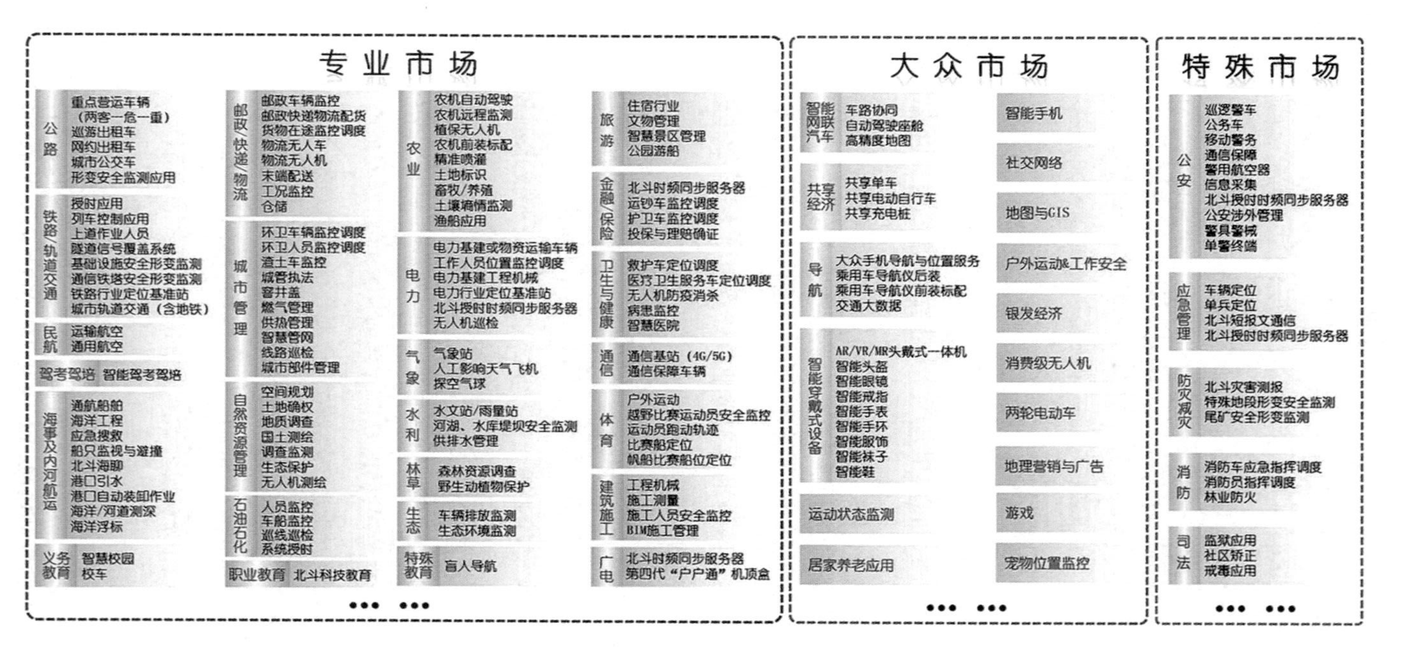

图 1　北斗在专业市场、大众市场、特殊市场中的应用服务

资料来源:《2023 中国卫星导航与位置服务产业发展白皮书》，道客巴巴网站，https://www.doc88.com/p-99099610406454.html。

（一）北斗室内外无缝定位导航技术的发展，为数字经济提供全面服务

当前，北斗定位技术在室外无遮挡地区可以实现米级、厘米级、毫米级等不同精度的定位和导航。在室内采用超宽带定位技术、蓝牙定位技术、Wi-Fi 定位技术、声波定位技术、伪卫星定位技术等可以实现米级、亚米级定位。

随着物联网的发展，室内布设 5G 基站将成为趋势。5G 网络导航定位功能与北斗卫星导航系统融合，可以形成无处不在的室内外定位服务网络，解决同一设备、统一坐标系统下的北斗室内外无缝定位导航难题，实现数字社会无所不在的北斗高精度定位与导航。

此外，随着技术的发展，室内布设伪卫星基站成本会大幅度降低，采用室内伪卫星定位技术是实现室内外无缝定位导航的最佳选择。泛在、普适化的室内外无缝定位导航技术的发展，可以为数字经济提供全面服务。

（二）北斗在各领域和各区域的深入应用，助推数字经济快速发展

当前，随着北斗在各行业的应用不断深化，北斗与网络、技术、数据、终端及各种传感设备深度融合，不断提升各行业数字化、智能化发展水平，提高各行业精细化管理能力和安全可控能力。

在交通行业，北斗在重点营运车辆监管领域应用率为 100%。利用北斗监督司机的安全合规驾驶，大幅降低了交通事故发生率和死亡率。北斗智能锁可以清楚地记录集装箱何时、何地被人打开过，保证了物流安全。北斗拓展了时空信息和位置服务在车路协同、无人配送、智能交通一体化等方面的应用。

在防灾减灾领域，2022 年国内 17 个省份超过 22000 处地灾隐患点安装了低价格、低能耗的北斗滑坡预警仪，实现“人防 + 技防”，提升了灾害预警能力，有效保障了人民生命财产安全。①

① 《瞭望丨问道“北斗”新航向》，腾讯网，https://new.qq.com/rain/a/20231128A07DGR00。

在燃气领域，燃气管道建设、管理、维护各环节全面采用北斗应用服务的城市已达600多个。截至2022年底，搭载北斗的高精度检测车完成近200个检测任务，检测燃气管道100余万千米，为150余个燃气公司提供检测服务，显著降低了燃气管网的运营风险。①

在农业方面，截至2022年6月，全国有将北斗终端作为标准配置的农机企业45家，已安装农机自动驾驶系统超过10万台，安装农机定位、作业监测等远程运维终端超过45万台/套，全国接入国家精准农业综合数据服务平台的农机装备达到25.8万台。②无论是南方的小块水田，还是北方的大块耕地，无论是小麦、水稻，还是棉花等各种农作物，其耕、种、施肥、打药、收割，均用上了北斗。

全国各省份针对自身发展需求，结合已有基础、优势和特点，大力推进北斗规模化应用，加速地方经济的转型升级和高质量发展，促进了智慧城市、数字区域、数字乡村建设。

（三）北斗成为智能产业发展的基础，为数字经济发展注入活力

除导航、定位、授时外，随着高精度技术和北斗增强服务的普及，北斗的精密控制和自动化支撑功能逐步显现出来，使北斗成为智能产业发展的基础。

在无人驾驶汽车、无人机、无人船、机器人等新兴产业领域内，北斗高精度技术融合周界感知与采集、智能处理与控制等技术，是实现无人系统的精密控制和自动化的不可缺少的信息化支撑。传统产业改造中的数字施工、智能建造、城市信息模型（CIM）、建筑信息模型（BIM）等，都需要北斗提供技术支撑。

在建筑施工领域，利用北斗技术可以对施工人员、工程物资和运输车辆实施动态监管，对作业面各位置施工装备进行远程精准管控，提高了施工作

---

① 《央企入手！高精度燃气泄漏检测车大有可为！》，世展网，https://www.shifair.com/informationDetails/102503.html。

② 《北斗应用助力美好生活》，人民网，http://finance.people.com.cn/n1/2022/0628/c1004-32458195.html。

业的协同性和安全性，提升了工地施工管理的信息化水平和综合效率。尤其在施工机械控制方面，北斗高精度定位技术与其他各种传感器相结合，可以实现对施工机械的精准控制，将误差控制在毫米级，辅助操作人员完成修坡、挖坑、钻孔、打桩、推土、压实、摊铺等施工作业，并显著降低工程施工难度和工作强度，大幅度提高施工效率。

在数字化施工、智能建造中应用北斗高精度定位技术，能够获得移动目标的精准时空位置，满足行业应用的精准化需求，再融合其他智能处理与控制技术，可以在作业过程中实现从人工转向自动化的改造，实现从反复调整转向精准控制的改造。这不仅优化了业务流程，还改变了生产方式，实现了全方位信息化管理。

（四）北斗逐渐形成业务化作业新模式，打造数字经济新业态

当前北斗系统已实现在交通运输、农业、公安、电力、城市管理等行业或领域规模化应用，在民航、铁路、林业和应急等行业或领域也已启动了北斗系统应用典型示范。随着“+北斗”应用的不断普及，在一些行业中，北斗技术及其时空信息已经突破行业纵深，实现深度融合应用，逐步与传统业务相结合，形成业务化、无人化、自动化的生产作业新模式。

在农业领域，北斗系统的加入使有人驾驶的农机转变为无人自动驾驶农机，通过北斗的高精度定位实现了农机的自动行驶、自主导航，单台农机日均作业量较人工驾驶提高30%，并在此基础上推广无人农场试点，从播种到田间管理再到采收，北斗系统广泛应用于农业生产的各个环节，形成从感知到决策再到智能执行的数字化、无人化农业生产作业新模式。

在电力领域，80%以上变电站同步时钟系统应用北斗授时设备。在智能反窃电设备中集成北斗授时定位模块，精确定位监测位置，实现营销反窃电稽查。这是将位置、时间、数据有效合一的新模式，使核查证据具备自动定位与时间标记，可以实现数据链的关联固化，保证窃电取证的有效性、合规性。北斗定位和短报文功能实现了边远地区用电信息采集，促进了智能电表控制与广泛应用。

在城市管理领域，城管监督员利用具有北斗定位、通信功能的手持终端，现场拍照、上传图片、上报录音、填写表单、定位位置等，随时向信息化城市管理系统区级平台及市级平台传递信息，打造城市管理新模式，实现“用数据说话、用数据决策、用数据管理、用数据创新”的城市管理新方式。

在测量领域，测量人员利用搭载北斗高精度定位模块的无人机系统快速获取实时高分辨率数据，快速处理得到高分辨率正射影像、实景三维模型等，形成一种全天候的无人化测量作业新模式。

在港口作业领域，运用北斗高精度技术实现“无人驾驶智能导引车 + 堆场水平布置侧面装卸 + 单小车自动化岸桥 + 低速自动化轨道吊 + 港区全自动化”的智慧码头吊装、堆场作业新模式，使整体作业效率提升近 20%，单箱能耗下降 20%，减少人工 60% 以上，综合运营成本下降 10%。[①]

在通用航空领域，北斗的广泛应用引领和带动通用航空飞行器与各种产业形态融合，形成了一种“组合式”经济形态，即低空经济。

四　结语

面向未来，我国将建设技术更先进、功能更强大、服务更优质的新一代北斗系统，建成更加泛在、更加融合、更加智能的国家综合定位导航授时体系。[②]该体系以北斗系统为核心，时空基准统一，从深空到深海、从地面到地下、从暴露空间到非暴露空间无缝连接，建立安全可靠、高效便捷的中国现代化时空基础设施，以更好惠及民生福祉、服务人类发展进步。

伴随北斗与 5G、云计算、互联网等技术相互融合，北斗广泛应用于数字经济中的智能交通、智慧能源、智能制造、智慧农业及水利、智慧教育、智慧医疗、智慧文旅、智慧社区、智慧家居和智慧政务等十大应用场景，助推

① 《我国首次运用“北斗”实现集装箱码头自动化》，新华网，http://www.xinhuanet.com/mrdx/2021-01/18/c_139676231.htm。

② 《新时代的中国北斗》，中央人民政府网站，https://www.gov.cn/zhengce/2022-11/04/content_5724523.htm。

数字经济快速发展。北斗与其他技术的融合和相互赋能，必将提升我国各个产业的信息化、智能化水平。大力推动“传统行业 + 北斗”应用，可以加速传统行业转型升级，不断催生新业态，促进数字经济健康发展。同时，北斗应用需求的高速增长，也推动了北斗规模化应用市场繁荣和北斗应用产业高质量发展。一切皆需定位，万物均要导航。北斗是数字经济建设的引擎，广泛深入推广北斗应用可促进产业数字化，推动数字经济发展。

B.3
国土空间基础信息平台能力提升的基本路径

吴洪涛　李治君*

摘　要： 国土空间基础信息平台是自然资源信息化体系的基础支撑平台，统一管理自然资源"一张图"数据资源体系，通过数据服务、基础服务、专题服务支撑业务应用的构建、集成与运维。本报告分析了国土空间基础信息平台面临的自然资源管理和国土空间治理的新形势新需求，以及存在的数据赋能不够、共享协同不足、智慧化水平不高等问题，提出了国土空间基础信息平台能力提升的基本路径与主要建设内容，完善分布式国土空间基础信息平台架构，提升平台的数据管理调度、智慧应用支撑能力，对内以国土空间基础信息平台充分统筹各类应用建设与集成，对外将国土空间基础信息平台建成与其他部门共建、共享、共用的国家时空基础设施支撑平台，为国家各部门信息共享和业务协同提供支持，保障国家战略有效实施，促进国家治理体系和治理能力现代化。

关键词： 自然资源　国土空间基础信息平台　"一张图"

一　引言

按照《自然资源部信息化建设总体方案》，自然资源部信息化总体架构以政策、制度、标准为基础，以安全运维为保障，在"一张网""一张图""一个平台"基础上支撑"三大应用体系"（见图1）。国土空间基础信息平台作

---

* 吴洪涛，自然资源部信息中心副主任、总工程师、研究员，主要研究方向为自然资源管理与国土空间治理信息化；李治君，自然资源部信息中心技术工程部工程师，主要研究方向为自然资源信息化管理、开发和应用。

为自然资源信息化建设中的核心组成，承担着承上启下的“中枢”作用，向下对自然资源“一张图”数据体系进行统一管理，向上通过提供统一的数据服务、基础服务、专题服务，支撑自然资源调查监测评价、自然资源监管决策、“互联网 + 自然资源政务服务”三大应用体系，旨在形成互联互通、业务协同的应用体系，有效支撑自然资源部“两统一”工作职责，促进国土空间数据资源共享和高效利用，促进国土空间治理能力现代化。

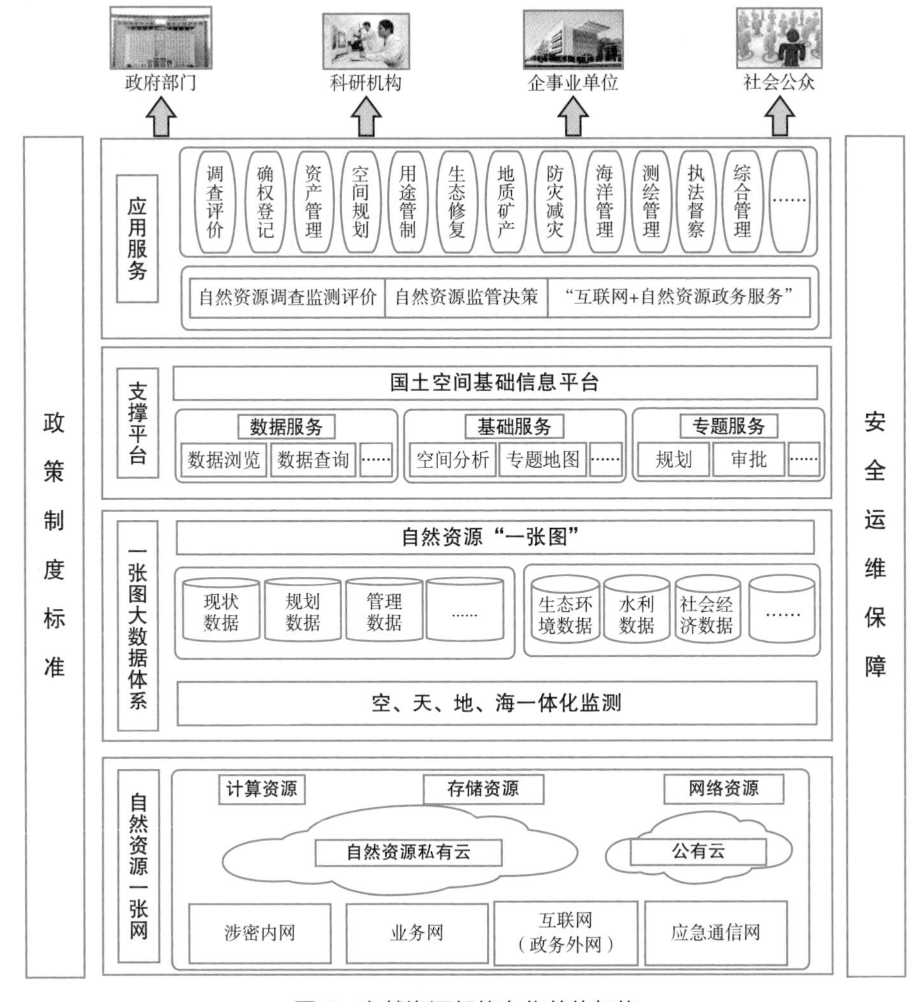

图 1　自然资源部信息化总体架构

资料来源:《自然资源部信息化建设总体方案》。

经过6年时间，各地基本完成了国土空间基础信息平台建设，在标准体系建设、数据资源建设、指标模型构建、数据资源管理、平台服务应用、数据共享服务、新技术应用、组织实施机制等方面取得了显著进展和成效。

国家级国土空间基础信息平台集成了实景三维、遥感影像、基础地理、土地、矿产、海洋、森林、草原、水资源、湿地、地质灾害等现状类数据，“三区三线”、国土空间规划等管控类数据，地政、矿政、海政、测政等管理类数据，以及人口、经济、社会和互联网等数据，形成了覆盖全国含6000余个图层、110多亿个要素的三维立体自然资源“一张图”。采用分布式技术架构，初步形成“一个主中心+6个分中心”运行体系，实现了对“一张图”的统一管理、调度，提供主题数据服务1176项、专题应用服务196项、数据产品181项。[①] 平台面向自然资源部机关，为项目审批、日常监管、分析决策等业务系统和国土空间规划编制、“三区三线”划定等工作提供统一的数据和技术支撑，形成基于一套数据进行分析研判的信息化机制；面向自然资源行业，实现部门间数据共享分发；平台（专用版）已接入国办电子政务办；面向社会公众，提供审批结果和土地市场、矿业权市场、国土调查成果。

自然资源部印发《国土空间基础信息平台建设总体方案》后，各地积极响应，目前，全国31个省（区、市）和新疆生产建设兵团的省级平台已上线运行，实现了资源管理、数据浏览和查询服务、数据接口服务、空间分析和统计报表等功能，有力支撑自然资源规划、审批、监管、决策等业务应用系统构建与运行。通过省级统建、统分结合的方式，多数省份实现了省、市、县国土空间基础信息平台的系统联通、数据共享、业务协同，并向政府部门、科研机构、企事业单位、社会公众开放，进一步促进了数据资源共享与开发利用。

二　国土空间基础信息平台面临的新形势新需求

（一）完善国土空间基础信息平台是落实国家重大战略的重要举措

以习近平同志为核心的党中央高度重视网络安全和信息化工作，明确提

---

① 自然资源部信息中心。

出网络强国建设的战略目标。《中华人民共和国国民经济和社会发展第十四个五年规划和2035年远景目标纲要》对“激活数据要素潜能，加快建设数字经济、数字社会、数字政府”做出重要部署。2023年7月，习近平总书记在全国生态环境保护大会上进一步指出，要“深化人工智能等数字技术应用，构建美丽中国数字化治理体系，建设绿色智慧的数字生态文明”。[①]《“十四五”国家信息化规划》提出，加强自然资源和国土空间的实时感知、智慧规划和智能监管。中共中央、国务院印发的《数字中国建设整体布局规划》明确要求，运用数字技术推动山水林田湖草沙一体化保护和系统治理，完善自然资源三维立体“一张图”和国土空间基础信息平台。《全国一体化政务大数据体系建设指南》要求建立国家基础库和主题库两类数据资源库，自然资源数据库是国家基础库，要为数字经济、数字社会、数字政府等提供全域高质量、多尺度、权威统一的自然资源和国土空间底图和底线，推动政务数据融合应用和发挥各领域数据要素价值，为推进国家治理体系和治理能力现代化提供有力支撑。

（二）完善国土空间基础信息平台是新时代履行自然资源管理职责的必然要求

走进新时代、踏上新征程，自然资源部紧紧围绕“两统一”核心职责，提出“严守资源安全底线、优化国土空间格局、促进绿色低碳发展、维护资源资产权益”的工作定位，积极推进人与自然和谐共生的现代化建设，并通过智慧国土建设提高自然资源管理和国土空间治理现代化水平。国土空间基础信息平台是智慧国土建设的基础支撑，需要提高数据赋能、协同治理、智慧决策和优质服务水平，为智慧国土建设打下坚实基础。一是强化全域全要素感知和数据治理融合，提高数据赋能能力[②]；二是通过业务融合、系统整合，全方位推动自然资源管理流程再造和模式优化，实现整体协同，不断提高管

① 《习近平：以美丽中国建设全面推进人与自然和谐共生的现代化》，中央人民政府网站，https://www.gov.cn/yaowen/liebiao/202312/content_6923651.htm。

② 王广华：《激发地理信息产业新生命力》，《中国建设信息化》2019年第23期。

理和服务效率；三是深化大数据、人工智能、算法模型在自然资源领域的融合应用，不断丰富指标库、模型库、知识库，将国土空间基础信息平台打造为“智慧中枢”，推动自然资源决策科学化、空间治理精准化、公共服务高效化。

（三）新一代信息技术发展为平台建设提供技术保障

当前，以云计算、大数据、物联网、区块链、移动互联网、人工智能、数字孪生等为代表的新一代信息技术与自然资源行业的深度融合，为国土空间治理创造了良好的技术条件。物联网、态势感知技术以及现代对地观测技术的应用，为国土空间基础信息平台提供了更及时、更准确、更全面的数据。[①] 以 ChatGPT-4 为代表的新一代人工智能迅猛发展，为自然资源和国土空间要素的自动识别、提取，自然资源数据与其他多元多模态数据的有效融合、智能分析提供了技术保障，有利于建立“用数据说话、用数据决策、用数据管理、用数据创新”的管理新机制，提升国土空间治理能力现代化水平。

三　国土空间基础信息平台存在的问题

党的二十大对新时代新征程推进美丽中国建设、促进人与自然和谐共生的现代化做出战略部署，对生态文明建设提出了新的更高的要求。按照将国土空间基础信息平台打造成美丽中国的数字化时空信息基础设施的目标，目前国土空间基础信息平台的建设与实际需求相比，还存在较大差距，具体表现如下。

一是数据赋能不够。现有数据资源的准确性、时效性、系统性不足，不能满足国土空间治理的业务需要；数据覆盖类型不多，大数据的利用水平有待提高；数据的治理和融合有待加强，提供的数据产品尚不能满足国土空间治理需要；“用数据说话、用数据决策、用数据管理、用数据创新”理念没有

① 陈军、武昊、张继贤等:《自然资源调查监测技术体系构建的方向与任务》,《地理学报》2022 年第 5 期。

深入人心，数据要素价值有效释放不足。二是共享协同不足。之前国土空间基础信息平台更注重自然资源系统内部的数据共享与应用，与行业部门的数据共享与业务协同还有待加强。三是智慧化水平不高。国土空间基础信息平台的感知判断、预警预测、分析决策、仿真推演能力不足，不能充分发挥用数据决策的作用，急需实现从数字中台到智慧中枢的转变。

四　国土空间基础信息平台的建设思路

围绕生态文明建设、数字中国建设的部署要求，充分运用互联网、云计算、大数据、物联网、三维仿真、人工智能等新一代信息技术，完善国土空间基础信息平台，提升平台的数据管理、业务支撑和智慧应用能力，对内以国土空间基础信息平台统筹各类应用系统建设，提升自然资源业务协同水平，为自然资源事业高质量发展提供有效的数据和技术支撑；对外将国土空间基础信息平台作为与其他相关部门共建共治共享的国家时空基础设施，为国家各部门信息共享和业务协同提供支持，保障国家战略有效实施，促进国家治理体系和治理能力现代化。

五　国土空间基础信息平台的总体架构

国土空间基础信息平台的总体架构为五横两纵的层次架构，五横主要包括基础设施层、信息资源层、应用支撑层、应用服务层、服务发布层，两纵包括标准规范体系和安全运维体系，并贯穿五个横向层次，如图 2 所示。

基础设施层：为国土空间基础信息平台运行提供可按需扩展的高性能计算环境、大容量存储环境、安全可靠的网络环境。

信息资源层：对现状、规划、管理、经济社会、人口、法人六大门类数据进行综合管理，形成统一的数据资源目录，对外服务。

应用支撑层：构建以大模型为代表的 AI 应用所形成的智慧化支撑体系，

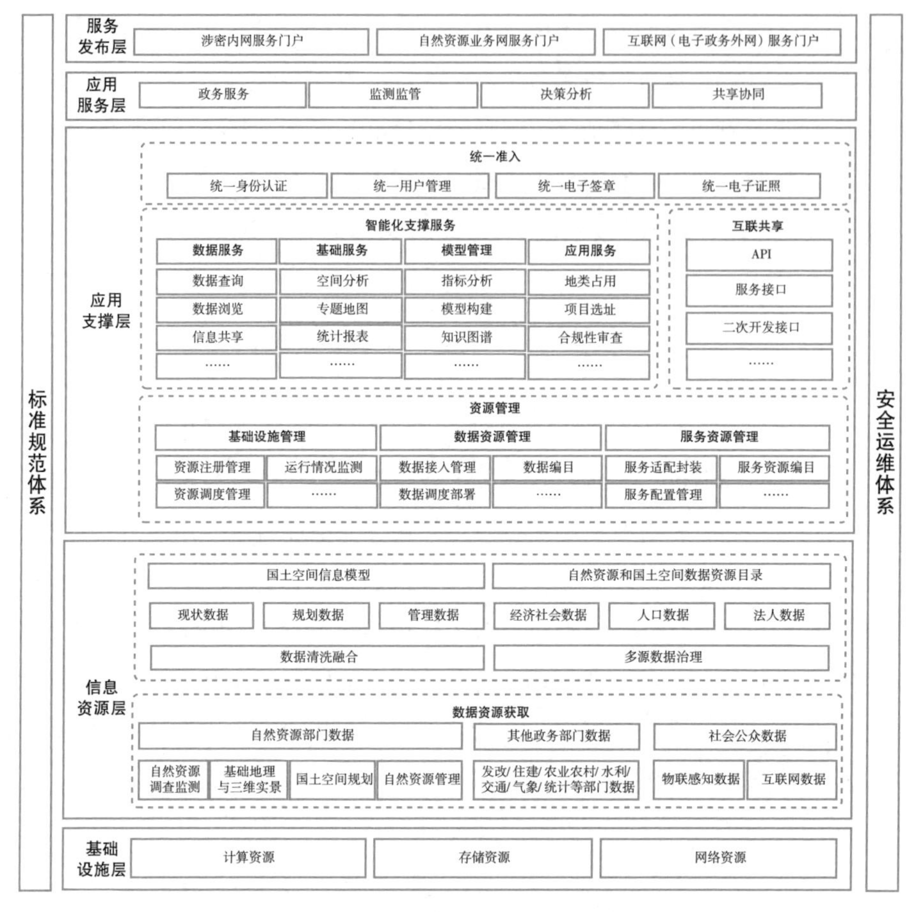

图 2 国土空间基础信息平台总体架构

资料来源：笔者自制。

为政务服务、监测监管、决策分析、共享协同等，提供资源管理、互联共享、统一准入等智能化支撑。

应用服务层：面向政务服务、监测监管、决策分析、共享协同应用体系，提供资源评价、规划编制、行政审批、资源监管、决策支持、共享协同等专题服务。

服务发布层：构建统一门户对应用及服务进行发布，为各级用户提供统一访问入口，保证高并发访问的安全、高效、稳定。

标准规范体系：建立国土空间基础信息平台系列标准规范，指导平台开发建设和运行管理。

安全运维体系：建立安全管理机制，确保平台建设和运行安全；建立运维管理机制，对平台硬件、网络、数据、应用及服务的状况进行实时、综合监控，实现对平台问题的及时发现和预警。

六　国土空间基础信息平台的主要建设内容

（一）丰富完善自然资源三维立体“一张图”

基于自然资源三维立体“一张图”数据体系，打通基础地理、调查监测、规划、审批、监管和决策各环节数据流，建立国土空间统一“底图”“底线”，推动形成国家时空信息基础设施。建立较为完善的自然资源和国土空间数据治理体系，进一步提升自然资源和国土空间数据全面性、准确性、现势性，奠定数据赋能基础。

1. 融合现状数据，建立统一“底图”

依托实景三维中国建设，整合集成现势性的数字正射影像（DOM）、地形级和城市级实景三维建设成果，形成统一的空间定位框架和分析基础，建立三维时空信息“基底”。

以第三次全国国土调查及年度变更调查成果为基础，依托自然资源三维立体时空数据库，进一步整合集成专项调查、自然资源调查监测形成的土地、矿产、森林、草地、湿地、水、海域海岛等数据，以及自然地理格局、自然地理条件等相关数据，形成全国覆盖的 1∶1 万国土现状数据。

依托地质调查，集成全国基础地质、矿产资源、油气资源、矿山环境、地质灾害、古生物等数据，形成透明的国土地下空间信息。

依托海洋观测监测成果，集成海域、海岛、海洋可再生能源、海洋渔业资源、海洋经济、海洋安全与权益维护等数据，形成海洋综合信息。

整合水流、森林、山岭、草原、荒地、滩涂、海域、无居民海岛及探明储量的矿产资源等自然资源的所有权和所有自然资源生态空间权属数据，以及集体土地所有权，房屋等建筑物、构筑物所有权，森林、林木所有权，耕地、林地、草地等土地承包经营权，建设用地使用权，农民宅基地使用权，海域使用权，抵押权，地役权等不动产登记数据，形成不动产的坐落、界址、空间界线、面积、用途等自然状况和不动产权利的主体、类型、内容、来源、期限、权利变化等权属状况信息融合统一的全国不动产数据库。

依托自然资源资产清查成果，集成全国自然资源资产调查、清查、评估、核算等相关数据，形成全国统一的自然资源资产数据。

在统一的时空基准、统一的分类标准下，开展从地下、地表到地上各要素的融合处理，完善建立全国统一的自然资源和国土空间利用“底图”。

2. 融合规划数据，建立统一“底线”

集成全国以 1∶1 万为主比例尺的耕地和永久基本农田、生态保护红线、城镇开发边界“三线”数据，以及国家、省、市、县、乡五级国土空间总体规划，同时集成各级详细规划以及矿产资源规划、生态保护修复规划、海洋规划等各类专项规划数据，提取国土空间规划控制指标、管控规则，形成国土空间管控规则库，在此基础上形成国土空间规划“一张图”，建立全国统一的国土空间开发利用“底线”。

3. 融合管理数据，建立实施“动图”

融合各级自然资源主管部门审批、监管、督察执法等日常管理工作数据，主要包括建设项目用地预审、建设用地审批、土地供应、土地整治、占补平衡、探矿权、采矿权、矿业权人信息公示管理、矿山开发利用、用岛用海审批、海洋监管、测绘审批、自然资源开发利用、用途管制、耕地质量监测与评价、生态保护修复、督察执法等，并通过国土空间基础信息平台的数据中台实时汇聚各类应用系统产生的最新业务数据，建立全国统一的体现自然资源国土空间动态变化的实施“动图”。

4. 融合其他数据，建立自然资源与国土空间大数据体系

在现有高分辨率遥感影像的基础上，补充完善无人机、倾斜摄影、视频设备、移动终端等的感知数据，进一步提升“一张图”的精准性、实时性和完整性。积极推进农业、交通、水利、住建、环保、气象等部门的空间数据

共享。充分利用反映人类经济社会活动的人口、法人、经济、税收、投融资等经济社会相关的统计数据，以及手机信令、互联网地图等实时反映人类活动空间位置的互联网数据，建立自然资源与国土空间大数据体系，为经济社会发展提供数据支撑，实现数据要素价值最大化。[①]

（二）升级完善分布式国土空间基础信息平台

完善分布式国土空间基础信息平台，着力提升平台的数据支撑能力、业务支撑能力、通用技术支撑能力，加强数据管理调度、智慧应用支撑，对内以国土空间基础信息平台充分统筹各类应用建设与集成，对外将国土空间基础信息平台建成与其他部门共建、共享、共用的国家时空基础设施支撑平台，实现建设大数据、大平台、大系统的目标。

1. 完善分布式国土空间基础信息平台架构

进一步统筹优化各节点网络、计算、存储等算力资源，强化数据管理、维护、更新和分析应用能力，进一步提升各节点的业务应用和共享服务支撑能力。将国家级国土空间基础信息平台主节点和各分节点、各级国土空间基础信息平台联成一体，形成全国各级各类自然资源和国土空间数据统一调度、协同共享和统一对外服务的一体化平台。主节点和分节点的数据、资源物理分散、逻辑一体，通过国土空间基础信息平台实现集中展现、调度。[②]分布式国土空间基础信息平台建设框架如图3所示。

2. 提升数据支撑能力

在自然资源“一张图”统一管理的基础上，进一步强化数据治理、挖掘分析、资产管理能力，增强三维支撑能力和大数据支撑能力。

一是强化数据治理能力。面向数据全生命周期管理需求，为自然资源各类数据的检查、入库、提取、转换、清洗、更新提供全流程数据治理工具，

① 蒋文彪、郭文华:《自然资源和国土空间大数据建设与应用》,《自然资源信息化》2022年第5期。

② 李治君、周俊杰、范延平等:《国家级国土空间基础信息平台分布式数据库设计与实现》,《自然资源信息化》2022年第5期。

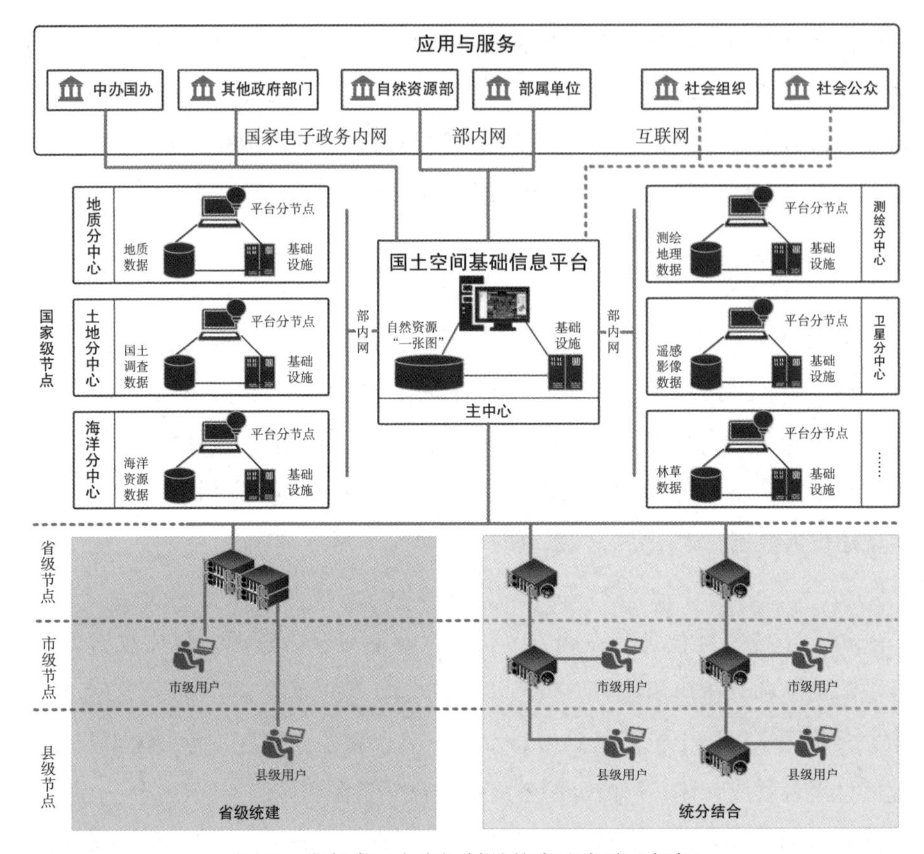

图 3　分布式国土空间基础信息平台建设框架

资料来源：笔者自制。

将集成的各类数据纳入自然资源“一张图”数据库进行统一管理，保证数据全域覆盖、内容完整、准确权威、动态鲜活。

二是提升数据挖掘分析能力。综合运用人工智能、知识管理、搜索引擎等技术，拓展知识分类、多维索引、知识图谱、关联分析能力，建立指标库、模型库、知识库，加强平台数据智慧化应用，全面提升自然资源的综合监管、形势预判和宏观决策能力。

三是增强数据资产管理能力。建设数据资产统一管理、数据血缘与生命周期管理、数据资源场景主题处理、元数据管理、统一逻辑查询引擎、数字孪生空间、数据服务鉴权、数据服务效能评价、数据调试指挥中心等模块，充分盘活数据价值。

四是增强三维支撑能力。强化统一空间尺度下的遥感影像、DEM、三维实体、实景影像、BIM 等多源自然资源相关数据的整合集成能力，实现超大规模的三维数据高效发布与应用，加强三维功能的开发拓展，为各类自然资源应用提供更加直观、精细的数据服务支撑，全面实现自然资源管理和国土空间治理从二维向三维升级。[①]

五是提升大数据支撑能力。强化大数据存储能力，依托分布式数据存储技术，构建分布式空间数据库、分布式非关系型数据库和分布式文件管理系统，采用差异化混合存储策略，满足空间大数据多样化应用场景的存储需求，提供统一的数据管理、监控和访问接口；强化大数据计算能力，面向自然资源管理的多样业务场景，构建二三维环境下的高性能计算引擎和分布式内存计算引擎，提升大数据计算能力。

3. 强化业务支撑能力

提供统一的技术服务支撑，不断完善和丰富空间分析、统计报表和专题图制作等基础服务，提升数据查询、数据浏览、信息共享等数据管理服务能力，业务模型与标准规则管理、技术标准接口管理、复用功能管理、业务应用服务调度、业务应用集成管理、计算资源调度管理、业务应用部署交付管理、业务应用运行监控等业务支撑能力，实现业务能力复用，促进管理业务融合，支撑业务管理模式创新。

4. 提升智慧化服务能力

深化大数据、人工智能、算法模型在自然资源领域的融合应用，增加数据信息知识组织、方法模型库管理、AI 学习模型训练、自然资源要素感知、空间特征识别、三维场景仿真、图文智能检索、形势分析研判等功能，为数据赋能、知识服务的智慧化应用提供技术支撑。

构建基于 AIGC 的业务分析评价行业大模型，将自然资源领域的管理理论和方法数字化，建设包含自然资源利用综合决策模型、矿产资源形势分析

---

① 邓颂平、周俊杰、范延平等:《自然资源三维立体“一张图”建设思路探讨》,《自然资源信息化》2022 年第 2 期。

模型、耕地保护分析模型、国土空间规划全生命周期模型、矿山生态环境影响模型等的模型库，挖掘业务之间的关联关系，促进业务的智能化和决策的智慧化。

基于行业大模型，在指标和传统模型的基础上，对行业经验、研究成果等进行沉淀、提炼，形成统一的知识库，为持续开展动态监测、形势分析、趋势研判、情势推演、效果评估、风险预警提供技术支撑和保障。构建国土空间底线智能监测、灾害智能预警预报、智能选址选线、自然资源节约利用水平智能评价等业务场景，进一步提升精准研判、科学决策和调度指挥能力。①

5. 提升共享协同能力

一是加强业务协同。通过对自然资源业务进行全面梳理，优化业务流程，基于国家电子政务内外网的国土空间基础信息平台，对已建、在建和拟建的各类业务信息系统进行全面整合。建设统一应用门户，通过统一身份认证、统一权限管理、统一证照管理、统一审计管理等，实现一体化应用服务，全面支撑“一次认证、全网通行”，将纵向条块分割、烟囱林立的系统打造成横向关联、业务协同的应用场景，实现不动产登记、政务审批、监测监管、督察执法、综合统计等各项业务在同一个平台上办理，打通内部信息孤岛，减少重复建设和维护，实现业务整体关联协同，提升管理效率。

二是加强数据共享。在自然资源系统内部，建立健全国家级平台与省、市、县级自然资源主管部门数据资源的贯通机制，确保自然资源系统纵向协同联动。面向行业部门，通过平台汇聚自然资源管理和国土空间治理开展过程中所需的统计、发改、住建、交通、水利等相关委办局业务数据，与自然资源“一张图”相关数据实体进行融合集成。同时，通过国土空间基础信息平台统一提供高精度、高分辨率原始数据，公共底图底线产品、专题数据产品的浏览、调用、制图、下载等服务，为中办、国办以及相关行业部门的重大决策部署、专项规划编制、重点项目落地等专项工作提供专业时空信息服

① 郭仁忠、罗婷文:《土地资源智能管控》,《科学通报》2019 年第 21 期。

务。利用互联网面向公众提供数据查询与数据开放服务，让平台发挥更大的经济社会效益。

6. 加强基础设施建设

一是优化网络环境。基于国家电子政务内外网环境，建设自然资源部主中心和各国家级分节点互联互通的涉密内网和非涉密外网，积极推动省级自然资源管理部门接入电子政务内外网。

二是提升计算存储能力。提供云网合一、资源共享、统一调配的自然资源云基础设施，实现计算和存储资源的集中管理和弹性分配，基础设施集约建设和节约利用，增强自然资源政务信息化数据的存储管理、挖掘分析和应用服务能力。

三是完善安全防护体系。依托国家电子政务内外网网络环境，加强主中心和各国家级分节点政务信息化系统非涉密网络等级保护建设和涉密网络分级保护建设，开展关键信息基础设施保护体系建设。加强安全认证基础设施、密钥服务基础设施、安全监控与审计系统等基础设施建设，提供各类安全管控服务，满足平台统一身份认证和授权、数据加密传输存储以及应用服务、服务器与系统安全监控等方面的安全需求。

七 展望

新时代新征程，面对自然资源管理改革创新与国家重大需求，需全面推动新一代信息技术与自然资源管理深度融合，升级完善国土空间基础信息平台，提升平台的数据管理、业务支撑和智慧应用能力，将国土空间基础信息平台打造成为美丽中国的数字化时空基础设施，建立自然资源和国土空间数字化管控和治理的新模式，实现自然资源要素全类型感知分析、自然资源业务全链条关联协同、国土空间治理全领域智慧高效，全面提升对美丽中国、数字中国建设的信息化保障能力。

B.4

智慧城市时空大数据平台建设与应用进展

严荣华*

摘　要： 时空大数据平台是提供各类时空信息服务的基础性、普适化、开放式技术系统，旨在面向自然资源管理和城市高质量发展，解决好应用问题，构建起基础测绘的服务基础，是自然资源部加快推进测绘地理信息工作转型升级的重要内容之一。本报告回顾了测绘地理信息在城市信息化发展各阶段中的服务内容和服务形式，对智慧城市时空大数据平台的产生缘由进行了详细说明，阐述了平台的建设思路、内容构成以及各构成要素的核心要点，分析了平台的定位、作用以及平台与其他相关系统之间的关系，梳理了近年来自然资源部在试点推动、合作共建、深化提升等多个方面推进平台建设的相关工作，最后通过几个试点建设的实际案例介绍了平台的建设成效与应用情况，并对下一步如何进一步发挥好平台作用、提升平台建设能力与服务水平提出了建议。

关键词： 智慧城市　时空大数据平台　云平台

一　前言

智慧城市是破解城市发展难题，提升城市治理能力现代化水平，实现城市可持续发展的新路径、新模式、新形态，也是落实国家新型城镇化发展战

* 严荣华，自然资源部国土测绘司处长、二级巡视员。

略，促进城市发展方式转型升级的系统工程。[①]党的二十大报告提出，加快建设数字中国，加快发展数字经济，促进数字经济和实体经济深度融合，加强城市基础设施建设，打造宜居、韧性、智慧城市。《中华人民共和国国民经济和社会发展第十四个五年规划和2035年远景目标纲要》《数字中国建设整体布局规划》《国务院关于加强数字政府建设的指导意见》等文件都对建设新型智慧城市提出相关要求。习近平总书记在致2021年首届北斗规模应用国际峰会的贺信中指出："当前，全球数字化发展日益加快，时空信息、定位导航服务成为重要的新型基础设施。"[②]智慧城市是数字中国建设的核心载体和重要内容，是高质量推进数字中国建设的有力抓手。作为智慧城市的重要组成部分，时空大数据平台是智慧城市建设、运营、管理与服务的基础性支撑平台，是时空信息的服务载体、基础测绘转型升级的重要建设任务、实景三维中国的应用服务窗口和重要的新型基础设施。开展时空大数据平台建设，是完善城市数据资源体系、提升城市治理能力的重要途径，能够为数字中国、数字政府和数字经济建设提供高质量时空数据服务。[③]

智慧城市时空大数据平台建设至今已走过十个年头，虽然有前期的积淀，也在建设中取得了一定的成果，但仍旧面临思路、内容等方面的诸多问题，需要继续深入探索与突破。本报告阐述了智慧城市时空大数据平台建设的发起缘由、建设内容、试点进展等，最后提出下一步的发展方向。

二　测绘地理信息服务城市信息化发展历程

城市是社会、经济、政治、文化等方面活动的中心，是国民经济建设和社会发展最活跃的区域。城市的发展方式、管理能力、信息化程度和服务水平在很大程度上依赖测绘地理信息的支撑。如果将测绘地理信息服务

① 王丹:《智慧城市时空信息应用》,《中国建设信息化》2019年第7期。

② 《习近平向首届北斗规模应用国际峰会致贺信》,《人民日报》2021年9月17日，第1版。

③ 《部国土测绘司负责人解读〈智慧城市时空大数据平台建设技术大纲（二〇一九版）〉——为高质量发展提供智慧的时空服务》，自然资源部网站，https://www.mnr.gov.cn/dt/ywbb/201903/t20190325_2402892.html。

城市信息化发展的历程进行阶段划分，其包括模拟化、数字化、服务化和知识化四个阶段。

模拟化阶段可以追溯至远古，伏羲女娲合图、伏羲八卦图表明，当时虽没有测绘的具体意识，但已经开始用测量工具等指导生活、生产。至农业社会、工业社会，人们开始对土地的长度、面积进行丈量，通过制图将大范围区域收入视野，形成最原始的地图。随着测绘技术手段的不断发展，地图表达越来越详细、准确、精细，成为城市管理的重要工具。随着计算机的出现，数字化发展加快，各部门纷纷建立数据库，实现了电子化、无纸化办公。《国家信息化领导小组关于我国电子政务建设指导意见》（中办发［2002］17 号）明确提出，要“整合信息资源，建立人口基础信息库、法人单位基础信息库、宏观经济数据库、自然资源和空间地理基础信息库等四个基础信息库”。[①]通过数字化建设，测绘地理信息服务能力迅速提升，但也带来了以下一些问题：由于基础数据重复生产、多头提供，城市内部空间数据在基准、空间位置、属性内容、更新时相等方面不统一，数出多门、数据打架、数据难以共享、信息孤岛、资源浪费现象严重[②]，资源共享和业务协同存在诸多障碍，建立统一的地理空间框架迫在眉睫。

胡锦涛在 2003 年中央人口资源环境工作座谈会上提出，要“推进‘数字中国’地理空间框架建设，加快信息化测绘体系建设，提高测绘保障服务能力”[③]。2004 年，中共中央办公厅、国务院办公厅印发的《关于加强信息资源开发利用工作的若干意见》（中办发［2004］34 号）中提出，要“加强政务信息共享”，“继续开展人口、企业、地理空间等基础信息共享试点工作”。[④]2006 年，国家测绘地理信息局印发的《关于加强数字中国地理空间框架建设与应

① 《国家信息化领导小组关于我国电子政务建设指导意见》，中央网络安全和信息化委员会办公室网站，http://www.cac.gov.cn/2002-08/06/c_1112139134.htm?from=singlemessage。

② 王家耀：《系统思维下的新型智慧城市建设》，《网信军民融合》2018 年第 6 期。

③ 国家测绘地理信息局编《科学发展　测绘先行——测绘地理信息工作十年回顾（2002—2012）》，人民出版社，2012，第 148 页。

④ 《关于加强信息资源开发利用工作的若干意见》，电子政务网，http://www.e-gov.org.cn/article-143762.html。

用服务的指导意见》(国测国字［2006］35号)中提出，要“加快数字中国地理空间框架建设，促进地理信息资源开发、整合、共享和应用”。[①] 在一系列国家相关政策文件指导下，2006年，国家测绘地理信息局选择城市作为地理空间框架构建的突破口，启动“数字城市地理空间框架试点建设”工作[②]，通过构建“1+1+1+N”的模式，即建立城市基础地理信息数据库、可共享的地理信息公共平台，形成一套保障更新维护的长效机制，并依托平台搭建若干应用示范系统[③]，通过“数据分布式存储、信息逻辑式集中、服务一站式提供”的方式，将测绘地理信息由数字化阶段推向服务化阶段。

党的十八大报告中明确强调促进“四化”的同步协调发展。城市作为国民经济和社会发展的主体，是现代经济发展的中坚力量，承载着新“四化”发展的重要任务。城市的快速扩张发展，对资源环境支撑、社会管理与公共服务以及城乡统筹协调等提出了更高的要求，对快速获取、分析城市信息，解决、处理城市问题，保障城市高效、低碳、科学运行提出了新的要求，智慧城市建设应运而生。2014年，国家发展改革委等8部委印发《关于促进智慧城市健康发展的指导意见》(发改高技［2014］1770号)，首次对我国的智慧城市建设给出明确的定义，并提出了具体要求，明确智慧城市是运用物联网、云计算、大数据、空间地理信息集成等新一代信息技术，促进城市规划、建设、管理和服务智慧化的新理念和新模式。[④] 在智慧城市建设过程中，地理信息担负了信息交换共享与协同应用的时空基础和桥梁纽带作用，是智慧城市运行的智能化时空载体。[⑤] 由此，2012年，数字城市地理空间框架开始向智慧城市时空大数据平台转型，测绘地理信息服务也从提供服务向提供知识，

---

① 《关于加强数字中国地理空间框架建设与应用服务的指导意见》，河南省测绘地理信息技术中心网站，http://www.hncehui.cn/plus/view.php?aid=4641。

② 李维森:《中国地理空间框架建设的内容与进展》,《国土资源导刊》2014年第9期。

③ 李维森:《浅析数字城市地理空间框架建设中的创新》,《测绘通报》2011年第9期。

④ 《发展改革委 工业和信息化部 科学技术部 公安部 财政部 国土资源部 住房城乡建设部 交通运输部关于印发促进智慧城市健康发展的指导意见的通知》，中央人民政府网站，https://www.gov.cn/gongbao/content/2015/content_2806019.htm?eqid=c9aece7400025a2e0000000664867627。

⑤ 李维森:《数字中国的建设与智慧城市的探索》,《地理信息世界》2013年第2期。

挖掘城市各类时空大数据背后的潜在规律，更好支撑城市管理与服务的精细化、实时化、可视化和智能化的方向发展。

三　时空大数据平台建设内容

时空大数据平台是以实景三维数据为基础，依托泛在网络，聚合分布式时空大数据资源，按需提供计算存储、数据、接口、功能和知识等相关服务的基础性、普适化、开放式技术系统，其构成如图 1 所示。时空大数据平台和时空基准与支撑环境共同组成时空基础设施，通过多元化应用模式，面向需求开展各种应用。

时空大数据主要包括基础时空数据、公共专题数据、泛在感知数据和特色扩展数据。基础时空数据即实景三维中国建设的基础地理实体数据、地理场景数据、地理实景数据等各类数据成果，是时空大数据的核心构成。公共专题数据是各部门生产的各类政务和民生信息资源。泛在感知数据是通过物联网、互联网获取的各类实时、动态数据。特色扩展数据是依据建设需求或城市特色自行扩充的数据。时空大数据建设过程中，对于基础时空数据，应在充分利用好本地现有测绘数据成果的前提下，结合新型基础测绘与实景三维中国建设的推进情况，采用存量数据转换、新技术生产等多种工艺流程与方法逐步丰富。公共专题数据、泛在感知数据和特色扩展数据应进行数据分析、清洗与处理，按需接入、有序管理、集中共享。在构建时空大数据时，应根据实际需求，梳理数据现状清单、目标清单和差距对比清单，分层分级、逐渐推进。加强数据的汇聚、处理、管理、服务、应用等各环节的规范化管理，建立可反馈、可追溯机制，形成常态化的数据治理机制，进而构建更加标准、实时、准确的高质量时空大数据体系。

云平台主要包括云中心和平台服务系统。其中，云中心的核心是三种能力：一是构建服务资源池，具备开放服务能力；二是提供各类引擎，具备按需服务能力；三是建设安全技术防控体系，具备可控服务能力。平台服务系统的功能是对外提供云中心的各类资源内容，通过友好、便捷的交互操作，

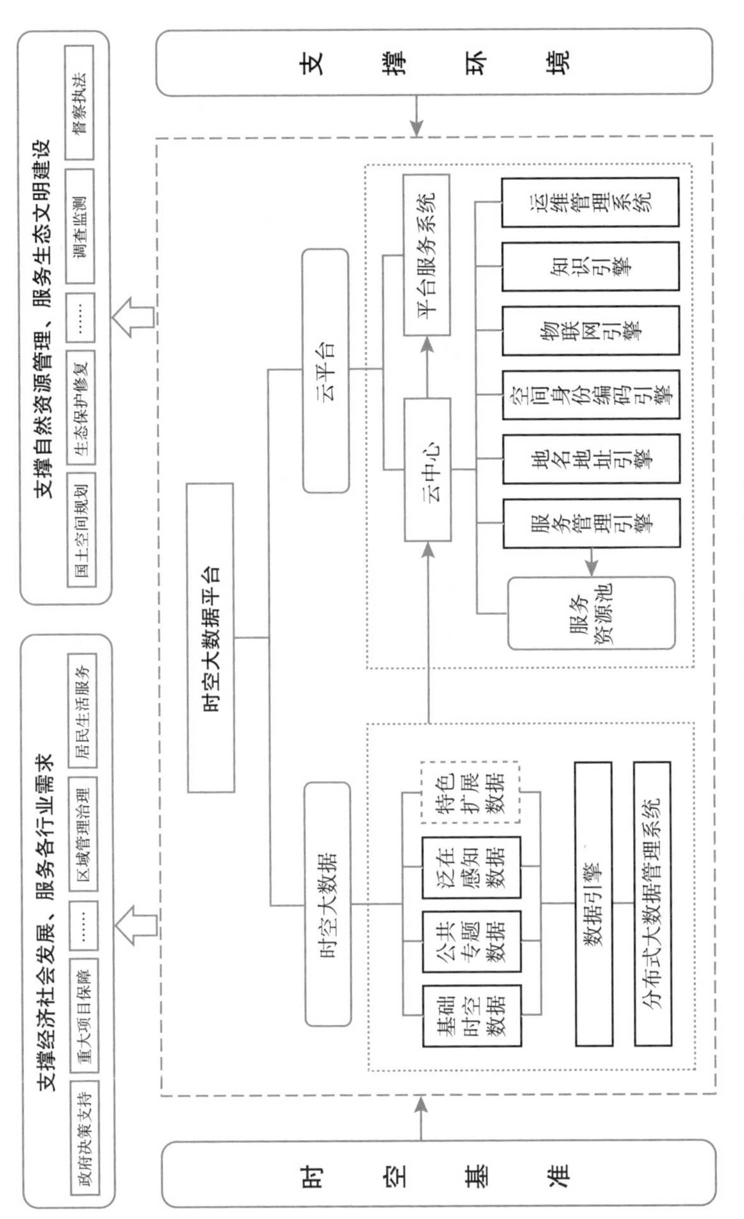

图 1　时空大数据平台构成

资料来源：笔者自制。

引导并帮助用户完成相应工作。在构建云平台时，应综合运用软件平台设计中的新理念、新技术进行设计与构建，打通时空大数据从采集管理到服务应用的通道，提供更加灵活、高效和更具弹性的服务。

时空基准是经济社会发展和国防建设的重要基础设施，是时空大数据在时间和空间维度上的参考基准。在时空大数据平台建设过程中，应充分结合现代测绘基准体系建设成果，以提供高精度的时空基准服务。

支撑环境包括时空大数据及云平台部署运行的软硬件环境，以及标准规范、政策机制、人才队伍等支撑平台长效运行维护与服务的保障条件。其中，软硬件环境应立足城市已有的云基础设施，依托云端的统一网络、计算、存储等资源，按照“上云为常态、不上云为例外”的要求，将时空大数据与云平台逐步迁移上云。建设时，应注重提升软硬件环境的安全性，增强自主国产化软硬件的适配性。

建设的最终目的是应用，应用示范是在众多应用领域中，根据本地的特点和需求，本着急用先建的原则所开展的应用建设，是检验时空大数据平台建设成效的重要方法。在开展示范应用场景建设时，应充分进行需求调研，摸清城市建设痛点，找准应用方向和内容，充分依托原有的部门信息化成果开展建设，发挥好时空大数据平台的价值。

时空大数据平台的构建，是将分散在各处但具有时间和空间特点的多元数据，基于统一的时空框架聚合起来，并建立好这些数据之间的时空关联关系，使原来孤立的数据能够串联起来；然后搭建一个公共平台，对这些汇聚的数据资源进行发布，使不同使用者可以便捷地获取所需要的数据资源，并借助平台提供的丰富功能，结合使用者的应用场景需求，对这些具有关联关系的数据进行更深层次的挖掘分析，从而对场景下的事件做出更准确、更全面、更细致的研判和预测。这里需要明确的是，时空大数据平台是基础性、通用性平台，是自然资源部门的国土空间基础信息平台、住建部门的城市信息模型基础平台（CIM 基础平台）、城市数字孪生平台等其他专业信息平台构建的基础载体，为这些平台提供时空框架和数据分析的基础，与相关专业信息平台在技术上是上下游的关系，而非平行交叉的关系。

四　智慧城市时空大数据平台部署与推进

截至 2023 年 5 月，已有 66 个城市批复成为智慧城市时空大数据平台建设试点，其中 40 个试点已完成建设。[①] 各试点城市在时空大数据资源建设和基于时空大数据的知识化服务、支撑环境以及智慧化应用等方面取得了丰富的成果，这些成果为城市的建设、运营、管理与服务提供了实时、丰富、全面、权威的时空基础支撑。近年来的全国自然资源工作会议也都明确提出开展智慧城市时空大数据平台建设试点的相关要求。持续开展好时空大数据平台建设，是发挥好测绘地理信息基础性支撑和保障作用的重要内容。

时空大数据平台的本质是服务。自然资源部正在开展新型基础测绘与实景三维中国建设等工作，时空大数据平台就是在新型基础测绘建设形成强大的能力基础、实景三维中国构建扎实的数据基础的前提下，通过构建统一、共享且具有知识挖掘能力的平台，进一步助力测绘地理信息发挥好“支撑经济社会发展、服务各行业需求，支撑自然资源管理、服务生态文明建设”的作用，解决好面向应用的问题，形成可靠、高效的服务基础的。为了将这一服务基础打造得更为牢固，时空大数据平台建设从加强合作和深化提升两个层面开展了一系列工作。

在部门间合作方面，自然资源部作为国家新型智慧城市建设部际协调工作组成员单位，积极履职对接，按照《国家发展改革委办公厅 中央网信办秘书局关于继续开展新型智慧城市建设评价工作 深入推动新型智慧城市健康快速发展的通知》的要求，持续推进时空信息平台建设工作，发挥好测绘地理信息在智慧城市建设中的作用。

在部门内合作方面，自然资源部注重发挥好时空大数据平台作为基础平台的作用，进一步明确其与国土空间基础信息平台、三维立体时空数据库、地理信息公共服务平台等的关系，并在国土空间规划编制和实施评估等工作中开展部门内部合作。例如，按照行业标准《国土空间规划城市体检评估规

① 常钦:《40 个智慧城市时空大数据平台建成》,《人民日报》2023 年 5 月 18 日，第 4 版。

程》（TD/T 1063—2021）要求，基于时空大数据平台成果，聚焦 11 类时空大数据评估指标，针对全国不同级别的国务院审批城市总体规划的 108 个城市开展城市体检评估工作，客观掌握"以人为本"的规划现状，并基于该工作开展行业标准《国土空间规划城市时空大数据应用基本规定》（TD/T 1073—2023）的编制。

在深化提升方面，自然资源部根据《关于加强数字政府建设的指导意见》《关于构建数据基础制度更好发挥数据要素作用的意见》《数字中国建设整体布局规划》等一系列文件要求，结合自然资源管理和城市精细管理的新要求以及当前技术发展的新趋势，组织编制《智慧城市时空大数据平台建设技术大纲（2019 版）》等技术文件和相关标准。大纲进一步明确了时空大数据平台建设的思路、目标和核心内容。未来，智慧城市时空大数据平台建设将更好地为数字中国建设、数字经济发展提供统一的时空数据基础底板，推动时空大数据与自然资源管理和经济社会发展深度融合，实现以数据换空间，进一步激活数据潜能、提升数据的附加价值。

五　智慧城市时空大数据平台部分试点概况

智慧城市时空大数据平台建设目前仍在持续推进中，40 个智慧城市时空大数据平台已建设完成，建成了自然资源管理、城市精细化管理、交通和市场监管等领域的 400 余项行业应用系统，为城市精细化管理、经济发展和公众生活提供了实时、丰富、全面、权威的时空基础支撑。[①] 以下是部分试点应用服务实例。

1. 滨州市公共服务设施服务能力分析与评估

滨州市自然资源和规划局基于智慧滨州时空大数据平台的知识分析能力，实现了对医院、公园、学校、公交车等公共服务设施的可达性分析，并根据 5 分钟、15 分钟等不同的时间成本和机动车、非机动车、步行等不同的交通

① 常钦：《40 个智慧城市时空大数据平台建成》，《人民日报》2023 年 5 月 18 日，第 4 版。

方式，分析城市各类公共设施的真实服务范围。[1] 同时，结合平台提供的城市人口数据，分析城市公共服务设施的实际服务人口容量，为实现“以人为本”的城市空间规划提供科学支撑。

2. 衡阳市违法用地和违法建设监测

城市发展的日益加速伴随着违法用地、违法建设现象频发。衡阳市基于智慧衡阳时空大数据平台每月更新的市本级卫星影像数据和公共专题数据，利用卫片核查手段，打造了“两违”监管平台，采用“一图二快三准四步”法，通过一张包括时间、位置、面积、照片、违法违章人等信息的“有图有真相”的检查图（见图 2），快速精准发现“两违”信息，有效遏制“两违”发生。自平台启用以来，衡阳市本级每月新增“两违”面积从 15 万平方米下降到不到 1 万平方米。[2] 当前，衡阳市根据“以图管违”的工作经验，将基于时空大数据平台构建的“两违”图升级为“党政主要领导自然资源和生态环境履职平台”，主动对接组织部门的干部考核平台、检察机关的公益诉讼平台及审计部门的生态审计平台，进一步压实地方党政主要负责人责任，为自然资源管理和环境保护提供支撑。

图 2　智慧衡阳时空大数据平台“两违”快速发现

资料来源：衡阳市自然资源和规划局。

① 肖作鹏、韩来伟、柴彦威：《生活圈规划嵌入国土空间规划的思考》，《规划师》2022 年第 9 期。

② 《测绘地理信息技术能精准打击“两违”？在这就可以！》，搜狐网，https://www.sohu.com/a/305797739_650579。

3. 重庆市地质灾害防治管理

重庆市时空大数据展示中心围绕重庆市地质灾害防治管理工作实际，着力推动地质灾害防治管理数字化、自动化、智能化。[①]利用时空大数据平台数据治理能力，实现以地质灾害隐患点为基础，贯穿调查评价、监测预警、调度指挥、项目管理四大环节，与地质灾害综合防治相关的数据融合。完成全市域 1.1 万个地灾隐患点 5.8 万台智能传感器的接入工作，平均每日接收并分析处理各类传感数据近 300 万条。依托重庆市时空大数据展示中心，建成了重庆市地质灾害防治综合信息系统，通过智能化监测预警模型将地理空间数据、地质环境数据、物联网监测设备采集数据和群测群防人员的上报信息有机结合，实现了地质灾害全业务信息化支撑，形成了以智能化设备实时监测数据、群测群防人员实时上报数据、气象站实时降雨数据为基础，人防技防与气象一体化的实时智能化监测预警体系，通过预警判据进行实时分析，实现灾害发生风险的综合预警和及时处置，有效辅助地质灾害监测预警工作，全面提升了重庆地质灾害监测预警科技水平和决策支持能力。

六 结语

智慧城市建设应以测绘地理信息为基础，整合各种信息资源，构建时空大数据，并挖掘城市运行和发展的内在机理与规律，通过时空信息云平台，遵循问题导向和需求牵引的原则，科学推进各智慧专题建设，从而实现优政、惠民和兴业的根本目标。下一步，智慧城市时空大数据平台的建设推进工作主要有以下三项重要内容。

一是加强系统研究和顶层设计，有序推进时空大数据平台向省级和国家级拓展。深入谋划省级和国家级时空大数据平台建设思路、技术路线及实现策略，统筹各级平台资源，以数据共享为途径、以上下贯通为纽带，推动省

① 《中国自然资源报 2 月 9 日：智慧城市万里行 | 重庆：城市管理智能化 便民服务精准化》，重庆市规划和自然资源局网站，http://ghzrzyj.cq.gov.cn/zwxx_186/mtgz/202102/t20210209_8891573.html。

级和国家级时空大数据平台建设。拓展城市平台服务范围，逐步实现城市与邻近区域包括农村地区的时空大数据平台的横向打通、与本省时空大数据平台的纵向贯通，“连点成片”，最终形成国家、省、市三级资源共享、协同服务的时空大数据服务模式，构建完善的国家、省、市三级时空大数据平台建设与应用体系。

二是加强应用生态的建设。目前通过试点建设已经积累了部分应用场景，但尚不成体系。因此，后续建设中应继续加强应用建设，边建设边应用。紧密围绕经济社会建设、生态文明建设等新需求新方向，引导和培育新的需求与应用模式。创新时空大数据平台服务体系，加大平台应用场景培育力度，不断发展壮大平台应用生态，拓展平台应用新空间。引导和带动三维时空信息产品应用，形成丰富的应用服务产品，特别是加强面向民生需求的服务，形成服务产业链条，确保时空大数据平台能够长效稳定发挥作用。

三是强化数据治理能力。数据作为新型生产要素，建设需求已经从管理逐步走向治理，要在发挥好时空大数据海量、精准的优势的同时，进一步激活数据潜能、提升数据的附加价值，并在此基础上探索数据流通交易的方式方法。

B.5

地理信息公共数据及其开放平台构建

黄 蔚　张红平　赵 勇*

摘　要： 数据作为生产要素是数字化发展不断深化的基础，公共数据作为数据要素中与公共利益直接相关的数据类型，是驱动生产、生活和治理方式变革的基础信息资源。基础地理信息数据是统一的空间定位框架和空间分析基础，关乎广泛的公共利益，是数字化发展的公共支撑与公共基础。本报告从公共数据视角分析了基础地理信息数据的内在特性，阐明基础地理信息数据是一类重要的公共数据，论述了高质量推动基础地理信息数据开放是实现其生产要素价值的前提。在此基础上，从基本思路、总体需求、主要构成等方面论述了如何构建地理信息公共数据开放平台，从而推动国家地理信息公共服务平台（天地图）转型升级，更好释放基础地理信息数据的生产要素价值，充分发挥其在支撑数字政府建设与助力数字经济发展等方面的重要作用。

关键词： 地理信息　公共数据　生产要素　天地图

一　引言

随着我国数字经济发展的加速推进及数字中国建设的持续加强，政府及社会各界对数据的认识不断深化，数据已经成为与土地、劳动力、技术、资

* 黄蔚，国家基础地理信息中心正高级工程师；张红平，国家基础地理信息中心高级工程师；赵勇，国家基础地理信息中心副主任、正高级工程师。

本并列的生产要素。公共数据作为数据要素中与公共利益直接相关的数据类型，有着特殊重要的战略地位，发挥着关键作用。[①] 中共中央、国务院 2023 年印发的《数字中国建设整体布局规划》提出，要推动公共数据汇聚利用，畅通数据资源大循环，有效释放数据要素价值，夯实数字中国建设基础。中共中央、国务院 2022 年发布的《关于构建数据基础制度更好发挥数据要素作用的意见》指出，要加强公共数据汇聚共享和开放开发。《中华人民共和国数据安全法》规定，国家机关应当遵循公正、公平、便民的原则，按照规定及时、准确地公开政务数据。国务院2015年印发的《促进大数据发展行动纲要》强调，要稳步推动公共数据资源开放。中央网信办、国家发改委、工业和信息化部 2017 年联合印发的《公共信息资源开放试点工作方案》指明，政府数据开放是指将与公众生活需要、企业利用需求密切相关的公共信息资源通过统一的公共信息资源平台进行公布。《中华人民共和国国民经济和社会发展第十四个五年规划和 2035 年远景目标纲要》将“加强公共数据开放共享”列为国家发展战略之一。2021 年底，国务院印发的《“十四五”数字经济发展规划》将“建立健全国家公共数据资源体系，统筹公共数据资源开发利用，推动基础公共数据安全有序开放，构建统一的国家公共数据开放平台和开发利用端口，提升公共数据开放水平，释放数据红利”列为国家未来一段时期内的重要工作目标之一。统筹公共数据资源开发利用，提升公共数据资源共享开放水平，既能服务于数字经济、数字政府、数字社会建设，又能带动企业或社会数据等其他数据资源的整合共享与开发应用，进一步释放数据要素潜能，对于赋能政务治理、赋能经济发展、赋能共同富裕具有十分重要的意义。[②]

基础地理信息数据与经济社会发展和生产生活的各个方面相关联，蕴藏着巨大的经济和社会价值，在数据作为生产要素的新需求驱动下，需要快速跟上数字化发展的新形势，从公共数据的视角重新认识基础地理信息数据，

---

① 《高质量推动公共数据资源开发利用》，“光明网”百家号，https://m.gmw.cn/baijia/2022-07/01/35852816.html。

② 发改委高技术司:《落实〈数据二十条〉精神 高质量推进公共数据开发利用》，《大众投资指南》2023 年第 7 期。

并以此为出发点，进一步转变理念思路、重塑机制体制、创新技术方法，按照党中央、国务院相关文件精神，在政府数据开放过程中加强地理信息公共数据开放与开发利用，构建地理信息公共数据开放平台，从而推动国家地理信息公共服务平台（天地图）转型升级，更好释放基础地理信息数据的生产要素价值，充分发挥其在支撑数字政府建设与助力数字经济发展等方面的重要作用。

二　地理信息公共数据辨析

（一）公共数据的概念界定

关于公共数据，普遍认为其是数据要素中权威性、通用性、基础性、公益性较强的数据类型，具备公共性、多源异构性、高附加值性。① 公共数据是从政务数据、政府数据的概念中进一步发展而来的，相较于政务或政府数据，公共数据的来源扩展到了所有具有公共管理和服务职能的机构主体，其具有较强的公共服务属性。此外，公共数据通常比政务或政府数据更具开放性，公共数据需要对社会开放。从政务或政府数据到公共数据，反映出我国数据开放理念的进一步转变，数据开放的目的也从单一的提升政府治理能力转向服务经济社会全方位的数字化发展。

在界定公共数据的概念时存在“归属标准”与“用途标准”两个视角。② 从“归属标准”角度看，履行公共管理职责或提供公共服务法定职责的主体是公共数据的主要来源，目前的基本共识是，公共数据是行政机关以及履行公共管理和服务职能的事业单位在依法履职过程中采集和产生的各类数据。这一点从国家和各地陆续印发的数据相关的政策文件中可以看出。中共中央、国务院印发的《关于构建数据基础制度更好发挥数据要素作用的意见》指出，公共数据主要从各级党政机关、企事业单位依法履职或提供公共服务过程中

① 郑建明、刘佳静:《公共数据开放的基本认知及其模式构建思考》,《科技情报研究》2022年第4期。

② 沈斌:《论公共数据的认定标准与类型体系》,《行政法学研究》2023年第4期。

产生。浙江、上海、重庆、深圳等地印发的有关数据规定对公共数据来源与归属的界定也基本一致，均认为公共数据是在公权力机关依法履职过程中产生的。有学者特别指出，公共数据的界定不能模糊数据要素市场的政府－市场边界。[①]社会各界已初步形成对公共数据的基本共识，认为公共数据主要由政府部门采集产生，这也与政府部门天然具备的公共属性相一致。

从“用途标准”角度看，公共数据侧重其功能性，即其用途，突出表现为其所具备的“公共性”。有学者从公物的角度分析公共数据应具备的特性，以“为公共目的使用”“由公权力机关所有或控制”“不限于单一有形物”三个要件为标准界定公共数据的公物性。[②]其中，“为公共目的使用”是公共数据“公共性”的显著体现。“公共性”并非指向数据主体的公私属性，也非数据的公用或私用，而是指数据包含信息内容是否涉及公共利益。[③]公共利益是不特定社会成员的利益，公共数据中的“公共性”是指其蕴含的数据内容关系公共利益。因此，对公共数据的认知需要把握其代表的价值是公共利益，其包含的信息内容涉及公共利益。由此，自然可以推论出，公共数据应当具备公平利用权，公共数据利用主体应当享有公平利用权。[④]落实公平利用权，公共数据开放是题中应有之义。公共数据是国家提供给社会的公共资源，应当向全社会开放，让更多的开发者和社会公众使用，实现公共数据的公平利用。

（二）从公共数据视角认识基础地理信息数据

地理信息是指人对地理现象的感知，包括地理系统诸要素的数量、质量、分布特征、相互关系和变化规律等，分为空间位置信息和属性特征信

① 王锡锌、王融：《公共数据概念的扩张及其检讨》，《华东政法大学学报》2023年第4期。
② 高仲劭：《大数据时代下公共数据的公物性及实现机制》，《河南财政税务高等专科学校学报》2018年第5期。
③ 郑春燕、唐俊麒：《论公共数据的规范含义》，《法治研究》2021年第6期。
④ 王锡锌、黄智杰：《公平利用权：公共数据开放制度建构的权利基础》，《华东政法大学学报》2022年第2期。

息。[1] 其中，基础地理信息数据是统一的空间定位框架和空间分析基础的地理信息数据。基于上文对公共数据概念的界定，从归属与用途两个视角分析基础地理信息数据。①根据《中华人民共和国测绘法》的规定，基础地理信息数据由县级以上地方人民政府测绘地理信息主管部门通过基础测绘产生；基础测绘的主要内容包括建立全国统一的测绘基准和测绘系统，进行基础航空摄影，获取基础地理信息的遥感资料，测制和更新国家基本比例尺地图、影像图和数字化产品，建立、更新基础地理信息系统。②基础地理信息数据反映和描述了地球表面测量控制点、水系、居民地及设施、交通、管线、境界与政区、地貌、植被与土质、地名等有关自然和社会要素的位置、形态和属性等信息[2]，具备以下主要特性。一是《中华人民共和国测绘法》规定，从事测绘活动，应当使用国家规定的测绘基准和测绘系统。这意味着基础地理信息数据是各类信息空间定位的法定基础，是国家统一的地理空间定位框架，其信息内容关乎广泛的公共利益。二是大数据的快速发展与应用落地，使得人们的思维模式发生了巨大变化，主要采用关联关系而不是因果关系分析数据、获取知识[3]，通过三维乃至多维的地理空间位置建立不同数据之间的普遍联系，能够有效支撑数据分析、信息挖掘与知识发现。在这个过程中，基础地理信息数据成为公共支撑。三是基础地理信息数据具备时间与空间连续的特点，其中所包含的基本比例尺地图、遥感影像、数字高程模型等数据内容具备社会服务性和商业利用性，不仅能够辅助政府决策，而且能够通过公共服务带动产业发展，是经济社会数字化发展的公共基础。

因此，基础地理信息数据具备公共数据所具备的典型特征，其是由各级自然资源部门在履职过程中产生的具备公共性的公益性数据资源。在这种认识的基础上，可以把以 4D 产品为代表的各类基础地理信息数据全部纳入地理信息公共数据的范畴。当前，自然资源部正在推进新型基础测绘建设，基础

---

① 辞海编辑委员会编纂《辞海》（彩图珍藏本），上海辞书出版社，1999。

② 《基础地理信息标准数据基本规定》（GB 21139—2007），国家标准全文公开系统，http://c.gb688.cn/bzgk/gb/showGb?type=online&hcno=DEB5F7243A7A5D94DE830F10CDFFA6C0。

③ 张尧学、胡春明主编《大数据导论》（第 2 版），机械工业出版社，2021。

地理信息数据的外在产品形式会因适应信息技术的发展而不断演进，但其作为“统一的空间定位框架和空间分析基础”的内在逻辑不会发生变化。当然，基础地理信息数据中有些数据内容关系到国家安全，属于涉密内容，对于这部分信息需要审慎处理。一方面，将涉密内容按照国家相关规定进行脱密处理；另一方面，按照公共数据开发利用“原始数据不出域、数据可用不可见”要求，加强技术创新，开发“可用不可见”和“可见不可得”服务模式，规避基础地理信息数据开发利用过程中面临的数据失控、滥用或泄露等风险，统筹好发展与安全的关系。

（三）推动地理信息公共数据开放

公共数据价值释放离不开公共数据开放，公共数据开放有利于提高政务服务水平和效率，也有利于个人、企业等其他主体获取信息，带动其他数据资源的流转，提高数据供给水平，推动数字技术创新和数据价值转化，促进数字经济可持续发展。[①] 由于基础地理信息数据脱胎于军事用途，因此长期以来主要的关注点在于数据保密。但作为公共数据的基础地理信息数据，其安全有序开放是推进基础地理信息数据资源开发利用、释放潜在价值的前提。因此，需要在妥善解决数据保密问题的基础上，大力推动基础地理信息数据开放，促进其快速流通，打破数据壁垒。其关键在于定位于公共数据，制定基础地理信息数据资源配置和利用规则。自然资源部门不是简单地对基础地理信息数据资源进行控制、支配和管理，而是增强基础地理信息数据的流动性，不断完善基础地理信息数据作为生产要素的流动与分配机制，形成基础地理信息数据开放和利用的良性动态循环，建立并维护公平合理的基础地理信息数据利用秩序，从而提升基础地理信息数据利用的公平性和效率，避免作为重要生产要素的基础地理信息数据资源被浪费或滥用。

具体措施包括：一是明确地理信息公共数据开放的具体范围及形式、确定地理信息公共数据分类分级细则，根据数据内容和用途设置不同的开放条

① 杨东、毛智琪：《公共数据开放与价值利用的制度建构》，《北京航空航天大学学报》（社会科学版）2023 年第 2 期。

件；二是强化地理信息公共数据的公共利益属性，坚持公益性价值导向，建立地理信息公共数据的公益服务机制，保障多元市场和社会主体能够平等利用地理信息公共数据，大力发展公平普惠的地理信息公共服务，推动形成运转有序的地理信息公共数据开放利用格局，更好发挥地理信息公共数据的价值，提升地理信息公共数据的利用效益；三是落实更好发挥政府在数据要素收益分配中的引导调节作用的要求，探索建立地理信息公共数据授权运营制度及运营模式，推动地理信息公共数据运营机制创新，建立地理信息公共数据资源开放增值收益合理分享机制，允许并鼓励各类企业依法依规依托地理信息公共数据提供增值服务，创造多样性的服务产品和衍生应用，从而形成良性循环、可持续的地理信息公共数据开放利用生态。

三　地理信息公共数据开放平台构建

（一）基本思路

针对基础地理信息数据作为地理信息公共数据投入流通领域从而促进数字经济发展的实际要求，考虑通过构建数据开放平台进一步推动地理信息公共数据扩大开放。数据开放平台是公共数据开放利用及共享的具体技术实现，在我国已开始全面部署和推行公共数据开放制度的形势下，全国范围内正加速形成适用于激发公共数据要素价值的基础环境，各类公共数据开放平台数量逐年增长。[①] 地理信息公共数据开放平台建设的关键在于从更好支撑数字经济发展的角度强化地理信息公共数据开放的技术支撑，加快地理信息公共数据汇聚共享，建设和完善有关信息基础设施，构建标准统一、分级布局、联动更新、在线协同、安全可靠的全国一体化地理信息公共数据开放新格局，形成标准化的数据开放服务，推动数据的互联互通和高效利用。目前，由自然资源部主导建设的国家地理信息公共服务平台（天地图）集成了国家、省、

① 《推进政府公共数据开放利用》，光明思想理论网，https://theory.gmw.cn/2023-07/01/content_36667308.htm。

市（县）三级基础地理信息数据资源，实现了持续更新，为政府、企业、公众等用户提供了权威、标准、统一的在线地理信息服务，广泛应用于宏观决策、政务服务和社会服务等方面，已在地理信息开放共享与应用服务方面发挥了重要作用。下一步，面对基础地理信息数据相关新要求，需要推进天地图平台转型升级，从定位于地理信息公共数据开放平台的角度，重塑技术架构，升级开放服务能力，打造新一代地理信息公共服务平台（天地图）。

（二）总体需求

为摸清用户需求，通过实地走访、用户座谈等方式开展了需求调研，还通过天地图门户网站、微信小程序等向各类用户发放问卷，共收到问卷反馈9901份。通过广泛收集需求，发现在基础地理信息数据开放服务方面存在以下突出问题。

一是基础地理信息数据资源开放供给不足。调研发现，企事业单位在开展林业调查、交通勘测、工程选址、野外救援等工作时，迫切需要地形数据服务，包括数字高程模型（DEM）与等高线等。由于国内暂无面向公开服务的DEM产品，用户只能转而使用国外开源数据。此外，对于乡镇及村级行政区划数据的需求也很迫切，部分用户对全球范围的地理信息提出了需求。二是迫切需要提升基础地理信息数据的更新频率。60.09%的用户认为迫切需要提升遥感影像更新频率，46.76%的用户认为需要提升矢量要素更新频率。对于高时效性亚米级影像地图服务的需求十分迫切，用户希望扩大覆盖范围、提供多时相及历史影像服务。三是平台的运行支撑能力未随着用户及应用规模的扩大而同步提升，目前应用程序接口（API）调用配额受限，服务性能在高峰期得不到有效保障。

（三）主要构成

地理信息公共数据开放平台主要由公共服务数据资源体系、全流程数据在线协同更新体系、全国一体化协同服务体系及全国统一的运行支撑体系构成（见图1）。

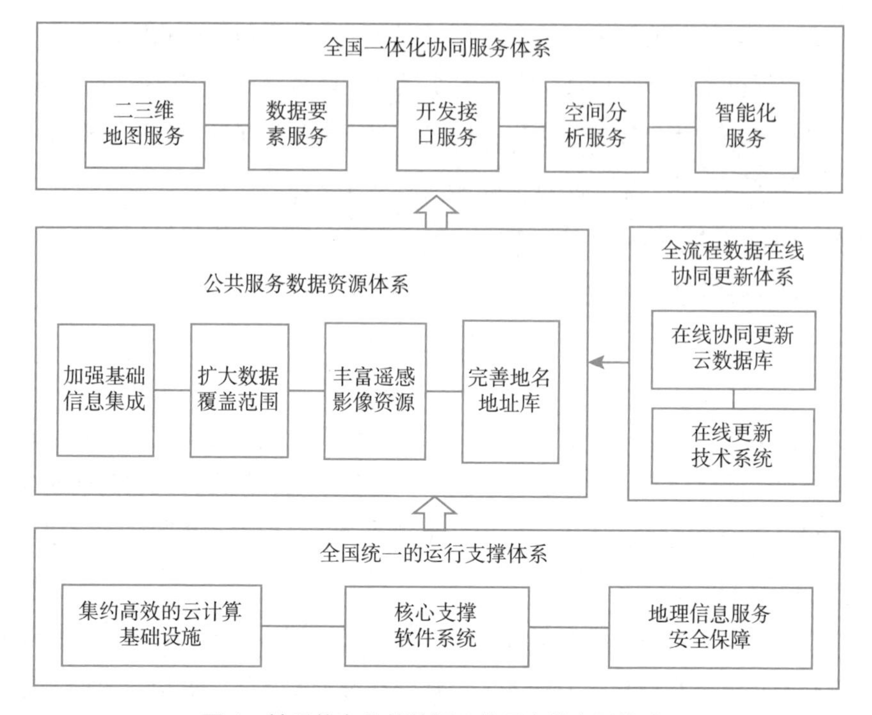

图 1　地理信息公共数据开放平台的主要构成

资料来源：笔者自制。

在建立公共服务数据资源体系方面，核心是加强地理信息公共数据治理，明确统一的地理信息公共数据标准、编目清单、质量评价标准、更新要求等，扩大地理信息公共数据覆盖范围，进一步提升开放的基础地理信息数据的可用性，按照《关于推进公共信息资源开放的若干意见》（2017 年中央全面深化改革领导小组审议通过）提出的“完整性、准确性、原始性、机器可读性、非歧视性、及时性，方便公众在线检索、获取和利用”原则，面向社会公共需求，进一步加强国家、省、市、县多级基础地理信息资源的深度融合集成，丰富可开放的遥感影像资源，完善标准地名地址库，持续提升数据精细度和丰富度。

在建立全流程数据在线协同更新体系方面，打造国家、省、市、县级一体化数据更新模式，通过研发在线更新技术系统及在线协同更新云数据库，建立数据汇聚、整合、发布等全流程在线协同更新技术体系，提升数据更新效率，提高数据时效性，形成多级节点协同的数据在线联动更新技术标准、工艺流程和软件系统。此外，要大力推动众包更新，为用户反馈信息提供渠道，并建立国家、省、市三级数据审核工作机制，确保信息的真实性、准确性与权威性。

在建立全国一体化协同服务体系方面，提高数据产品和数据服务丰富程度和定制化程度，重点开发二三维地图服务、数据要素服务、开发接口服务、空间分析服务以及智能化服务。为符合地理信息公共数据安全服务要求，要加强技术创新，综合运用算法模型、服务接口、数据沙箱等数字技术，开发“原始数据不出域、数据可用不可见”的新型服务模式，加强覆盖地理信息公共数据全生命周期的数据安全风险防控。

在建立全国统一的运行支撑体系方面，采用国家和地方统一标准、一体联动的模式，依托安全、可信的公有云，建立满足地理信息公共数据开放要求的平台运行支撑体系和集约高效的基础设施。

四　结语

基础地理信息数据具备公共数据的典型特征，在数据作为生产要素的数字化发展时代，需要主动顺应经济社会数字化发展趋势，从公共数据视角认识基础地理信息数据，在此基础上进一步转变理念思路、完善工作机制、创新技术方法，推动地理信息公共数据开放，构建地理信息公共数据开放平台，创新运营增值模式，推进互联互通，打破数据孤岛，营造良好可持续的开放利用生态，从而推动地理信息公共数据实现其生产要素价值，更好满足我国经济社会数字化发展需求。

数据资源篇

B.6 数字时代海洋地理信息资源建设

相文玺*

摘　要： 海洋地理信息是国家重要的基础性、战略性资源，开展海洋地理信息资源建设对于数字中国建设意义重大。本报告围绕数据获取、产品研制、应用服务以及关键技术等方面总结了海洋地理信息资源建设现状，提出推进海洋地理信息资源建设的相关建议，包括强化海洋基础测绘“一盘棋”意识、丰富海洋地理信息资源、加快构建新型海洋测绘产品体系、提升海洋地理信息公共服务水平、加强海洋测绘技术及数据融合方法研究等，以期为国家、行业和地方海洋地理信息资源建设提供参考。

关键词： 海洋地理信息　数据资源　海洋测绘

* 相文玺，国家海洋信息中心党委书记、研究员。

一 引言

党的十八大以来，习近平总书记深刻洞察数字时代科技革命和产业变革趋势，牢牢把握全球数字化发展与数字化转型的重大历史机遇，多次就“建设数字中国，加快发展数字经济”做出重要论述。[①]党的二十大报告再次做出新部署，将“推进数字中国建设、数字经济发展”作为“建设现代化产业体系，加快构建新发展格局，着力推动高质量发展”的重要内容。2023年2月，中共中央、国务院印发《数字中国建设整体布局规划》，进一步明确要夯实数字中国建设基础，畅通数据资源大循环。构建国家数据管理体制机制，健全各级数据统筹管理机构；推动公共数据汇聚利用，建设重要领域国家数据资源库；加快建立数据产权制度，建立数据要素按价值贡献参与分配机制。

海洋地理信息作为人类“关心海洋、认识海洋、经略海洋”的支撑基石，范畴涵盖海岸带、深海大洋和极地海区与空间位置直接或间接相关的全部信息，是数字中国建设“两大基础”中数据资源体系基础建设的重要内容。加快海洋地理信息资源建设，为数字中国打造蓝色疆土时空基底，优化海洋地理信息资源管理体系，落实海洋地理“数据之治”，深入挖掘海洋地理信息数据作为新型生产要素的价值，为高质量发展提供丰富数据要素保障，是海洋地理信息服务数字中国建设、全面赋能数字经济发展、助力中国式现代化的客观要求。[②]

近年来，国家围绕海洋强国和“一带一路”倡议，锚定经济富海、依法治海、生态管海、维权护海和能力强海的时代变革目标，大力推动海洋地理

---

① 习近平：《在第二届世界互联网大会开幕式上的讲话》，《人民日报》2015年12月17日，第2版；庄荣文：《深入贯彻落实党的二十大精神 以数字中国建设助力中国式现代化》，《人民日报》2023年3月3日，第10版。

② 王广华：《面向高质量发展新要求 全面推进测绘地理信息事业转型升级》，全国测绘地理信息工作会议，2023年5月15日。

信息资源体系建设。[①] 经多年实践，获取了覆盖我国海岛海岸带、管辖海域、深海大洋、极地海区的海量海洋地理信息资源，初步形成了海洋地理信息在政府决策支撑、海洋经济发展、科技创新、国防安全保障等多领域的应用服务与支撑能力，逐步构建了要素多样、资源立体、应用广泛的海洋地理信息资源基础体系。然而，随着我国“立足近海、聚焦深海、拓展远海”的海洋发展格局逐渐深化，海洋地理信息资源建设被赋予更高的要求，亟须厘清海洋地理信息资源建设现状，超前布局国家海洋地理信息资源建设，助力我国海洋强国建设和海洋经济高质量发展。

二　海洋地理信息资源建设现状

海洋地理信息资源涵盖海底、水体、海面、海岛海岸带及大气的多种海洋地理要素，为人类一切海上活动提供基础性数据保障。随着全球海洋经济的快速发展以及各国对海洋权益的高度关注，美、英、日等发达国家在全球海洋基础地理信息获取和应用等方面持续发力，形成了一系列海洋地理信息成果，在数据获取、产品研制、应用服务、关键技术等方面处于全球领先地位。近几十年来，我国也持续加大对海洋测绘工作的投入，测绘技术体系逐步完善，海洋地理信息资源由近海向全球海域扩展，产品管理和应用服务呈现多元化发展趋势。

（一）数据获取方面

海洋地理信息数据获取基于天基（各类卫星）、空基（有人机、无人机等）、陆基（验潮站、GNSS 观测站、监测车等）、船基（舰船、舰艇等）、潜基（潜艇、深潜器等）五类作业平台，通过搭载多种海洋测量探测装备，以有人或无人的方式，实现海底地形、海洋重力、海洋磁力等要素信息的获

① 王宏:《不忘初心 牢记使命 奋力开启新时代加快建设海洋强国的新征程》，全国海洋工作会议，2018。

取[①]，以满足近海、深远海乃至全球不同海域及海岛礁、重要海峡通道、战略利益攸关区的基础数据保障需求。

1. 天基测量数据获取

依托我国自主研制的海洋观测卫星、陆地卫星、气象卫星等一系列卫星以及国外公开的各类卫星资源，实现了可见光、多/高光谱、合成孔径雷达、卫星测高等多源海洋遥感信息获取，使得大范围海洋地理信息的瞬时成像、实时传输、快速处理以及动态监测成为可能。

2. 空基测量数据获取

利用固定翼飞机、直升机、无人机等测量平台，搭载航空摄像机、激光扫描仪、重力仪、磁力仪、合成孔径雷达、多通道扫描仪及 GNSS、姿态测量系统等设备，获取了海岸带、海岛礁的地形航空摄影、海洋航空磁力、海洋航空重力、机载激光水深、海洋水色及动力环境等资料，为海岸带及海岛礁区域大比例尺测图、海洋水体环境分析和各类专题产品研制提供丰富的数据源。

3. 陆基测量数据获取

一方面，利用验潮站、GNSS 观测站、气象观测场等岸基测量平台，获取海水潮汐观测资料、卫星导航资料以及气象要素，用于平均海平面监测、高程基准确立、地壳运动分析、海底地震监测、大气环境变化研究；另一方面，利用监测车等移动测量平台，根据任务需求集成 CCD 数码相机、激光扫描仪、定位定姿系统、时间同步控制器、便携式勘测等多种设备，在载体移动过程中实现海岸带地形测量数据实时采集、分析处理与专题产品生产。[②]

4. 船基测量数据获取

利用船载平台搭载定位与探测装备开展海洋测量作业是当前获取海洋地理信息最有效、最可靠的手段，也是海洋测量的主要作业方式。[③]自然资源部、教育部、海军等直属单位拥有一批先进的海洋调查船，搭载综合导航定位系

① 申家双、王耿峰、陈长林：《海洋环境装备体系建设现状及发展策略》，《海洋测绘》2017年第4期。

② 申家双、葛忠孝、陈长林：《我国海洋测绘研究进展》，《海洋测绘》2018年第4期。

③ 申家双、葛忠孝、陈长林：《我国海洋测绘研究进展》，《海洋测绘》2018年第4期。

统、多波束测深系统、侧扫声呐测量系统、浅地层剖面测量系统、海洋重力和磁力测量系统、超短基线水下声学定位系统、深水多普勒海流剖面测量系统等装备，实现了海底地形地貌、海底底质、重力、磁力、海流、水温、盐度等海洋监测数据获取，同时使得海洋测量范围从近海扩展到远海、大洋乃至极地地区。利用多类型无人测量船，搭载多波束、侧扫声呐等设备，可以快速执行岛礁周边水下地形测量、水下地貌勘测等浅海测量任务，有效弥补沿岸、岛礁周边等传统测量船不易达海域海底地形地貌测量的空白。

5. 潜基测量数据获取

自主式水下航行体、无人遥控潜水器等测量平台，可以根据任务要求采用多种布放回收方式，独立自主地执行任务。通过搭载多波束测深仪、侧扫声呐等探测设备，并运用惯性导航、多普勒计程仪、超短基线等定位设备，可在水下连续作业，配备的深度和高度传感器，能够实时获取所处深度和海底高度数据，从而实施定高或定深的勘察任务。

（二）产品研制方面

以研制多尺度多类型全球和重点海域海洋地理信息产品为目标，以业务支撑单位、科研院所与高校海洋地理信息产品研制技术为依托，以大型成熟化数据管理系统、GIS 制图软件等为平台，我国逐步建立起产学研深度融合的海洋地理信息产品研制和生产模式。

1. 陆海基准转换模型构建

陆海垂直基准转换是海洋地理信息资源产品体系的重要内容，陆海垂直基准的高精度转换可以将陆地高程测量数据和海洋深度测量数据统一到同一基准面，充分发挥不同测量手段的优势。21 世纪初，方国洪院士基于中国近海环流模式模拟结果和海平面气压分布数据，构建了中国渤海、黄海、东海和南海海域的海面地形模型。[①] 近年来，武汉大学等高校建立了高精度全球平均海面高模型，精化了我国海域潮汐模型，构建了中国近海无缝深度基准面

---

① 方国洪、魏泽勋、方越等:《依据海洋环流模式和大地水准测量获取的中国近海平均海面高度分布》,《科学通报》2001 年第 18 期。

模型；927一期工程构建了中国近海平均海面高模型和理论深度基准面模型，首次建立了我国部分海岛礁周边的高程/深度基准转换模型；国家海洋信息中心构建了覆盖全球范围的海面地形模型和潮汐模型，实现了我国沿海地区1985国家高程和理论深度基准面的转换；山东、浙江、广东、广西、广州、深圳等沿海地区构建了管辖区域内的陆海统一测绘基准体系。

2. 系列比例尺海洋基础地理地图产品研制

基于自主调查的海洋地理信息数据，结合国际共享及其他渠道获取的海洋地理信息资料，研制了全球范围内1∶1000万、1∶350万，太平洋和印度洋区域1∶500万、1∶100万，两极地区1∶1700万、1∶550万，全球重点岛礁和战略通道地区1∶70万、1∶25万，我国管辖海域1∶700万、1∶500万、1∶400万、1∶230万、1∶100万，我国海岛海岸带地区1∶5万、1∶25万系列比例尺海洋基础地理地图产品，海部要素内容主要包括大陆和岛屿岸线、等深线、等深面、水深点、助航、碍航、海底管线、注记说明等，并建立我国管辖海域中小比例尺一年一更新、海岛海岸带地区大比例尺区域3年一更新的业务化更新机制。此外，研制了覆盖我国重点河口和海湾5~50m分辨率、近海50~200m分辨率以及全球500m和1000m分辨率的海底DEM模型。

3. 多时相系列空间分辨率海洋遥感产品研制

重点面向我国海岛海岸带、全球重点岛礁、港口设施，以及我国近海和全球海域水体环境开展产品研制。海岛海岸带遥感产品方面，制作了大陆海岸带精细化三维模型、中国近海部分区域0.9m专项航空遥感影像图和中国近海0.2m分辨率航空遥感影像图；周期性生产每半年1期优于2m分辨率大陆海岸带遥感影像"一版图"。水体环境遥感产品方面，制作了我国南海、太平洋、印度洋的长时序海表光学和动力要素遥感反演产品、海洋现象提取挖掘产品及专题图集；周期性生产基于我国自主海洋卫星的多尺度多层级海洋水体要素遥感反演产品，台风海冰监测产品，海水有机碳浓度、二氧化碳分压、pH等全球碳循环关键参数遥感反演产品，中国近海水质反演产品，赤潮等海洋灾害遥感监测产品，长江口、珠江口等重点海域静止卫星高分辨率水体环境遥感产品等。

4. 海洋地理专题产品研制

面向各行业应用需求，提取大陆岸线、浮筏、围海养殖、潮间带、红树林、土地利用、海岸带区域变化图斑等海洋地理专题信息，15 天 1 期我国沿海围填海变化图斑，以及重点岛礁、海洋保护地、港口等重要目标的遥感监测与变化检测产品，制作了各类专题要素图集图件，为海洋监管、海洋权益维护等提供了专题信息数据支撑。此外，形成覆盖中国近海到深海极地的系列比例尺海底地形图、地貌图，制作政治形势图、航空航路图、生物多样性保护图、海洋资源分布图、海洋空间规划图集等一系列专题图件图集产品。

（三）应用服务方面

海洋地理信息资源为我国海洋管理、海洋科研、海洋经济建设以及国防安全等提供基础地理信息支持，广泛应用于重大海洋专项、地理信息公共服务、海洋权益维护和国防安全、海洋行业等各领域。

1. 重大海洋专项方面

海洋基础地理地图产品在国家重大海洋专项任务的工作底图和成果底图编制中得到了重要应用，为国内企事业单位提供包括 908 专项、927 一期工程、全球变化与海气相互作用专项、116 工程等在内的重大海洋专项底图服务，累计设计完成 30 余套基础地理底图，服务单位除了自然资源部直属业务中心与科研机构，还包括沿海省市海洋管理机构、涉海高校与科研院所，以及国土测绘和军方测绘相关单位等，为海洋专项调查的顺利实施提供了有力支撑。

2. 地理信息公共服务方面

以加强海洋地理信息资源开发利用为主线，以扩大海洋地理信息数据开放共享为导向，以推动天地图集约共享、提升海洋地理信息公共服务能力和水平为目标，实现了海洋特色基础地理数据在国家地理信息公共服务平台上的融合展示。依托国家海洋科学数据共享平台以及即将上线的海洋云平台，以在线和离线的方式提供海洋地理信息数据服务，提高了海洋地理信息资源的社会化服务能力。

3. 海洋权益维护和国防安全方面

海岸带遥感影像产品、水深地形产品及相关地理信息技术为海洋空间环境电子沙盘和透明海战场环境构建、南海岛礁变化监测、极地科考等提供了数据和技术支撑。海洋地理信息产品为外大陆架划界、管辖海域防空识别区划设、海洋权益维护、海底目标识别等提供各类基础数据和产品服务。

4. 海洋行业应用方面

全球多尺度多分辨率基础地理、地形地貌图，以及每半月一覆盖我国沿海地区的遥感影像图等产品在海域海岛综合管理、海洋生态保护、海洋防灾减灾、能源交通、海洋科学考察、海洋科学研究等领域应用广泛，为国家围填海监管、海岛四项基本要素监视监测、海洋生态预警监测、空间规划与管控、海上突发事件预警研判、大洋多金属结核勘探矿区申请、远海极地综合调查等提供数据支撑和产品服务。

（四）关键技术方面

海洋地理信息资源建设所涉及的技术领域广泛，根据地理信息资源建设的不同阶段，分析梳理了建设过程中所涉及的关键技术，包括标准体系、产品研制、数据管理和应用服务等方面。

1. 完备的海洋地理信息标准体系

面向海洋地理信息调查和应用需要，以《国家地理信息标准体系》为参考，综合借鉴《测绘标准体系》《海洋调查标准体系》《海洋测绘标准体系表》等，构建了从中国近海到远海，覆盖海岸带、岛礁、海底等不同尺度的集数据采集、处理、管理、更新和表达于一体的海洋地理信息标准体系，为促进海洋地理信息资源建设和推动地理信息产业发展提供了技术支撑。

2. 多尺度多分辨率海洋地理信息产品研制技术

针对我国现有海洋地理信息产品覆盖范围有限、精度不一、更新时效慢的问题，在多源海洋地理信息数据评估、陆海地理信息数据融合处理和要素提取等方面，重点开展多源遥感数据精细化处理技术、海岸带精细专题信息智能提取与更新技术、海底数据精细化处理技术、全球及重点海域高精度海底地形数据融合技术、多源多尺度海洋地理信息矢量数据融合技术、海底地形特征精确识别与提取技术等的攻关，研制系列比例尺海洋基础地理地图、陆海地形模型以及多时相海洋遥感融合产品。

3. 海量多源海洋地理信息数据管理技术

针对海量、多源、多时相、关系复杂的海洋基础地理信息资源，综合时间、空间和属性等多方面信息，构建海洋地理信息数据模型，实现数据在空间、时间和形态上的融合表达与综合管理；应用“分布式存储＋编目管理”的模式，管理海量多源地理信息数据，根据数据对象划分不同的数据类型；利用“数据与应用分离”原则设计数据入库与一体化表达，实现对海洋地理信息数据的全覆盖，厘清了其内在联系。

4. 全流程海洋地理信息应用服务技术

针对海洋地理信息公共服务能力与多层次服务水平较低的问题，综合应用信息物理融合、智能决策、三维地形可视化等技术，研发了集数据处理加工、入库管理、应用服务等功能于一体的全流程海洋地理信息应用服务技术体系，构建了集成海洋地理信息精细化加工处理、海洋地理信息一体化管理、海洋地理信息应用服务等面向多层次需求的“一个平台”，实现了集海洋基础地理矢量、海底地形、海岛海岸带遥感以及海洋专题信息于“一张图”的多元化海洋地理信息应用服务。

三　推进海洋地理信息资源建设相关建议

站在时代发展的新起点，海洋地理信息资源建设与党中央关于测绘地理信息事业发展新定位的要求相比、与支撑高质量发展的实际需求相比、与社会公众对海洋地理信息服务方式的现代化要求相比，还存在一定差距。主要表现在现有的海洋地理信息数据产品类型单一、产品内容不够丰富，服务经济社会高质量发展尤其是服务数字中国建设、数字经济发展的能力不足，海洋地理信息深加工与挖掘分析能力不足等。为加快推进我国海洋地理信息资源建设，增强地理信息应用服务能力，本报告提出如下建议。

一是强化海洋基础测绘“一盘棋”意识。以服务经济高质量发展和自然资源“两统一”职能为牵引，加快构建“统筹规划、分级实施、资源共享”的全国海洋基础测绘管理体系，完善海洋基础测绘管理制度，加强军地协作，统筹规划海洋基础测绘，强化国家、省、市、县四级联动，按照“只测一次、多级复用”原则，组织开展协同实施。

二是丰富海洋地理信息资源。建立健全测绘基准基础设施维护更新常态化机制，持续推进现代测绘基准建设；组织规划我国近海及海岸带地理信息数据资源获取，做好软硬件技术研究及数据动态更新，为实景三维中国建设提供丰富的数据要素保障；加快布局全球海洋测绘，开展全球海洋基础地理信息系统建设，逐步建成较为完善的全球海洋地理信息资源体系。

三是加快构建新型海洋测绘产品体系。加强海洋测绘产品创新研究与探索，加快推进海洋测绘主体产品从基本比例尺基础地理信息数据向实景三维地理信息模型转型，开发研制新一代海底地形产品和海图产品、海陆一体三维 AR 底图、海岛水上水下实景三维模型、海岛海岸带全景底图等，构建国家新型海洋测绘产品体系，适应形势发展、科技进步，面向各行业提供应用服务。

四是提升海洋地理信息公共服务水平。随着数字经济快速发展，各行业对海洋测绘成果的需求愈加强烈，需要加工和编制多尺度、多类型的公众版测绘成果并向社会提供。依托现有的新一代地理信息公共服务平台（天地图），加大海洋地理信息和自然资源专题地理信息开放力度，不断提升在线海洋地理信息公共服务能力，加速激活和释放海洋测绘地理信息数据潜能。

五是加强海洋测绘技术及数据融合方法研究。加强海洋测绘理论研究，开展关键核心技术攻关，统筹优势科技力量，大力推进智能化测绘技术体系建设，推动海洋测绘地理信息技术与新一代信息技术的应用研究和融合创新；加强多源海洋地理信息数据融合方法研究，深度挖掘地理信息数据作为新型生产要素的价值，全面赋能经济社会高质量发展。

四　结语

随着海洋测绘地理全面纳入自然资源工作，海洋地理信息资源建设工作被赋予了更深层次内涵。本报告梳理总结了我国在数据获取、产品研制、应用服务以及关键技术等方面的海洋地理信息资源建设情况。近年来，我国虽然持续加大对海洋地理信息资源建设的投入，并取得了明显成效，但与党中央关于测绘地理信息事业发展新定位的要求、支撑高质量发展的实际需求相比还存在较大差距。为此，需要加快我国海洋地理信息资源建设，统筹开展海洋地理信息调查数据获取，研发多类型、面向不同行业需求的地理信息产品，提升我国海洋地理信息应用服务水平，支撑我国数字中国建设，服务经济社会高质量发展。

B.7

高级辅助驾驶地图数据资源建设

刘玉亭*

摘　要： 伴随着智能汽车创新发展战略的落地实施和智慧交通的大力发展，国内智能网联汽车快速发展。数字化等技术正在推动汽车加速向不断进化的移动第三空间演变。高级辅助驾驶地图是智能驾驶、智慧出行的重要基础设施，建设高质量、低成本、规模化的数据资源至关重要。本报告重点阐述了在行业智能化发展的技术支撑基础上，百度在高级辅助驾驶地图智能化生成上的关键技术和应用，包括外业采集关键技术、交通标线自动精准识别技术、车道交通网络自动生成技术、ADAS数据快速生成算法、大规模语义地图的构建及地图数据差分技术，最后对高级辅助驾驶地图的应用进行展望。

关键词： 高级辅助驾驶地图　车道级导航　俯视图

一　引言

传统的导航电子地图在新技术飞速发展和用户精细化导航与辅助驾驶、自动驾驶的强需求驱动下，正在朝内容更精细、位置更精准、时态更新鲜的方向发展。按美国汽车工程师协会（SAE）对自动驾驶汽车的分类分级方法，我国出台了国家推荐标准《汽车驾驶自动化分级》（GB/T 40429—2021），将

* 刘玉亭，北京百度智图科技有限公司总经理。

汽车驾驶自动化的程度分为 0~5 级。不同自动驾驶汽车等级需要有对应等级的导航电子地图，一般来讲，对于 L0 级，目前传统的标准导航电子地图已足够。对于 L1 级和 L2 级，则必须要求有亚米级的车道交通网络和精准的曲率、坡度、航向等道路几何形态数据，以满足车道级定位与引导、横向和纵向的车辆控制与驾驶辅助。L3 级则是一个分水岭，它从驾驶辅助转为自动驾驶，需要更高精细度的导航电子地图的全部内容。

根据导航数据标准协会发布的最新的导航数据标准 NDS（Navigation Data Standard）对导航电子地图的定义，以及车厂在自动化驾驶不同阶段的应用需求来看，车道级驾驶辅助地图是在位置精度经过提升的标准地图基础上，通过添加车道交通网络和曲率、坡度、航向等驾驶辅助数据，利用特定专题信息和与标准地图的关联关系而形成的，既可供普通导航使用，又可供具有先进的汽车驾驶辅助功能和车道级引导功能的新型智能网联汽车或高精度定位手机使用，它具有向前的兼容性和向后的延续性（见图 1）。

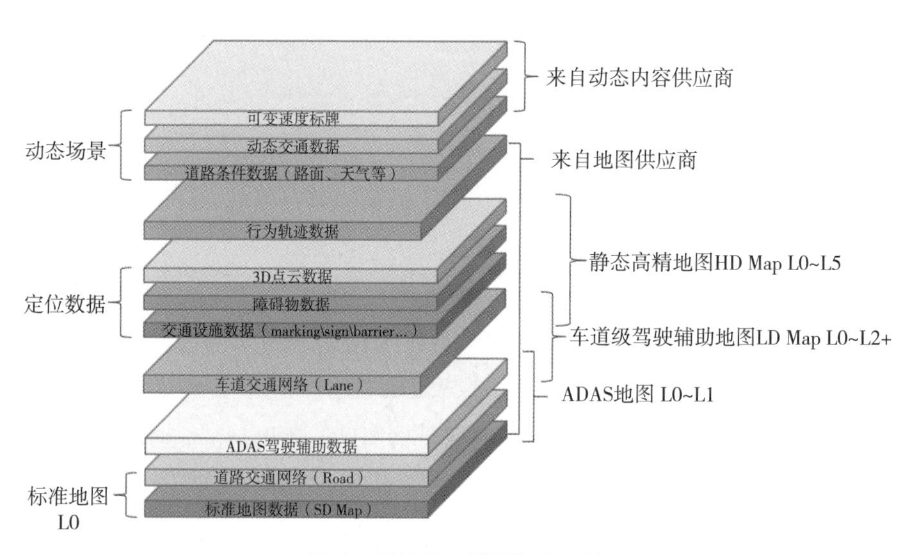

图 1　导航电子地图概念设计

资料来源：北京百度智图科技有限公司。

根据在研的地图审查标准，车道级驾驶辅助地图的内容辅以交通信号灯等设施数据又被称为高级辅助驾驶地图，是供智能汽车 0~3 级驾驶自动化系统使用，对智能汽车感知、定位和决策起辅助作用的地图要素数据集。

就汽车产业革命发展趋势和智能手机高精度服务广大出行者而言，车道级导航、驾驶辅助与有条件自动驾驶急需高级辅助驾驶地图产品，解决困扰用户多年的主辅路不分、高架路上下不分、不能按车道标线和标识正确转向的导航痛点，在低成本下快速满足智能网联新型汽车的车道保持、自适应巡航、自动紧急制动、辅助泊车、换道辅助、燃油控制、有条件自动驾驶等安全节能行车需要。

高级辅助驾驶地图具有亚米级位置精度，包含全部的路面交通标线和车道交通网络及红绿灯、道路护栏等安全设施，数据量是普通标准导航电子地图的 20 倍以上，如此海量的数据和迫切的市场需求，靠传统的人工制图手段是无法完成的，必须探索基于 AI 大模型技术的新一代智能化生产技术。本报告从外业、中台、内业和差分更新等环节全面介绍了百度高级辅助驾驶地图生产的关键技术。

二　外业采集关键技术

针对上述高级辅助驾驶地图作业需求，百度研发搭建了包含一体化刚性固连、紧耦合结构设计的硬件一体化移动测量平台。该平台轻量化时仅需集成定位设备、图像采集设备，针对其他复杂项目可以选装全景采集设备和点云采集设备（见图 2），主要技术特点有以下几个。

一是多源融合、组合定位。针对误差来源多、环境复杂的城市综合场景，同样的设备搭配不同的采集工艺能够产生非常大的误差差异。通过系统性的评估分析，数十次方案迭代，最终确定了可用于城市采集的高中低多款采集设备，并设计搭配对应的城市车道级采集工艺，以应对不同复杂环境采集需求。

二是设备间高精度时空同步采集。在空间同步能力方面提出了构建一体

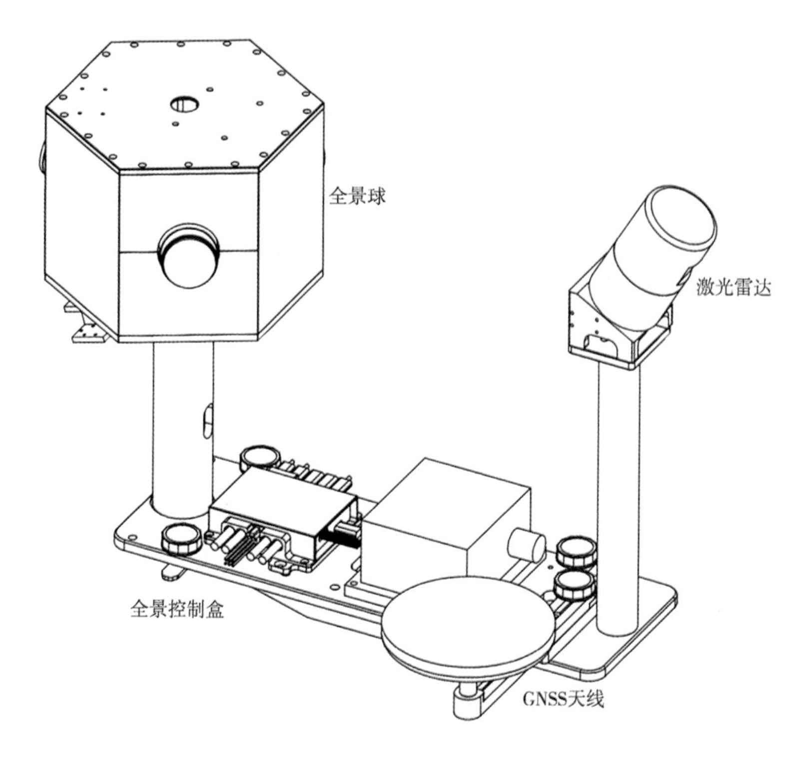

图 2　一体化移动测量平台

资料来源：笔者自制。

化采集平台，通过把多个设备搭建成一个刚性固连的采集平台，保证所有传感器连接稳定，不同设备的局部坐标系，通过精确量取的杆臂值归化到车内统一的空间直角坐标系。该平台采用模块化设计，体积小、设备稳固、方便拆卸，可以在应对全国采集的时候，快速转移到不同车辆上，同时依然保证空间关系精确。在时间同步能力方面提出了多传感器全硬件同步方案，针对多传感器时间差和设备内从触发到成像的系统时间差，在分析了各个组成设备特点的基础上，设计了一套硬件级同步方案，准确控制和补偿，确保最终成像点时间的准确还原。各传感器成果响应误差小于 2ms。

通过两年来十几个版本的持续迭代，百度搭建了一套高精度高分辨率路面俯视图生产平台系统，通过俯视图直观地、高清晰度地展现地面所有交通标线（见图 3），尤其对那些以往难以通过全景判断的出入口、调头口、复杂路口等特别有效，解决了生产痛点。基于“高精度高分辨率的路面俯视图快速生成算法”，百度建立了一套创新型高精度高清晰度的车道级路面底图图像资料库，用于各类普通地图、车道级导航地图的数据生产。通过引入该创新型底图图像资料库和人工智能图像识别技术，内业可以实现 96% 以上的自动化作业，大幅提升了地图作业的效率和质量。

图 3　高清路面俯视图示例

资料来源：北京百度智图科技有限公司。

三　交通标线自动精准识别技术

高级辅助驾驶地图相比于标准导航电子地图，具有精度更高、要素更丰富、表达更精细等特点，同样其数据生产难度也远远高于标准导航电子地图，所以快速、低成本、高度自动化的生产技术是实现高级辅助驾驶地图数据生产及应用的关键。

百度研发了基于俯视图的路面交通标线信息的 AI 精准识别算法，构建出 AI 化的地图数据生产流程，实现了高度自动化的地图数据采集和生产，大幅提升了地图数据生产效率以及数据更新时效。基于语义分割的车道标线检测，首先经过语义分割模型 OCRNet 采样模块提取高层语义特征，然后通过反卷积等上采样模块学习像素级分割，获取语义分割图；车道标线中心线提取主要是基于原始语义分割图，通过车道标线轮廓提取、多边形拟合、腐蚀膨胀等形态学图像处理获取车道标线的轮廓，然后通过骨架提取车道标线的中心线。具体识别流程和效果如图 4 所示，在资料无问题的情况下可精准识别图像中的车道标线。

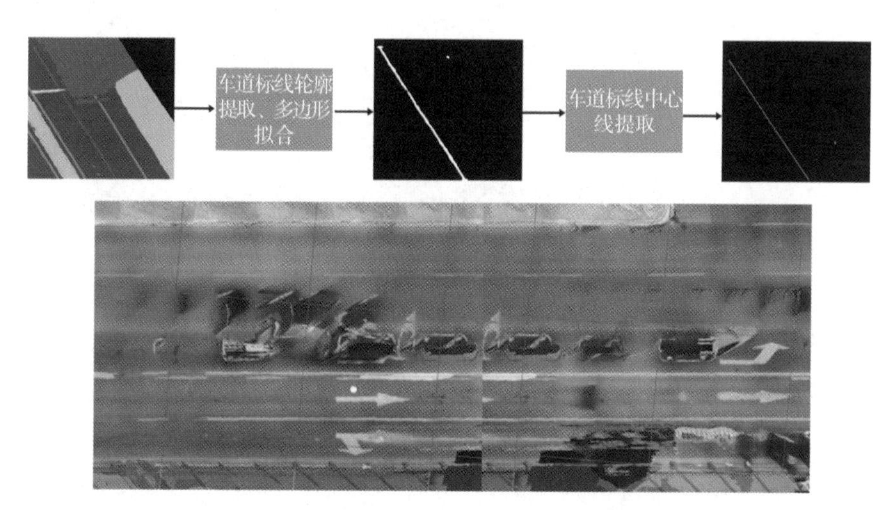

图 4　车道标线中心线提取和语义分割效果

资料来源：北京百度智图科技有限公司。

百度提出了基于深度学习的路面交通标线自动精准识别技术，有效解决了精度和召回问题，自动精准识别技术主要包括端到端车道标线检测、车道标线精细化分割、端到端路面边界识别。

基于端到端的车道标线检测模型，不仅避免了后处理环节造成的精度和召回损失，而且有效解决了车道标线模糊难以召回的问题。端到端车道标线检测流程和效果如图 5 所示，通过车道标线的检测效果可以看出在资料遮挡、地面模糊等存在资料问题的场景下，端到端车道标线检测的效果较好，可以有效基于“上下文关系”识别出对应的车道标线中心线。

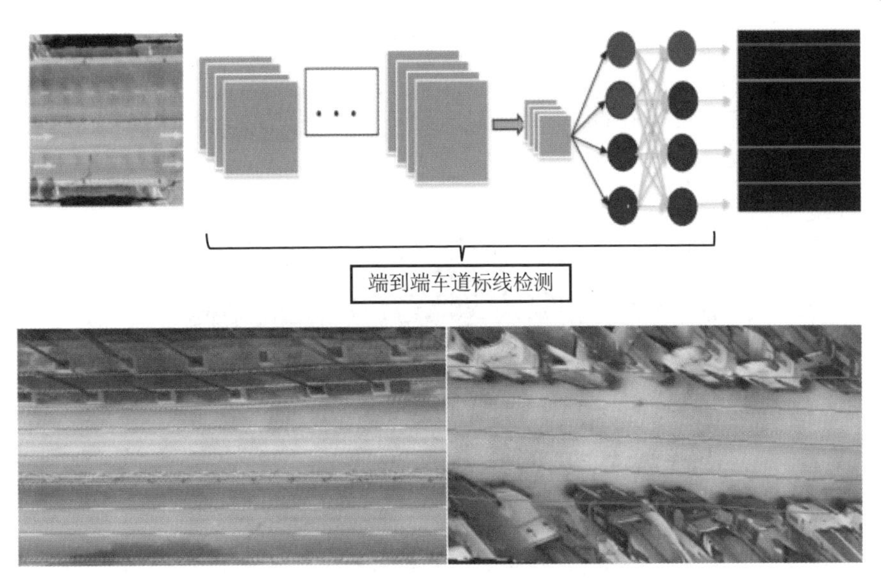

图 5　端到端车道标线检测流程和效果

资料来源：北京百度智图科技有限公司。

车道标线精细化分割技术，是以语义分割或者端到端车道标线检测提取的小框车道标线轮廓作为输入，聚焦于单车道标线轮廓的精细化分割，输出像素级精细化分割结果，最后通过车道标线中心线提取等方法识别出车道标线中心线，具体识别流程和分割效果如图 6 所示。从图 6 中可看出，基于精细化分割的车道标线检测精度较高，其通过车道标线局部信息，聚焦于车道标线边界线的识别，有效提升了车道标线识别精度，大幅提升了车道标线位置精度。

基于图编码的路面边界识别算法，将路面边界线通过图编码映射为向量，并基于神经网络进行学习，最终将学习出的向量解码为路面边界线，具体识别流程和识别效果如图 7 所示。通过识别效果可以看出，基于图编码的路面边界识别效果较好，可以精准识别出路面边界线。

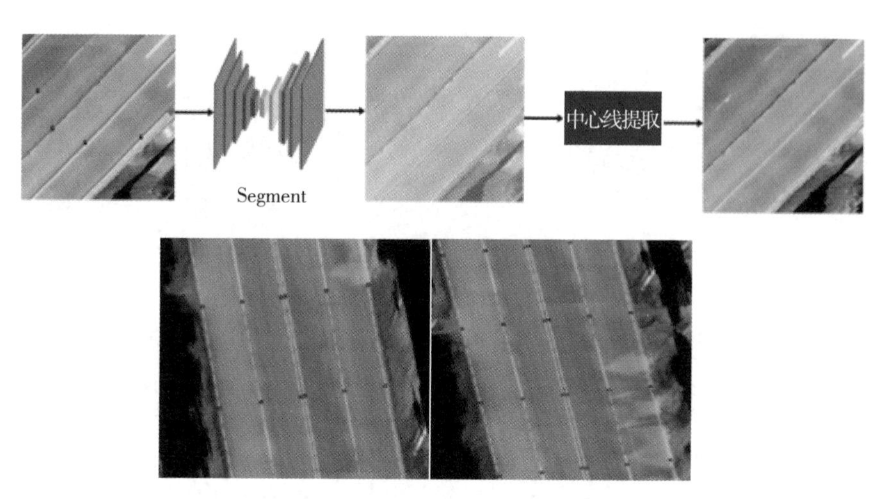

图 6　车道标线精细化识别流程和分割效果

资料来源：北京百度智图科技有限公司。

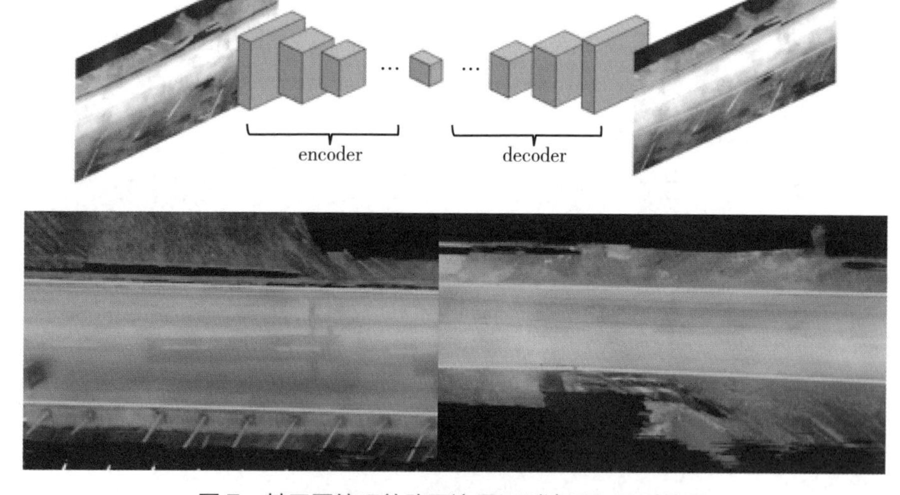

图 7　基于图编码的路面边界识别流程和识别效果

资料来源：北京百度智图科技有限公司。

四　车道交通网络自动生成技术

车道交通网络是车道级导航与辅助驾驶、自动驾驶最重要、最关键的要素。车道交通网络以车道组为基本单元组，每个车道组对应若干个车道，每个车道对应一条车道中心线，车道中心线两侧为用地面交通标线表示的车道分界线，用于分割各个车道。车道交通网络由路段上的实体车道中心线和路口处的虚拟连接车道构成。百度研发了车道交通网络自动生成算法，在 AI 技术基于俯视图识别出的路面交通标线的基础上，进一步运用大数据分析和几何形态学算法实现了自动化程度高达 98% 的车道交通网络数据的生产。

路段实体车道中心线生成包括 2 个阶段，首先根据作业资料自动生成路段边界和车道分界线，然后根据车道分界线自动生成车道中心线。在车道分界线自动生成阶段，采用 AI 技术从俯视图、激光雷达点云中提取，进一步完成测线拟合、测线排重（指剔除重复测线）、测线复制及分界线补全的工作，实现可供中心线提取使用的完整车道分界线。

路口虚拟车道连接线自动生成，是为满足车道交通网络在路口进行车道级路径规划和引导的需要，通过构建路口的虚拟连接车道，形成完整的拓扑连接网络，如图 8 所示。百度研发的路口虚拟连接车道中心线的自动挂接生成算法，是一体化作业平台的一个软件模块，显著提升了车道级路口要素的生产效率和数据质量。基于路口模型了解路口结构，根据进入车道的转向信息可以进行路口车道连接线的自动生成。

五　ADAS 数据快速生成算法

高级辅助驾驶能力是汽车安全、节能驾驶必须具备的能力，依靠前进路上的高级驾驶辅助系统（ADAS）数据，借助车载 ADASIS 电子地平线数据

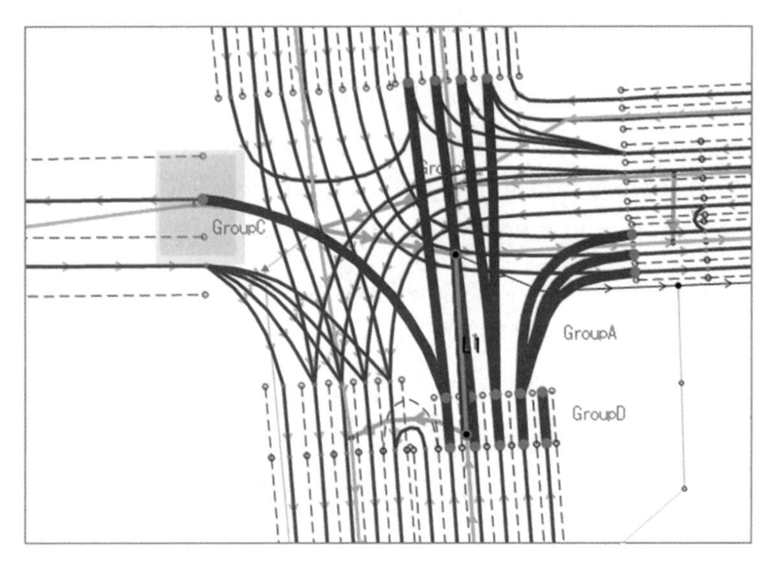

图 8　平交路口虚拟连接车道示例

资料来源：北京百度智图科技有限公司。

通信协议，通过车内 CAN 总线驱动电子控制单元（ECU），实现大灯自主精确调节、弯道限速预警、自适应巡航控制（ACC）、紧急制动辅助等。ADAS 数据是高级辅助驾驶系统的关键数据，以道路前进方向上各个形状点上的曲率、航向、坡度等几何形态属性表达。

普通标准地图是 2D 矢量数据，无法实现这些数据的生产。百度研发了基于 3D 高精度轨迹数据和道路中心线的 ADAS 数据快速生成算法，将车道级导航需要的外业采集的原始高精度轨迹数据和图内的道路中心线进行匹配，生成高密度的 3D 道路中心线。这里使用隐马尔可夫模型算法实现轨迹与路网的匹配，获取轨迹高程信息，然后在路链上进行曲线拟合，在拟合后的路链上计算需要的航向、坡度和曲率。

六　大规模语义地图的构建及地图数据差分技术

基于 AI 的地图数据差分技术是指基于道路采集资料，发现现实世界与路网的疑似变化点，输出至作业员作业，并将真正的变化点更新至路网中。

基于语义地图的变化发现技术与 AI 技术结合越来越紧密，处理场景越来越复杂，自动化程度逐渐提高，去除无效输出能力逐渐增强，作业员的负担得到减轻，制作相同的里程所需要的时间和人力大大减少，提升了道路数据更新的准确性和时效性，进而提升了地图数据质量，推动用户体验大幅度提升。

解决基于位置判断要素是否变化准确率低、变化是否有业务价值依赖人工等问题，研发基于大规模语义地图的变化发现技术，把变化发现从传统模式下简单的基于位置和路网地图的对比，变革为基于语义地图的变化发现。传统模式直接将现实世界转为路网数据，要素的表达直接转换为 0 和 1 的问题，比如在路网数据中只记录是否存在红绿灯，不对红绿灯的类型、朝向等信息进行表达，进而导致要素表达的严重缺失。新模式在现实世界和路网数据之间引入一层语义标记图，该语义标记是对真实世界实体的建模，这样就可以解决地图数据表达转义的问题。同时，在语义标记图中，不仅包含位置信息，还通过要素分类、语义识别等，识别要素的详细类型，以及细粒度属性信息，并基于表示学习的方法获取要素的图像特征。基于位置及多维度的属性特征，可以解决单纯基于位置判断要素是否变化准确率低的问题。

基于图像检测分类和语义分割等技术得到要素的属性信息、基于图像表示学习得到要素的图像特征以及基于图像场景解析得到要素的场景特征等，构建出真实世界要素的多维语义特征，重建要素的现实场景，通过以上方法获取大规模语义地图。该方法可以针对地图道路数据的所有要素，表达其语义场景，构建语义地图，具有普适性。通过语义地图，桥接现实世界与路网数据，通过该模式的创新，实现了高度自动化的数据生产，整体框架如图 9 所示。

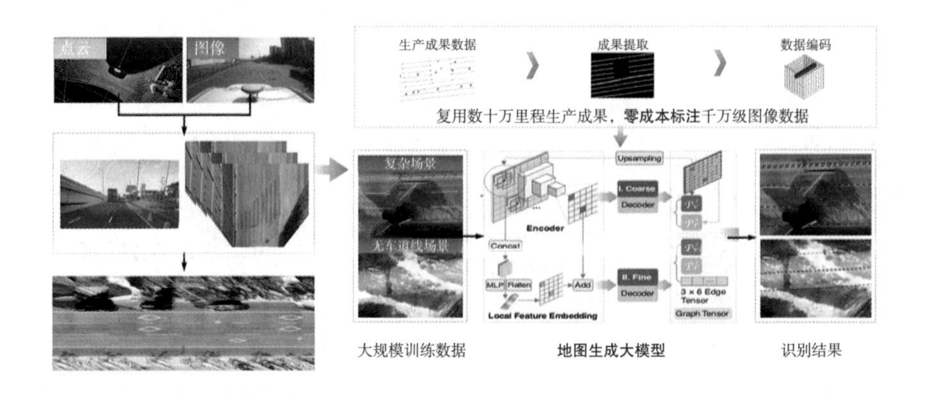

图 9　基于图像 AI 技术的大规模语义地图的构建

资料来源：北京百度智图科技有限公司。

七　结语

百度通过以上关键技术研发，实现了高级辅助驾驶地图的智能化生产。目前，全新车道级导航 3.0 已覆盖京津冀、长三角、珠三角、成渝四大核心城市圈，在全国超 100 个城市全面上线。获得了丰厚的知识产权成果，包括专利，软件著作权，国家级、地方级和行业级标准等。2022 年和 2023 年累计获得中国卫星导航定位协会和中国地理信息产业协会科技进步一等奖 3 项，评审专家给出的评价是整体处于国际先进水平，基于大规模语义地图的地图数据差分更新方法和基于大模型的地图要素智能识别及路网智能化构建方法居国际领先水平。

百度的高级辅助驾驶地图已广泛应用于智慧公路建设与精细化管理、智能网联汽车车道级导航、人机共驾的辅助驾驶。截至 2024 年 6 月，该地图已在 31 个汽车品牌的 211 个车型上实现量产，累计搭载超 900 万辆汽车。[①] 完全有理由相信，随着智能汽车创新发展战略的落地实施和智慧交通的大力发展，高级辅助驾驶地图的应用前景广阔，测绘地理信息产业大有可为。

① 资料来源：百度合作方数据统计。

数据安全篇

B.8
地理信息安全与监管

李朋德　朱月琴*

摘　要： 随着互联网和物联网的快速发展，地理信息在各领域广泛应用，但安全性问题也日益突出。具有时空特征的地理信息数据已经远远超过传统意义上的测绘范畴，而基础地理信息具备了新数字基础设施的特征，对各行各业的支撑作用更加不可或缺，对全社会大数据挖掘与人工智能发展具有不可替代的关联作用。地理信息在机器操控领域发挥越来越重要的作用，其完备性、可信性、可靠性和标准化直接影响人民的生命和财产安全。建立和维护地理信息生态体系才能提升地理信息的安全监管水平，这不仅是国家治理体系现代化的必然要求，而且影响着国家治理能力现代化进程。本报告基于地理信息的新特征，分析了地理信息安全面临的形势和新形势下地理信息安全监管的要求，给出了地理信息依法监管与安全治理的政策建议。

* 李朋德，联合国全球地理信息知识与创新中心主任、正高级工程师，工学博士，十二届、十三届全国政协常委；朱月琴，应急管理部国家自然灾害防治研究院正高级工程师，博士。

关键词： 地理信息　基础地理信息　地理信息安全　地理信息生态体系

一　引言

高铁、网购、共享车辆和无人驾驶重塑了人们的生活方式，而地理位置和时间是其依赖的核心支撑。疫情严重影响了人们的生活，阻碍了经济发展和社会繁荣，在严格管控疫情的精准化上时空信息起到了不可替代的作用。我国正在全面推进产业数字化和数字产业化，各行各业都在转变，精准农业、数字矿山、数字城市、应急救灾和电子政务，无不需要高效精准的时空信息，也都在不断产生新的地理数据。

数字经济离不开空间特征和时间标志信息，这些不是测绘的活动却产生了大量的地理数据，尤其是随着物联网、大数据、人工智能等的快速发展，地理信息成为越来越重要的经济要素。

地理信息本身不仅与国家安全有关，还直接影响生产和生活的安全，也涉及个人隐私等问题。地理信息分级保密是传统的安全管理方式，而地理信息的内容完备性、质量可靠性、服务及时性等成了新的安全特征。[①] 随着技术的迅速发展，地理信息安全监管也需要不断创新和完善，要高度重视地理信息生态体系的建设和维护，以应对不断变化的挑战和新威胁。

二　地理信息安全面临的形势

《中华人民共和国测绘法》所称测绘是指，“对自然地理要素或者地表人工设施的形状、大小、空间位置及其属性等进行测定、采集、表述，以及对获取的数据、信息、成果进行处理和提供的活动”。而地理信息在该法中没

① 欧其健:《论新形势下测绘地理信息安全监管体系的构建》,《地理空间信息》2020 年第 2 期。

有明确的定义，但第四十条专门描述了地理信息产业，“国家鼓励发展地理信息产业，推动地理信息产业结构调整和优化升级，支持开发各类地理信息产品，提高产品质量，推广使用安全可信的地理信息技术和设备”。

数字化技术的发展和行业的数字化，已经彻底改变了测绘。测绘对象、测绘主体和测绘成果变了，测绘投入和服务领域也变了，测绘与经济社会的大融合正在加快。定位技术、授时技术和信息网络改变了测绘的形态，无人机遥感和移动测量加快了地理信息数据的获取，传统的测绘标准越来越不适应新产品形态。

地理信息已经成了一种与时间和空间密切相关的数据和情报，从传统的地理模型之点、线、面和体描述到地理分析结果，要关注自然现象、社会现象和经济现象，关注从静态到动态、真实到虚拟的转变，这些新变化都要求以全新的视野研究地理信息。地理信息的应用场景也在不断丰富，其不仅承载其他信息，还能够支持空间权属界定、知识表达和机器操控。

智能网联汽车、无人驾驶农机和共享车辆产生了海量时空数据，对这些数据进行深加工可以得到丰富的地理信息和地理知识。现代物流和快递业务实现了门到门的快速物流，实际上每家每户的精准地理位置和家庭信息都被采集，而这些平台一般只服务本企业，在利益竞争下难以真正实现数据共享。而众多遥感卫星星座产生的地球数据更是防灾减灾必不可少的依据。

传统的地图和地理信息产品以满足人们的直接需求为主，随着人工智能技术的发展和无人机技术的成熟，操控机器相关的地理信息产品越来越重要，安全风险也越来越大。[①] 为此，可以参考遥感数据的分类标准，制定明确的地理信息分类和分级规则，依据信息的敏感程度和风险级别将地理信息分为不同类别和级别，实施差异化的安全管理，确保关键地理信息的严格保护，同时避免对非敏感信息的过度限制。

---

① 姚姝娟、国仲凯、张桂莲等:《智能化时代的地理信息数据重构思考》,《西部资源》2023年第4期。

三　新形势下地理信息安全监管的要求

2018 年的中国政府机构改革，提高了对测绘地理信息的监管要求，明确了地理信息安全必须依法监管。近年来，在信息安全领域颁布的多部法规为保障地理信息的保密性、完整性和可用性提供了坚实的法律基础，基本形成了地理信息安全的法律构架。《中华人民共和国保守国家秘密法》界定了国家秘密的密级和保密期限，为防范数据滥用、泄露、篡改等提供了依据;《中华人民共和国测绘法》明确了卫星导航定位基准站数据安全保障制度和保密技术处理要求;《中华人民共和国数据安全法》明确了数据的分类分级保护制度，加强了对重要数据的保护;《地图管理条例》明确了地图审核制度和涉及国家秘密的测绘成果保密技术处理要求；自然资源部和国家保密局印发的《测绘地理信息管理工作国家秘密范围的规定》明确了关键地理信息的保密范围。①

随着数字经济的快速发展，地理信息已经在众多的经济活动中产生，又在各行各业中应用。而新形势下测绘地理信息的监管不仅以基础测绘和基础地理信息为主体，也负责地理信息产业发展和市场监督，因此对地理信息安全监管提出了新的要求。新的要求不仅涉及地理信息数据的产权制度，还涉及地理信息的合法、安全和隐私保护以及地理信息全生命周期管理制度体系建设等几个方面。②

一是要有完善的地理信息安全监管制度体系。首先，必须确保制度既能有效促进地理信息科技发展，使数据资源更加丰富和应用更加广泛，又能保障国家安全和地理信息数据的安全。其次，需要规范地理信息的获取、使用、保护和交换，以为地理信息安全监管提供明确的基础法律框架。

二是要有系统化的地理信息数据确权登记体系。为此要深入研究《中华人

① 朱长青、周卫、吴卫东等:《中国地理信息安全的政策和法律研究》，科学出版社，2015；周卫、朱长青、吴卫东:《我国地理信息定密脱密政策存在的问题与对策》,《测绘科学》2016 年第 1 期。

② 谭欣欣:《地理信息产业的发展现状及思考》,《环球人文地理》2017 年第 10 期。

民共和国知识产权法》《中华人民共和国个人信息保护法》等法律法规，积极探索并完善地理信息的专门法律法规。根据中共中央、国务院颁布的《关于构建数据基础制度更好发挥数据要素作用的意见》，要“探索建立数据产权制度，推动数据产权结构性分置和有序流通，结合数据要素特性强化高质量数据要素供给；在国家数据分类分级保护制度下，推进数据分类分级确权授权使用和市场化流通交易，健全数据要素权益保护制度，逐步形成具有中国特色的数据产权制度体系”。

三是要科学界定地理信息安全分级标准。面对日益复杂的安全挑战，进一步加强地理信息的保密性、完整性和可用性迫在眉睫。要专门制定地理信息隐私保护的强制性技术法规，明确在收集、存储和处理地理信息时的隐私保护要求，明确用户授权和信息脱敏等措施，以保护个人隐私不受侵犯。

四是要有完善的地理信息安全审计与追责监督体系。要求相关机构和企业定期对地理信息安全进行自查与审计，确保安全措施的有效实施。对于违反地理信息安全法规的行为，明确追责机制和相应的法律后果，以提升违规成本和威慑效果。要建立健全应急响应机制，明确在发生安全事件时的应急处置流程和责任分工，以快速有效地应对安全威胁，减轻安全事件对地理信息的损害。

五是要系统评估地理信息安全风险。通过对地理信息系统进行全面分析，确定可能的风险来源和漏洞，评估其对数据完整性、机密性和可用性的影响程度。防范措施的整合需要综合考虑技术、管理和人员等多个层面。

四　地理信息依法监管与安全治理的政策建议

（一）制定地理信息管理法规，完善地理信息标准体系

地理信息依法监管的基础是建立法规体系。建议扩充《中华人民共和国测绘法》有关地理信息的章节和条款，把时空信息纳入法规。抓紧研究颁布《地理信息资源管理条例》，支持地理信息数据的分级、确权、登记和交易。完善我国地理信息标准体系，尤其要探索安全技术标准的制定，旨在保障地

理信息的安全、合法和有效使用，以适应数字化时代的发展需求。[①] 同时，加强对国家标准《测绘地理信息数据数字版权标识》和《测绘地理信息数据权限控制》的宣贯，推进行业标准《基础地理信息数据保密处理基本要求》的落地实施。

（二）全面落实地理信息数据确权登记，支持地理信息资源开发

在地理信息数据的确权登记方面，需要加强探索和试点，制定基础数据的产权制度。在地理信息数据跨境传输方面也要积极探索，制定地理信息数据跨境传输的安全规定，明确数据出境的条件、审批流程以及安全保障措施，以避免数据在跨境传输过程中未经授权被访问和篡改。

（三）加强时空科技创新，支撑地理信息的安全

地理信息安全需要先进的技术手段来支撑，近年来地理信息安全技术得到快速发展，但还要进一步加大研发和推广的力度。[②] 数字水印技术不仅可以保护数据版权，还可以实现溯源追踪，为数据的合法使用提供了有效保障。安全控制技术在地理信息数据共享中也发挥着关键作用，能够精确控制数据的访问时间和权限，确保数据的安全性。保密处理技术可以有效降低敏感信息泄露风险，使得数据在共享过程中更具安全性。区块链技术作为一种分布式的去中心化技术，可以防止数据被篡改、确保数据的可信性，为地理信息的安全性和可认证性提供技术保障。[③] 地理实体的唯一编码技术标准（ISO MA）也要逐步完善。

（四）实现全生命周期的数据治理

数据治理在地理信息系统中不仅可以提升数据的质量和可信度，还能促

---

① 余旭、张兴福、王国辉等:《我国地理信息标准化综述》,《测绘工程》2010 年第 6 期。

② 朱长青、任娜、徐鼎捷:《地理信息安全技术研究进展与展望》,《测绘学报》2022 年第 6 期。

③ 朱长青、徐鼎捷、任娜等:《区块链与数字水印相结合的地理数据交易存证及版权保护模型》,《测绘学报》2021 年第 12 期。

进数据的有效利用和共享。地理信息数据的治理包括数据的采集、整理、标准化和更新等。建立数据治理机制，确保地理信息数据的准确性和及时性，可提升地理信息的质量和可信度。在进行数据采集时，必须确保数据来源的可靠性，其中合规性要求尤为重要，因为它涵盖对数据源的准确性、权威性和可信度的综合考量。数据存储方面，建立稳定的数据库系统是确保数据安全和可访问的基础。选择适当的数据库管理系统，采取备份和灾难恢复策略，可以保障数据在存储中的安全性和稳定性。数据的加密和访问权限控制也是数据存储阶段的关键环节，以防止未经授权的访问和数据泄露。数据共享方面，建立规范的共享机制是平衡数据开放和隐私保护的关键。[①] 政府部门、企业、研究机构等各方应加强合作，共同制定数据治理的标准和规范，确保地理信息数据的合规性和安全性。

（五）广泛深入开展国际合作，共建地理信息数据治理体系

地理信息数据治理是全新的课题，需要加强国际合作研究。国际合作和标准化在地理信息数据治理方面发挥着重要的作用，有助于促进数据的互通和共享，提高数据质量和安全性。国际合作可以促使不同国家之间建立数据互通和共享机制，促进各国之间的经验分享和技术交流，从而提高地理信息数据的质量。通过参与国际合作项目，各国可以了解其他国家的数据治理经验和最佳实践，从而改进自身的数据治理流程，提升数据的准确性和完整性。通过国际合作，可以实现地理信息数据治理的全球化，推动地理信息领域的可持续发展。

（六）应对地理信息安全风险，积极推进场景应用模式创新

地理信息的重要价值在于支持场景创新，实现数字经济到智能经济的转变。在面对智能网联汽车和无人机等新兴应用，以及数字城市、智慧农业、数字矿山等新兴领域的发展时，将地理信息安全意识有效融入实际应用场景

① 周君、王显强:《新型智慧城市下政务数据安全管理的研究》,《信息通信技术与政策》2020 年第 3 期。

变得尤为重要。这种集成化应用对信息安全具有很高的要求，要高度关注可能出现的潜在风险。

在这些新兴应用中，地理信息安全问题可能涵盖以下几个方面。首先，位置隐私泄露成为智能网联汽车和无人机应用中的一个重要问题。通过定位技术，智能网联汽车和无人机能够获取自身位置，但这也可能导致用户的行驶轨迹和活动范围被暴露。未授权的第三方或黑客可能会利用这些信息来跟踪用户的活动，从而造成个人隐私泄露的风险。其次，远程攻击风险是智能网联汽车和无人机应用所面临的另一个挑战。最后，数据安全问题也是一个需要重视的地理信息安全挑战。智能网联汽车和无人机会产生大量的地理信息数据，其中可能包含用户的敏感信息，如常去地点和行驶习惯。[①]

数字城市、智慧农业和数字矿山等领域逐渐引人注目，发展前景广阔。[②]随着城市中的传感器和智能设备不断增加，地理信息的安全也面临新的挑战。数据泄露和未经授权的访问可能会威胁居民的隐私和安全。公共交通、社区活动等大量与市民生活相关的地理信息，需要得到适当的保护，确保居民的个人信息不受侵犯。数字矿山应用中，矿山的规划、建设和挖掘离不开地理信息，数字化的工程机械和矿山机械位置信息，也不断产生时空数据，而这些数据都是比较敏感的。为了在数据共享和使用中平衡安全和发展，制定明确的数据使用规范和隐私保护机制势在必行。

五　结语

地理信息安全监管是保障信息安全和促进可持续发展的重要环节。健全

① 邱彬、李广友:《智能网联汽车数据安全管理研究》,《汽车工程学报》2022 年第 3 期；谭均铭、廖小罕:《地理信息技术应用下的无人机云端管理系统发展》,《地理科学进展》2021 年第 9 期。

② 陈杨:《地理信息系统在数字城市建设中的应用分析》,《科技资讯》2020 年第 16 期；黄天亮、黄秋荣、葛吉栋等:《基于 GIS 的智慧农业综合信息服务平台设计与实现》,《中国农业信息》2018 年第 6 期；柳波:《基于 GIS+BIM 技术的多层次数字矿山综合监管应用》,《矿业工程研究》2022 年第 2 期。

的法规体系、有效的管理机制、先进的技术手段、创新的应用模式以及完善的数据治理制度，可以在数字化进程中最大限度地保护地理信息的安全，推动地理信息在各个领域良性应用。

随着技术的不断演进，地理信息安全监管也不断面临新的挑战和机遇。尽管我国在地理信息安全领域已经取得了一些显著的进展，但仍然存在诸多未解决的问题和待完善的领域。地理信息安全问题是数字时代的重要议题，政府、企业、学术界和社会各界需要共同努力来保护地理信息的安全，维护国家安全和社会稳定，通过合作与创新，充分利用地理信息的价值，为社会的可持续发展做出积极贡献。

未来，需要更加注重技术研究和创新，进一步完善法律法规体系，加强公众教育，提高人们的信息安全意识，构建安全、可信的地理信息环境，参与国际合作促进地理信息安全的全球治理。

B.9
时空信息安全技术探索与实践

燕 琴 王继周 薛艳丽*

摘 要： 近年来，航空航天遥感技术与装备持续升级，时空信息产品实时化精细化程度不断提高，导航定位与时空信息服务智能化网络化水平逐渐提升，自动驾驶、众源众包测绘、时空AI等新技术新应用快速发展，给时空信息安全可信应用带来严峻挑战，迫切需要配套的政策、标准、技术支撑。本报告分析了国家时空信息安全隐患与风险，研究了时空信息安全技术的短板与问题，包括理论方法薄弱、安全检测与处理技术有限、安全应用与监管治理支撑能力不足等，介绍了中国测绘科学研究院在数据要素安全治理理论与标准、地形图保密处理技术、国产商用密码应用技术、智能地图审查技术、网络地理信息安全监管技术等方面的探索与实践。

关键词： 时空信息 信息安全 智能地图

当前全球数字化发展日益加快，时空信息成为重要的新型基础设施和新型生产要素。作为国家重要的基础性、战略性资源，时空信息直接关系到国家主权、安全和利益，承载着资源、环境、人口等经济建设和社会发展，同时也是现代军事斗争的重要组成部分。为切实履行“拟定国家地理信息安全保密政策并监督实施”的职责，自然资源部迫切需要加强时空信息安全监管、

* 燕琴，中国测绘科学研究院院长、研究员，博士；王继周，中国测绘科学研究院战略研究室主任、研究员，博士；薛艳丽，中国测绘科学研究院研究员。

提升行业监管和服务能力、积极应对新技术新业态风险挑战，构建支撑时空信息健康有序发展的新安全格局。

一　时空信息安全隐患与风险

近年来，随着时空信息技术快速发展，新型信息产品不断涌现，高精度地理信息应用需求大幅增长，随之而来的时空信息违法违规使用和失泄密导致的危害国家安全、国防安全等问题日益突出。基于信息化、网络化的实时在线的时空信息获取、处理、存储、管理与应用等几乎所有环节都存在失泄密渠道与可能性。

遥感卫星星座组网、无人机遥感组网等对地观测技术发展迅速，显著提升了境内外高精度地理信息的获取能力。卫星遥感分辨率达亚米级，可周期性监测全球，并能够聚焦特定区域进行持续高清监测。无人机遥感组网融合现代通信技术，能够实现无人机多机协同飞行，厘米级高分数据实时获取、传输、处理与在线分析等。这些技术在为国家经济社会高质量发展提供支撑的同时，也成为国际军事战争情报收集的重要手段之一。

新型传感技术、计算机技术、网络通信技术和人工智能技术等飞速发展，终端接入、实时感知和计算能力不断提升，可穿戴装备、车载、手机定位、共享单车等民用位置服务装备逐渐普及，在精度逐级提高的卫星导航定位技术辅助加持下，提升了用户的依赖性与普及率，导致“人人都是传感器”“每个设备都提供关于用户及其活动的连续地理空间信息流”，由此引发的时空信息安全管理面临的挑战也不断升级。

基于开放地图服务、网络社交平台等公开渠道获取地理位置及相关信息，已成为时空信息安全防控的重点。美国谷歌地球提供了丰富的全球遥感影像、地名地址、矢量数据、实景三维等信息资源，并诱导数亿用户持续使用和贡献信息。开放街道图（OSM）通过志愿者众包测绘方式，构建了包含地名、道路、街区、军事基地、基础设施等在内的全球数据库。美国特斯拉等自动驾驶技术公司基于强大的空间数据收集能力和人工智能技术，快速构建和更新全球城市高精度地图。瑞典 Mapillary 公司通过手机摄像头和行车记录仪构建道路实景，甚至已收集到朝鲜地区的部分数据。脸书、推特等社交平台即时发布全球各地的位置坐标、场所实景、突发事件等信息。

二　时空信息安全技术的短板与问题

长期以来，我国高度关注时空信息安全，在测绘管理、数据管控、安全处理等方面持续开展了政策和技术研究，采取了相关措施，但也依然存在理论方法薄弱、安全检测与处理技术有限、安全应用与监管治理支撑能力不足等短板和问题。

在理论方法方面，地理信息安全内涵缺乏统一明确的科学界定，地理信息数据的安全价值、风险指标和安全风险传播模型尚未建立，地理信息安全相关科学问题尚待深入研究，对落实《数据安全法》《测绘法》等法律法规要求、建立标准规范和技术支撑体系的指导性不强。

在安全检测方面，尚未形成面向基础测绘成果、高精地图、实景三维、点云模型、实景地图等数据产品的安全特征体系化定量评估方法，多模态时空大数据关联融合的安全风险分析方法较少，地理空间数据安全分析所需的语料库、特征库和指纹库尚未完全构建，涉密地理信息和核心重要地理信息数据的定量化、智能化、自动化内容检测分析能力不足。

在安全处理技术方面，现有时空信息安全处理技术主要针对地形图和导航电子地图等矢量数据的几何位置属性，面向智能网联汽车基础地图、全空间实景三维数据等重点前沿领域的新型时空信息保密处理技术尚不完善，难以完全满足新型时空信息空间位置和内容属性的高稳定、高保真、高并发保密处理应用需求。

在安全应用方面，全流程一体化安全管控技术支撑较为薄弱，违规存储处理涉密敏感测绘成果数据问题较突出，违规复制提供涉密敏感测绘成果现象仍然存在；时空信息数据的跨地域跨部门安全可信共享和社会化应用共享技术尚待系统性突破，数据难以共享、共享低效、数据滥用等问题依然广泛存在。

在监管治理方面，安全监管对象主要侧重地图，对时空信息数据、服务、软件等尚未形成体系化监测覆盖能力；安全风险监测主要侧重事后，尚未形成事前事中隐患排查标准规范和主动风险监测预警技术能力；面向智能汽车地图、实景三维服务、大型位置服务和地理信息平台的深度监管技术能力还需强化；安全治理数字化水平还不高，线索发现、证据锁定、治理跟踪、信用联动的数字化治理技术体系尚未形成。

三　时空信息安全技术的探索与实践

为做好时空信息安全管理，处理好安全保密与共享应用的关系，中国测绘科学研究院（以下简称测科院）围绕保密处理技术研发、国产密码融合应用、安全信用评估与标准体系建设等方面开展了一系列研究与探索工作，取得了阶段性成果与成效，并在部分领域形成了产业化推广的技术与产品。

（一）数据要素安全治理理论与标准

测科院聚焦地理信息安全可信应用，牵头开展了数据要素安全治理基础理论研究。初步完成了地理信息数据分类原则及编码方案、可信应用、溯源监管等的研究；围绕数据要素安全应用，构建了“数据集描述 - 数据集时空特征 - 对象级语义”的安全特征定量分析模型及检测引擎，完成了地理信息数据安全可信应用沙箱技术架构设计，以及地理信息区块链验证平台和数据流转技术测试。

国家强制性标准《导航电子地图安全处理技术基本要求》（GB 20263—2006）是目前正式发布的为数不多的时空信息数据要素安全标准。该标准对导航电子地图的空间位置和内容的安全处理作了限制性规定，使其达到公开出版、销售、传播、展示和使用的要求。该标准的颁布实施，有效解决了导航定位、路径规划、周边 POI 查询等导航电子地图社会化应用与维护地理信息安全的矛盾，使导航电子地图数据充分发挥了其价值。

智能驾驶产业的兴起对导航电子地图提出了更高要求。测科院牵头编制了《智能汽车基础地图标准体系建设指南（2023版）》，自然资源部于2023年发布实施。该指南从基础通用、生产更新、应用服务、质量检测和安全管理等方面，对智能汽车基础地图标准化提出原则性指导意见，推动智能汽车基础地图及地理信息与汽车、信息通信、电子、交通运输、信息安全、密码等行业领域协同发展。该指南还提出，到2025年初步构建能够支撑汽车驾驶自动化应用的智能汽车基础地图标准体系，到2030年形成较为完善的智能汽车基础地图标准体系。

（二）地形图保密处理技术

地形图保密处理技术是依照国家相关法律法规，经相关主管部门共同认定的、可以实现涉密地图数据解密处理的技术方法（包括参数及算法等）及相应的软件程序。目前唯一认定应用的“地形图资料非线性保密处理技术方法”由测科院研发，将地理空间信息精度降至国家安全要求的范围以外，保证相对精度在容限内，并适应国家系列比例尺地理空间信息，从而满足国家安全和经济建设的双重需要。该方法已在导航领域广泛应用，完成了超千万份导航电子地图数据处理，催生了百亿规模的汽车导航产业，极大地促进了产业的健康有序发展，并在数字城市和地理信息公共服务平台等方面得到了推广应用。

近年来，测科院研发的保密处理技术进一步升级完善，不断拓展应用领域。例如，对全国“三调”成果数据开展保密处理，支撑了“国土调查云”的在线应用需要，并向全国省级自然资源主管部门配发地形图保密处理软件。通过优化保密处理算法、调整保密处理参数，突破了拓展二维平面至三维空间的保密处理技术，研制了适用于三维模型的处理系统，对青岛全市域11057平方千米、深圳全市域2000余平方千米，以及江苏南京、浙江嘉兴、陕西西安、黑龙江嘉荫、海南海口、山东青岛、广东广州、深圳等各约100平方千米的地物三维模型数据开展了验证试验。结果表明，保密处理后的三维模型数据无遗漏、表征质量良好，浏览效果与原始数据基本无差别；处理前后的地物形态（如面积、长度等）和地物间的拓扑关系（如邻接、包含等）变化较小，能够满足绝大部分用户对于实景三维数据的应用需求，支撑我国公众版测绘成果加工试点工作。地形图保密处理技术的不断升级完善，为"'十四五'期间实现95%的用户使用公众版测绘成果"提供了有力保障。

（三）国产商用密码应用技术

商用密码是指对不涉及国家秘密内容的信息进行加密保护或者安全认证所使用的密码技术和密码产品。商用密码的应用领域十分广泛，主要用于对不涉及国家秘密内容但又具有敏感性的内部信息、行政事务信息、经济信息等进行加密保护。它通过对信息进行重新编码，不仅保证了信息的完整性和正确性，也保证了信息的机密性，防止信息被篡改、伪造和泄露。

近年来，测科院牵头开展了国产商用密码在测绘地理信息领域的融合应用示范，全国37家单位参加。基于多级联动的商用密码支撑体系，选择行业发展急需、社会关切度高且关乎国防安全和地理信息安全的高精度位置服务、测绘数据采集处理、时空信息综合服务以及自动驾驶高精度地图应用等4个方向开展了安全技术改造，探索了基于国产商用密码算法保障时空信息从空间定位、数据采集、在线传输、存储管理到应用服务的全生命周期安全的防护技术路线和密码应用模式，基本构建了基于国产商用密码的数字化测绘安全防护体系框架，形成了可复制、可推广的密码应用解决方案。应用实践表明，商用密码在时空信息安全存储、终端安全接入、用户身份认证、数据安全传输等环节具有较强的保密效果。为形成国产商用密码在自然资源领域深化应用的长效机制，经自然资源部批准，测科院挂牌成立了自然资源行业密码应用研究中心，持续开展商用密码应用技术的深入探索与实践推广。

（四）智能地图审查技术

测科院聚焦"地图内容自动理解"，应用人工智能技术，创新知识管理方式，支撑地图审查工作实现数字化高效管理。按照利用新技术提高地图审图能力的目标，相关研究团队原创性地提出了层次化可计算视觉特征和人机共用审图知识库模型，解决了长期以来制约数字化审图的理论模型缺乏难题；构建了智能化地图技术审查平台，重点突破了“知识库构建 - 人工智能匹配 - 工作流驱动”三大技术瓶颈，支持一些重要目标自动识别，准确率达到 80%；形成的体系化工具为“国 - 省”地图审核提供了核心支撑，已建立一个国家节点和多个省级节点，首次构建和发布了审图知识库，仅 2022 年就完成了约 6 万幅送审地图的在线审查。[①]

针对“问题地图”监控治理，测科院自主研发了网络地图网络搜索、自动分析、分级监管的成套关键技术和业务化监管平台，并完成了从单机版、服务器版、集群版到云服务版的系列升级，支撑构建了“1（国家级节点）+21（省级节点）”常态监控业务网络。截至 2023 年 6 月底，平台已纳入 2 万余个监测目标，实现了网站、微博、微信公众号和在线地图服务等搜索类型全覆盖，以及中央和地方党政机关、大型企业、新闻媒体、商业门户、自然资源单位等机构类型全覆盖，提供了日常监管工作中近 90% 的问题地图线索，有力推动了问题地图监管工作向数字化、智能化方向升级。2022 年，仅国家节点即推送近 30 万幅地图、0.7 万余个兴趣点，检定发现“问题地图”近 721 幅、“问题兴趣点和标注”121 个。[②]

（五）网络地理信息安全监管技术

测科院主动应对新技术新应用风险，推进安全监管从“地图”向“地理信息”拓展，提出了“清单 + 信用”监管思路，构建了“常态监测 - 专项监测 - 应急监测 - 风险台账 - 预警响应”工作体系；自主开发了地理信息数据搜索、运营主体管理、交易共享线索核心搜索引擎，形成“3+3+3”（三类对象——数据、服务、软件，三类主体——资质单位、无资质单位、个人，以及三类典型违规行为）综合监管技术平台，首次形成了我国地理信息安全监管的产品台账和主体台账；面向重要数据共享平台、主流电商平台和主要信息发布平台，初步具备了地理信息数据交易线索的自动发现和持续跟踪能力；

① 数据来自中国测绘科学研究院。
② 数据来自中国测绘科学研究院。

形成了大型地理信息服务产品技术分析能力，可支持全球遥感影像、矢量数据等地理信息发布情况的自动监测和跟踪分析；针对数据格式难以统一、需兼顾数据保护和生产系统性能要求等导致的智能汽车基础地图服务实时监管难题，完成了采样策略、特征规划、通信机制、插件模式等基础架构设计，目前正开展相关技术研发验证，为智能汽车基础地图服务实时监管提供技术方案。

四　总结与展望

“为构建新安全格局严守测绘地理信息管理底线”，是时空信息安全的管理要求。随着人工智能、大数据、卫星互联网、智能驾驶等新技术、新业态的快速发展，既要坚决守住信息安全底线，又要有效激活时空信息数据要素潜能。面临新的挑战，迫切需要进一步加强科技创新、完善管理机制、健全标准体系，在安全防控、可信分发、过程溯源等方面实现技术突破，为贯彻总体国家安全观、赋能高质量发展提供科技助力。

B.10
数字时代的地图审查工作

张文晖　狄　琳　左　栋*

摘　要： 地图是国家版图最主要的表现形式，直观反映国家的领土和主权范围，具有严肃的政治性、严密的科学性和严格的法定性。同时，地图也是测绘地理信息的重要成果之一，与国家地理信息安全息息相关，因此我国实行地图审核制度。进入数字时代，测绘地理信息事业迎来了高速发展期，地图市场日新月异，地图的多样性、复杂性日渐凸显。地图正在向数字化、数据化的方向发展，对地图审查工作提出了巨大挑战。本报告分析了数字时代地图审查面临的新形势新挑战，结合地图审查的意义和重点内容，基于全面贯彻落实总体国家安全观，对数字时代地图审查工作的发展路径提出参考建议。

关键词： 数字时代　地图审查　新型地图　国家安全

当前，我国数字经济蓬勃发展，建设数字中国迈上新台阶，加快数字化发展，打造数字经济新优势，已经成为我国经济新一轮增长的引擎，将深刻地影响和改变经济社会发展方式。[①] 数据资源是数字中国建设的核心要

---

* 张文晖，国家测绘产品质量检验测试中心主任，正高级工程师；狄琳，自然资源部地图技术审查中心处长，正高级工程师；左栋，自然资源部地图技术审查中心副处长，高级工程师。

① 刘温馨:《共谋数字经济高质量发展》,《人民日报》2023 年 6 月 2 日；向东旭:《“不断做强做优做大我国数字经济”——学习习近平关于发展数字经济的重要论述》,《党的文献》2023 年第 3 期。

素。[①] 地理信息数据作为国家重要的基础性和战略性地理空间数据资源，将为数字中国建设、高质量发展提供丰富的数据要素保障。在这一现实背景下，地理信息数据应用领域将不断拓展，服务自然资源管理，服务千行百业，催生新产品新服务新业态。如何把握好数字时代测绘地理信息“两支撑 两服务”工作定位，坚持守正创新，统筹发展和安全，做好地图审查工作，为高质量发展提供更加高效、精准、可靠的地图审查支撑，是必须深入思考和积极探索的重要课题。

一　数字时代地图审查面临的新形势新挑战

当前，基于互联网、大数据、云计算、人工智能等新一代信息技术实现跨越式发展的数字经济，正深刻地影响和改变经济社会发展方式。数字经济已成为现代社会生产力发展的新引擎、新标志，谁把握了数字经济的发展先机，谁就能抢占未来发展的制高点。[②] 测绘地理信息作为国家布局数字经济建设的重要战略性数据资源，需要适应新形势，加快转型升级。数字时代涌现出了品类繁多的新型地图，比如智能汽车基础地图、实景三维地图等，它们丰富了地理信息产品市场、为地理信息产业发展拓展了空间，同时也给地图审查工作带来了新的挑战和发展机遇。

（一）审查地图类型多元化

地图是测绘地理信息工作的主要成果之一。随着科学技术的发展，地图产品日新月异，表现形式多种多样，类型呈现多元化。地图审查的地图品种从单张挂图、地图集、书刊插图、地球仪等传统地图，扩展到导航地图、互联网地图、遥感影像地图、街景地图等电子地图。近年来，随着移动互联

① 《【新思想引领新征程】推动数据高效流通 构筑数字经济新优势》，央视网，https://news.cctv.com/2023/08/07/ARTIdee1jQGEYeUWkB0KAMSR230807.shtml。

② 郑洁、成吉:《数字经济赋能高质量发展》,《中国社会科学报》2022 年 11 月 10 日；张璁:《做强做优做大我国数字经济》,《人民日报》2022 年 10 月 29 日。

网、大数据、云计算、人工智能等新一代信息技术和地理信息融合发展，用于智能汽车自动驾驶的智能汽车基础地图、服务政府智慧管理的实景三维地图等新型地图逐渐兴起，这些地图公开前都应当按照法律法规要求进行地图审查。

（二）地图审查对象数据化

地图产品正在向数字化、数据化的方向发展。传统地图是按照一定法则在平面或球面上表示地球或其他星球现象的图形或图像，其不但具有严格的数学基础、符号系统、文字注记，而且能用地图概括原则，科学地反映出自然和社会经济现象的分布特征及其相互关系[①]，所有信息都呈现在纸图或地球仪上，审查内容一目了然，逐一审查批注即可。数字时代，地图除了有以物理介质为载体的图形图案集合外，还有以电子媒介为载体，由带有空间位置信息的点、线、面、文字注记、影像等数据构成的数据集。对于街景地图、遥感影像地图、三维地图等这类新型地图，要确保每一幅影像画面、每一个三维模型都符合国家有关法规要求，按照常规人工肉眼进行逐一审查是无法实现的，工作量是海量的。对于智能汽车基础地图这类新型地图，其使用对象由人变为车，根本没有直观可视的地图画面，有的只是通过机器语言解译的海量数据集，用传统的审查方式更是无从下手。审查对象由图形转向数据，数据量呈数十倍增加，对地图审查工作提出新的挑战。如何针对这些新型地图的特点制定相应的审查方案、建立相应的审查机制、开发相应的审查工具，是首先需要解决的问题。

（三）地图审查需要由事前向事中、事后延伸

一直以来，地图审查作为政府行政许可事项，是在地图公开使用前进行的，属于事前审批，保障地图在公开使用时不存在安全风险和隐患。而以智能汽车基础地图为代表的新型地图，对地图数据现势性的要求很高，道路上

① 《地图制图概念（词汇解释）》，中测网，https://www.cehui8.com/zhuanti/map/20130828/1191.html。

的任何变化都需要在最短的时间内体现在地图上，以确保自动驾驶的安全可靠舒适。[①] 目前这种事前审查的方式已经不适应众源更新数据的使用，需要向事中、事后延伸。2022 年 12 月，中共中央、国务院印发的《关于构建数据基础制度更好发挥数据要素作用的意见》提出，探索“建立数据资源持有权、数据加工使用权、数据产品经营权等分置的产权运行机制”，明确“建立安全可控、弹性包容的数据要素治理制度”。在地理信息数据的流通和治理方面，也会有安全审查问题，安全审查包括哪些内容、采用什么方法、在哪个环节进行都需要抓紧研究。

（四）新型地图审查标准规范亟须健全

近些年来，各类新型地图层出不穷，有的地图在大类中还可继续细分出小类，如智能汽车基础地图还可细分为高级辅助驾驶地图、自动驾驶地图等；有的则通过不同图种间融合又形成新的图种，如人机共驾地图由智能汽车基础地图与导航电子地图融合而来等。[②] 精准把握新型地图可能存在的威胁国家主权、安全的潜在风险，需要制定相应的地图审查要求，找准现行法规政策对新型地图管控的盲点，及时提出修订方案。

二　地图审查的意义和重点内容

（一）地图审查的意义

不同于地图质量检查，地图审查是在总体国家安全观的框架下，对地图表示内容进行主权和安全审查，维护国家主权、安全和发展利益不受损害。地图审查主要依据《公开地图内容表示规范》（自然资规〔2023〕2 号）等文件对涉及国家主权和地理信息安全两个方面的内容进行审查。

近些年，“问题地图”案件时有发生，如：有的企业在其产品发布会上使

① 杨蒙蒙、江昆、温拓朴等：《自动驾驶高精度地图众源更新技术现状与挑战》，《中国公路学报》2023 年第 5 期。

② 关晓晴：《齐聚高精地图赛场，稳步提速向新而行》，《中国测绘》2023 年第 1 期。

用错将我国藏南地区绘入印度版图的“问题地图”；有的互联网地图服务企业疏于对用户上传标注信息的管理，使军事设施、输油管线等涉密、敏感内容被标注在地图上；有的企业将我国地理信息数据带出境等。这些案件，不仅伤害民族尊严，有的还对国家安全造成了严重威胁。[①] 因此，国家开展地图审查工作有非常重要的意义。

（二）地图的国家主权内容审查

地图是国家版图最主要的表现形式，直观反映国家的主权范围，我国版图在地图上的表示正确与否直接关系着我国领土主权和民族尊严。[②]《地图管理条例》第五条要求：“各级人民政府及其有关部门、新闻媒体应当加强国家版图宣传教育，增强公民的国家版图意识。国家版图意识教育应当纳入中小学教学内容。公民、法人和其他组织应当使用正确表示国家版图的地图。”这是国家首次将版图意识教育的要求写进法规中。

2016 年 7 月，菲律宾南海仲裁案仲裁庭做出非法无效的所谓最终裁决后，《人民日报》发表了著名的“中国一点都不能少”新闻图片，宣誓我国主权不得受到任何形式的侵犯。此新闻图片标题一语双关，生动地诠释了我国领土主权寸土不让、我国版图表示一点都不能错的深刻含义。

在地图上，我国国界线的画法、重要岛屿的表示、重要地名的标注等，都是涉及我国版图表达最重要的内容，关系国家的主权和人民的利益，因此也是地图国家主权内容审查最重要的内容。

（三）地图的地理信息安全审查

伴随着科学技术的不断进步以及测绘地理信息事业的蓬勃发展，人民大众对美好生活的期望也在不断提升，各类新型地图层出不穷。从可以俯瞰大地的遥感影像地图、置身于道路视角的街景地图到可以体现三维空间位置关系的仿真三维地图、实景三维地图，再到用于智能汽车自动驾驶的高级辅助

---

① 谷业凯:《规范使用地图　一点都不能错》,《人民日报》2023 年 8 月 29 日。

② 本书编撰委员会编《国家版图知识读本》，中国地图出版社，2018。

驾驶地图、自动驾驶高精地图，这些地图都有着一些共同的特点。首先，它们都是数字时代的科技产物。其次，相较于传统地图，它们都能更加真实、客观地反映并记录我们所生活的空间环境。这些地图有真实的环境影像信息、高精度的空间位置信息以及属性丰富的道路信息等，是典型的地理信息数据，敏感度高，关系国家安全。①

党的二十大报告指出:“国家安全是民族复兴的根基，社会稳定是国家强盛的前提。必须坚定不移贯彻总体国家安全观，把维护国家安全贯穿党和国家工作各方面全过程，确保国家安全和社会稳定。”要把好地图审查的国家安全关，首先要清楚地图在国家安全方面所具有的潜在风险。

首先以街景地图为例。它是街拍实景影像与传统二维电子地图结合而成的一种新型地图。由于与现实中的地理位置高度匹配，街景地图可以让人们以路人视角置身于街道中的任意一处观测点，身临其境地观看观测点周边真实的街景影像。只要街景地图编制单位采集的街景覆盖范围足够大、覆盖场景足够丰富，便可实现足不出户“逛遍天下”。用户所能看到的场景可以是一条平淡无奇的普通道路，也可以是一处知名的旅游景点，当然，还可以是一个军事管理区或一处军事设施所在地。如果对公开街景地图不做内容安全审查，地图编制单位对涉密、敏感内容未在公开展示前进行技术处理，这些内容被敌对势力窃取的后果是可想而知的。

其次以智能汽车基础地图为例。作为时下地理信息产业最火热的赛道，智能汽车基础地图充当着智能汽车的“第三只眼”，是保障智能汽车安全行驶的重要基础数据，同时也是我国汽车工业在智能汽车时代进行“弯道超车”的重要一环。由于智能汽车基础地图的主要作用是助力智能汽车实现高级辅助驾驶甚至是无人驾驶，因此，智能汽车基础地图数据具有高精度、高丰富度、高鲜度的特点。它的位置精度通常为厘米级，跟道路、车道、设施有关的数据要素种类多达百种。它的数据更新周期通常达到周级甚至日级。②此类

---

① 吕晓成:《高精地图道路矢量化模型表达规则探讨》,《北京测绘》2023 年第 1 期。

② 蔡忠亮、王孟琪、李伯钊等:《高精地图相关标准及数据模型的研究》,《测绘地理信息》2023 年第 1 期。

地理信息数据不仅具有极高的商业价值，更重要的是它还具有极高的军事战略价值，是世界各国想极力获取又都严格管控的数据。如果某国的高精度地理信息数据被他国所掌握，那么该国将再无安全可言。

综上，数字时代的各类新型地图在给人们生活带来便利、推动社会文明不断向前的同时，也给国家安全带来了潜在的风险。公开使用的各类地图，必须经过国家法定的地图审核，确保国家主权和安全，这也是贯彻落实总体国家安全观的具体体现和必然要求。

三　数字时代地图审查工作的发展路径

为了更好地应对数字时代新型地图给地图审查工作带来的挑战，针对新形势下地图审查工作的特点，可以从以下几个方面开展工作。

（一）加快审图自动化步伐

上文已述，数字时代的新型地图无论是从内容表现形式还是从数据量的规模看，都与传统地图有着巨大的差异。对这些新型地图进行审查，势必要依靠技术手段进行自动审查。就实景影像地图、实景三维地图这类以实景画面为主的图种而言，可充分利用当下较为成熟的图像识别分析技术，对数据中的涉密、敏感内容进行自动扫描分析。就智能汽车基础地图这类以数据集为主的地图而言，更适合针对送审数据的结构特点开发相应的自动化审查软件，实现自动化审查。其核心是审查算法的设计，需要将政策法规对数据的要求充分植入软件算法。同时，要推进在线审图平台建设，实现在线快速审查。即使是对于常规地图进行境界线、地名标注等涉及国家主权内容的审查，也可充分利用当前已有的AI技术，让计算机模拟人脑思维，进行自动化审查。

（二）创新工作机制

针对各类新型地图的特点，创新工作机制，适应新形势的发展要求。如对于智能汽车基础地图，可以从优化地图分类管理切入。由于智能汽车基础地图同时具有导航电子地图和互联网地图的属性，可采取两个图种的管理方式。同时，借鉴导航电子地图增量审查、互联网地图新增内容备案等成熟模式和经验，研究建立智能汽车基础地图的快速审图机制，以符合其更新频率快、周期短的特点，解决地图数据鲜度不够的行业痛点问题。又如，考虑到新型地图在公开使用过程中可能出现涉及国家安全的突发情况，还应建立数据安全应急响应管理机制，要求送审单位在送审图件时提交应急处置承诺书，明确本单位的数据安全管控措施、应急处置管理措施及应急处突响应时间等，在遇到地理信息安全相关突发情况时进行快速有效处理。

（三）加大数据安全使用监控力度

对于新型地图，应加大数据安全使用的监控力度。地图审查工作不能只在地图送审阶段开展，要向地图应用的全流程渗透，发挥地图市场监控的重要作用。

对新型地图的安全监控，目前还存在不少问题需要逐一攻克。首先是存在监控盲区，如对于智能网联汽车数据入口（由车辆各类传感器构成的时空数据传感系统）存在监管未覆盖的情况。对此可通过建立制度、标准等，以及开展相应的强制性检测进行补缺。其次是监控手段受限，如由于缺乏强有力的监控工具，智能汽车基础地图时空数据在应用端（车端）存在监控难的情况。对此可统筹推进监控关键技术攻关，研发时空数据安全监控平台，提高监控成效、扩大监控覆盖面。

（四）加快标准建设，支撑政策落地

地图审查，标准先行，标准规范是地图审查的重要依据之一。随着地图产品不断创新，国家出台了相应的管理政策和标准框架，相关的审查标准规范研制也在积极推进。为进一步促进地理信息公开应用，2023 年自然资源部出台了规范性文件《公开地图内容表示规范》，修订了《公开地图三维模型审查要求》，《高级辅助驾驶地图审查要求》《公开街景地图安全处理技术要求》2 项国家标准正在报批。自然资源部正在积极推进针对智能汽车基础地图和公

众版实景三维地图等新型地图审查、监管方面的标准研制工作，这些标准对在确保地理信息安全的前提下服务高质量发展意义重大。

（五）坚持学以致用，助推产业发展

要适应我国当前飞速发展的测绘地理信息产业，实现地图审查工作高质量发展，首先要坚持学习，及时更新知识储备，提升研究水平。除了要非常了解行业的发展动态，还应具有对行业发展趋势的预判能力。其次要学以致用，把学习和研究的成果进行转化。可将行业迫切需要的、对行业有序发展有重要指导意义的相关内容编制成标准，支撑政策落地。最后要深化与科研院所和科技企业的合作，了解各方需求，使其各自发挥优势，合力研制先进的审查工具。这样才能做好地图审查政策、工作机制、审查手段等方面的工作，助推地理信息产业健康发展。

四　结语

数字时代已经来临，关于如何在新一轮国际竞争重点领域抓住先机、抢占未来发展制高点，党中央已经做出了战略部署。2023 年召开的全国测绘地理信息工作会议提出了“加快推进测绘地理信息转型升级，更好支撑高质量发展”的要求。地图审查作为地理信息工作的重要组成部分，迎来了发展机遇期。地图事，无小事。从传统的纸质地图到种类繁多的新型地图，从传统经济时代到数字时代，维护国家主权、安全的地图审查原则始终不变。在数字时代开展地图审查工作，必须紧跟时代步伐、把准时代脉搏、满足时代要求，坚持底线思维，坚持创新发展。只有这样，才能与时俱进、守住红线，维护好国家主权、安全和发展利益。

B.11

地理信息安全治理体系构建

贾宗仁　乔朝飞*

摘　要： 构建地理信息安全治理体系是促进测绘地理信息事业高质量发展和高水平安全良性互动的必要举措。本报告从地理信息安全的定义和地理信息安全治理体系的含义出发，系统分析了地理信息安全治理的内容，指出了当前地理信息安全与应用的主要矛盾，提出了构建地理信息安全治理体系的总体思路、主要目标和实施路径，明确了完善当前地理信息安全治理体系的重点任务，包括加快推动地理信息保密制度改革、建立地理信息数据分类分级保护制度、扩大政府和企业地理信息数据产品供给、加快建设地理信息数据安全基础设施和技术防控体系等。

关键词： 地理信息安全　数据要素　数据中间态　资产化

地理信息指人对地理现象的感知，包括地理系统诸要素的数量、质量、分布特征、相互关系和变化规律等[①]，既是人类对于地理系统具象、形象与抽象认知的重要工具，也是现实世界向虚拟空间映射的重要桥梁。随着现代信息技术加速创新，地理信息数据作为生产要素正以前所未有的深度和广度融入经济社会发展，同时地理信息数据资源和相关技术与国防军事深度耦合对现代战争产生深刻影响。地理信息的双重属性决定了发展和安全两件大事必

---

* 贾宗仁，自然资源部测绘发展研究中心副研究员；乔朝飞，自然资源部测绘发展研究中心应用与服务研究室主任、研究员，博士。

① 辞海编辑委员会编纂《辞海》（彩图珍藏本），上海辞书出版社，1999，第1434页。

须实现有机统一。《数据安全法》第四条要求“建立健全数据安全治理体系，提高数据安全保障能力”，党的二十大做出了“以新安全格局保障新发展格局”的战略部署，2023 年测绘地理信息工作会议将“为构建新安全格局严守测绘地理信息管理底线”作为测绘地理信息工作的目标方向。构建地理信息安全治理体系是促进测绘地理信息事业高质量发展和高水平安全良性互动的必要举措。

一 相关概念解析

（一）地理信息安全的定义

“地理信息安全”一词的出现最早可追溯至 21 世纪初，测绘地理信息领域信息化的推进改变了涉密测绘成果的存在形式与流转方式[①]，与其密切相关的信息安全问题受到重视。随后，“地理信息安全”一词在相关法律法规和政策文件中出现得越来越频繁。2017 年修订的《测绘法》将“维护国家地理信息安全”写入立法总则并将之贯穿主线。但截至目前仍未对其定义和内涵进行明确规定。从广义上来说，地理信息安全是一个系统性问题，包含测绘地理信息工作涉及的各类安全问题，关系到政治安全、国土安全、军事安全、科技安全、网络安全等诸多领域。狭义上，由于地理信息是信息的类型之一，数据是地理信息的主要表达方式，地理信息安全属于数据安全、信息安全范畴。本报告所讨论的地理信息安全主要是指狭义的地理信息安全。

引用《数据安全法》对于数据安全的权威定义，以及美国国家安全委员会《国家信息保障词汇表》和《辞海》对于信息安全的权威定义，“地理信息安全”的含义主要包含以下几方面：①“安全”的保护对象为地理信息或地理信息系统；②处于“安全”的状态，即有效保护和合法利用，具有保密性、完整性和可用性；③避免处于“非安全”状态，即避免未经授权地访问、使用、披露、中断、修改或破坏；④“安全”必须覆盖采集、加工、传输、使

① 贾宗仁、王晨阳：《国家安全视角下我国地理信息安全观的形成发展》，载刘国洪主编《测绘地理信息“两支撑 一提升”研究报告（2022）》，社会科学文献出版社，2023。

用、存储等地理信息数据处理活动全生命周期；⑤具备“保持持续安全状态”能力，采取必要的措施来实现；⑥目的在于保护合法权益不受侵害，这里既包括个人、组织的合法权益，也包括国家主权、安全和发展利益。

根据上述分析，本报告将“地理信息安全”定义为“采取必要的措施，确保地理信息在采集、加工、传输、使用、存储等各环节实现有效保护和合法利用，不被未经授权地访问、使用、披露、中断、修改或破坏，并具备保持持续安全状态的能力，使相关主体的合法权益不受侵害”。

（二）地理信息安全治理体系的含义

“治理”一词由世界银行于 1989 年提出，世界银行认为治理是以发展为目的用于管理一国经济和社会资源的方式。[①]《治理与善治》是我国第一本有关治理问题的著作，该著作认为治理是在一个既定范围内运用权威维持秩序，满足公众需要，其目的是在各种不同的制度关系中运用权力去引导、控制和规范公民的各种活动，以最大限度地增进公共利益。[②] 因此，治理有着明确的目标，涉及多个主体，是一种调节行为的方式。对于地理信息安全治理而言，就是为实现地理信息安全，通过制度、技术、标准、教育、处罚等方式，引导、控制和规范地理信息数据处理活动。

在现有的法律法规和政策文件表述中，“地理信息安全”通常与“管理”或“监管”搭配。例如，《测绘法》第四十六条明确要求“县级以上人民政府测绘地理信息主管部门应当会同本级人民政府其他有关部门建立地理信息安全管理制度和技术防控体系，并加强对地理信息安全的监督管理”。“治理”与“管理”仅一字之差，但在主体、权力来源、运作方式、目标等方面存在差异。本报告引用部分学者的观点[③]，地理信息安全管理与地理信息安全治理的差异体现在：其一，主体不同，地理信息安全管理的主体是单一的，即各

① 张安妮：《新加坡大学治理体系研究》，硕士学位论文，广西师范大学，2023，第 10 页。
② 俞可平主编《治理与善治》，社会科学文献出版社，2000。
③ 江必新：《管理与治理的区别》，《山东人大工作》2014 年第 1 期；保海旭、陶荣根、张晓卉：《从数字管理到数字治理：理论、实践与反思》，《兰州大学学报》（社会科学版）2022 年第 5 期。

级主管部门，而治理的主体是多元化的，不仅包括主管部门，还包括行业企业乃至个人，体现的是民主和共治的思想[①]；其二，权力来源不同，“管”来自赋权，例如《测绘法》第四十六条赋予行政机关的公权力，是自上而下的一种行为，而“治”则以法律、规则、标准、契约等为依据，强调行为上的权责对等；其三，运作方式不同，地理信息安全管理的运作模式是单向、强制和刚性的，而地理信息安全治理应是融合、合作和包容的；其四，目标不同，地理信息安全管理的目标是维护国家安全，而地理信息安全治理的目标不只是维护国家安全，还涵盖经济效益、社会效益，以及组织和个人的合法权益等。作为政府主管部门为维护国家地理信息安全而行使公权力的行为，地理信息安全管理也属于地理信息安全治理的范畴。

治理体系由两个主要部分组成，即治理的基本机制和组织的治理，分别指协调各主体的规则制度和治理的各个主体。[②]所谓地理信息安全治理体系，就是政府、社会组织、公民等主体通过合作、协商、互动等方式构建的涵盖指导思想、组织机构、法律法规、组织人员、制度安全等要素的一整套紧密相连、相互协调的体系[③]，目的是实现地理信息安全目标。

二　数字时代地理信息安全治理的主要内容和主要矛盾

（一）主要内容

数据是指以电子或者其他方式对信息进行的记录，人类以数字形式对地理系统诸要素进行描述，便形成了地理信息数据。数据的要素化有三个递进层次。[④]一是资源化，数据资源是大量数据汇聚融合并产生使用价值而形成的。对于地理信息而言，以遥感、地理信息系统、全球定位系统等技术为核心的数

---

① 刘祺:《跨界领导：驾驭治理新局面的领导趋向》,《领导科学》2014 年第 33 期。

② 张胜军:《世界政治中的秩序、制度与治理》，载北京市国际共运史学会编《当前国际政治与社会主义发展》，世界知识出版社，2002。

③ 许耀桐、刘祺:《当代中国国家治理体系分析》,《理论探索》2014 年第 1 期。

④ 梅宏:《数据要素化迈出关键一步》,《智慧中国》2023 年第 1 期。

字化测绘技术体系的全面建成标志着地理信息全面进入信息数据化和数据资源化阶段。二是资产化，数据资产与数据资源是一体两面，当数据资源经过一定加工处理产生经济价值，同时数据资源的资产属性在法律上确立时，数据资源就成为像不动产、物产一样可以入表的资产。对于地理信息数据而言，政府和企业利用地理信息数据通过公共服务或者市场化运营直接或间接产生经济价值便是地理信息数据资产化的过程。地理信息数据资产化虽然伴随着地理信息产业的出现就已开始，但由于相关数据基础制度的缺失，这一进程仍未完成。三是资本化，在数据资产化的基础上，数据价值可度量、可交换，数据成为商品。对于地理信息而言，数据向数据资源、数据资产、数据资本的演进，体现的是数字产业化和产业数字化的过程中，地理信息数据由产生使用价值向产生经济价值再向融入社会化大生产（数字经济）的跃迁，是一个由量变到质变的发展过程。

在这一发展过程中，地理信息安全治理所关注的内容也相应发生变化。过去，地理信息的核心使用价值在于服务国防军事领域和以基础设施建设为代表的经济社会发展领域，这也是地理信息被誉为重要的战略性和基础性信息资源的关键所在。以测绘成果为主要形式的地理信息数据主要由政府部门以公共服务的方式提供，而由于地方测绘管理制度、法规体系、标准规范、业务体系均来源于军事测绘工作，长期以来军地分工仍未完全厘清，导致大多数测绘成果仍属涉密内容。因此，长期以来地理信息安全所关注的内容几乎都是涉密测绘成果的保密问题，即围绕数据自身安全和承载数据的环境安全两方面入手防止失泄密，而疏于数据要素的市场化配置。进入数据资产化、资本化阶段，地理信息数据资源供给格局已发生显著变化，市场主体规模不断扩大，市场主体产生、持有的地理信息数据无论是从资源量还是从价值量上看所占比重均显著增加。因此，地理信息安全应在处理好前述安全问题的基础上，重点考虑如何规制市场主体在地理信息数据全生命周期的数据处理活动。同时，伴随着支撑地理信息数据流通的要素市场和交易体系形成，地理信息数据在“流动”起来的同时，所涉及的各参与方增多、价值链条增长，地理信息安全治理还应重点关注地理信息数据采集、加工、流通、应用等不同环节各参与方享有的合法权益保护。

综上，数字时代地理信息安全治理自内而外应解决至少四个层次的安全问题。一是地理信息数据资产（资源）安全，即数据自身的安全，保证数据的保密性、完整性和可用性。二是数字基础设施安全，基于网络、信息系统、信息安全等技术集成应用的可信、可控、可追溯的数字基础设施，是地理信息数据能够“流动”起来的关键载体，是数据保持持续安全状态的基础。三是数据合规，也可称为数据处理活动安全，开展地理信息数据处理活动应当遵循数据采集、存储、处理、传输、交换、销毁等生命周期中的规则，不限于政策法规和技术等方面。例如在众源更新、众包测绘模式下针对数据滥采、滥用等行为进行规制。四是要素安全，即在地理信息数据采集、加工、流通、应用等不同环节，保证各参与方依法享有的权益。例如地理信息数据交易中要确保不危害国家安全，以及保护供给方、需求方等各方权益。当前，地理信息数据正在全面迈向数据资产化、资本化阶段，而目前地理信息安全管理仍然停留在数据资源化阶段，重心仍然停留在数据自身安全和承载数据的环境安全上，在“合规安全”和“要素安全”方面几乎处于空白状态，还远不能达到满足数据资产化和数据资本化对于地理信息安全的需求。

（二）主要矛盾

由于目前的地理信息安全管理制度由军事测绘管理沿革而来，大多数测绘成果或地理信息数据均涉密，在解决“保密”问题的惯性思维下，形成了“非黑即白”“一刀切”的管理思路，以及主管部门重审批轻监管、依靠行政强制力的“一元管理”模式，间接导致涉密范围的扩大，限制了地理信息数据供给。因此，当前地理信息安全治理的主要矛盾，就是保障国家安全与促进地理信息数据应用之间的矛盾，从本质上看就是“在现有保密管理制度下的地理信息数据供给不足”问题，即供不出、不敢供、供不好。供不出是指在保密范围限制下，关系到经济社会发展紧迫需求的地理信息数据均涉密，导致其无法成为数据要素流通交易；不敢供是指在保密制度约束下，政府部门和市场主体由于担负失泄密责任，对供给地理信息数据、释放数据价值缺乏积极性；供不好是由于缺乏相应的规则和事中事后监管，供给的地理信息数据存在不合规等问题，进而可能引发安全风险。

三　构建地理信息安全治理体系的总体思路、主要目标和实施路径

（一）总体思路

考虑到地理信息在国防军事上的重要价值，地理信息安全与应用之间的问题不能一放了之，应从政策制度、数字基础设施、技术、标准等方面重构地理信息安全治理体系，让涉密地理信息回归“服务国防军事”，通过构建并扩大“数据中间态”，充分发挥地理信息数据的经济价值，推动涉密测绘成果管理向构建地理信息安全治理体系转变。

（二）主要目标

为适应地理信息数据由资源化迈向资产化、资本化阶段，构建地理信息安全治理体系的主要目标就是使地理信息数据能够“供得出”“流得动”“控得住”。首先，“供得出”是地理信息数据资产化和资本化的必要条件，需要对现有保密管理制度进行变革，通过扩大“数据中间态”，使政府部门和企业能够供给更丰富的非涉密地理信息数据产品，满足各行各业需求。其次，“流得动”是地理信息数据要素市场能够“活起来”的关键所在，需要从数据流通交易角度构建一系列安全规则和标准，促使流通交易各参与方满足合规要求，使地理信息数据能够“放心”流通。最后，“控得住”是数据“供得出”和“流得动”的先决条件，即要使地理信息数据流通具备持续的安全状态的能力，需要相应的技术防控体系和数据安全基础设施作为“供得出”和“流得动”的关键载体，实现数据流通过程中的可信、可追溯。

（三）实施路径

一是从涉密－非涉密二分制向涉密－重要（核心）－一般三分制转变。

涉密地理信息不具备流通交易条件，按照涉密－非涉密划分已无法满足发挥地理信息数据要素保障作用的需求。而《网络安全法》《数据安全法》提出了“重要数据”概念。根据《数据安全法》第二十一条，“国家建立数据分类分级保护制度，根据数据在经济社会发展中的重要程度，以及一旦遭到篡改、破坏、泄露或者非法获取、非法利用，对国家安全、公共利益或者个人、组织合法权益造成的危害程度，对数据实行分类分级保护。国家数据安全工作协调机制统筹协调有关部门制定重要数据目录，加强对重要数据的保护”。因此，地理信息数据划分需要从涉密－非涉密转向涉密－重要（核心）－一般，依据经济价值取向重构地理信息数据保密政策，让涉密数据回归“国防军事”属性，明确涉密数据、重要（核心）数据、一般数据在地理信息数据要素流通中的定位。属于国家秘密的地理信息数据应对国家安全有重大影响，其保护价值应远大于应用的经济价值，对于涉密地理信息数据禁止流通交易，严格管理其提供使用，实现国家秘密知悉范围的最小化。而地理信息重要数据对国家安全存在一定影响，但其流通价值要大于保护价值，应在可控条件下有序流通，对于核心数据应从严管理。地理信息一般数据对国家安全无影响，其流通价值远大于保护价值，应促进其高效流通使用。

二是从“一元管理”向“多元治理”（政府、企业、公众）转变，即从管向治转变。以导航电子地图为例，目前，相关企业地理信息数据要流通交易，首先在生产阶段就必须取得测绘资质，形成数据产品后需要到相关部门和单位进行脱敏脱密处理，必须经过地图审核后才能提供服务。这种依赖行政强制力的管理方式，极大地限制了地理信息数据流通的效率，数据难以“动起来”。“多元治理”就是企业或者公众也同样作为主体参与地理信息安全治理，按照权责对等的要求承担相应数据安全责任；而政府通过“宽进严管”，压实企业责任，从事中事后入手对企业在数据采集汇聚、加工处理、流通交易、共享利用等各环节的合规情况进行监管。

三是建立数据安全治理相关规则和标准体系。地理信息数据“多元治理”的实现必须以一系列规则和标准作为准绳。明确地理信息数据采集汇聚、加工处理、流通交易、共享利用等各环节的安全处理要求，使企业依法依规承担好数据安全治理责任。例如，明确地理信息数据流通交易负面清单，制定地理信息重要数据处理相关标准等。

四是推动数据安全基础设施建设和相关支撑技术研发。数据安全基础设施和相关支撑技术可为地理信息数据生产、流通、使用各环节穿上“铠甲”，不仅能够确保数据在静态时的保密性、可用性和完整性，还能够让地理信息数据在“流动”的过程中可信、可追溯。尤其是要按照“原始数据不出域、数据可用不可见”要求，探索符合相应应用场景的数据安全基础设施，从根源上推动数据安全应用。

五是加强“数据中间态”产品开发和供给。丰富“数据中间态”的核心就是扩大属于重要数据和一般数据的产品供给，使得可供流通交易的地理信息数据能够丰富起来。其中，要做好原始数据的管理，要改变以原始数据或初级产品直接提供服务的旧有思路，从需求端开发多样化的可供流通交易的数据产品标的或者提供数据应用场景。例如，大力开发公众版测绘成果就是在此方面开展的尝试性工作。

六是培育“数据中间态”相关业态。扩大地理信息“数据中间态”供给，除了数据商外，还离不开委托处理、质量评估、安全评估等相关第三方机构或中介服务。积极培育相关业态，有助于地理信息数据流通和交易全过程的安全合规。

四　完善地理信息安全治理体系的重点任务

鉴于地理信息数据仍然处于全面资产化和资本化转型阶段，构建地理信息安全治理体系将是一个长期过程，必须分步骤持续推进。当前，完善地理信息安全治理体系主要有以下几项重点任务。

（一）加快推动地理信息保密制度改革

结合新形势下我国测绘地理信息保密工作对象、内容、职责、任务的深刻变化，配套完善相关测绘地理信息保密制度，从理念上由“涉军事国防所

需均涉密”向价值评估转变，即国家秘密应具备信息的唯一性和保护价值远高于经济价值双重特征。优化地方部门和军队部门的定密分工，推动测绘成果军民分版落地。完善相应的解密制度，解决“只定不解”“重定轻解”“一定终身”等问题。

（二）建立地理信息数据分类分级保护制度

数据分类分级保护是指根据数据属性、特点、数量、质量、格式、重要性、敏感程度等因素，科学划分数据资源，配套相应的安全风险控制措施，在释放数据资源价值的同时，保护数据安全和个人隐私。[①] 数据分类分级的核心目的在于更清晰地对数据所处状态进行定位，以及对不同数据施以不同等级的保护。对于自然资源部门而言，地理信息数据分类分级的目的在于编制重要数据目录、掌握行业重要数据底数；而对于企业而言，地理信息数据分类分级的目的在于数据资产化入表和分级保护。依据《数据安全法》第五条、第六条、第二十一条，自然资源部门负责地理信息数据分类分级保护工作，这意味着地理信息数据分类分级保护制度的体系是自上而下的政府主导、企业自律的保护体系。因而也要对地理信息数据分类分级保护制度提出客观要求：一是尽可能兼容多数应用场景，覆盖所有地理信息数据；二是由粗到细，留足企业自主细化的空间；三是将识别重要数据作为目的，分类仅仅是手段。

（三）扩大政府和企业地理信息数据产品供给

不断盘活政府部门存量地理信息数据资源，按照“十四五”末 95% 用户使用的测绘成果不涉密的目标任务，加快 1∶5 万、1∶1 万及更大比例尺公众版测绘成果、公众版实景三维产品的加工编制，鼓励社会力量参与公众版测绘成果开发，探索测绘基准产品和服务新模式，推进全球地理信息公共产品建设，推动形成公众版测绘成果等一系列公共产品，作为政府部门服务经济社会各领域的主要产品。鼓励企业不断扩大合规测绘地理信息数据产品供给，

---

① 梅宏：《数据要素化迈出关键一步》，《智慧中国》2023 年第 1 期。

着力培育遥感应用、导航定位与位置服务、地理信息与地图服务业态，建立健全数据安全处理、安全交易、数据出境等相关规则和标准体系。

（四）加快建设地理信息数据安全基础设施和技术防控体系

针对不同级别的地理信息数据，构建相应的安全基础设施和技术防控体系，加强相关技术支撑工具的研发，做好相关技术储备工作。面向涉密测绘成果和涉密地理信息数据，制定适用于涉密基础测绘成果的信息系统安全保护标准，加强涉密数字基础设施管理，实现涉密数据处理全流程留痕、可追溯，提升涉密基础测绘成果提供使用的溯源监管技术能力；严格按照相关标准规划要求建设保密场所和配备专用设备，加强涉密计算机和涉密信息系统、涉密介质、外接设备管理；加强地理信息保密处理技术研发应用，鼓励企业积极研发保密处理技术，做好地理信息保密处理技术目录管理，不断丰富相关技术储备。面向重要（核心）数据和一般数据，严格落实相应的网络安全等级保护和关键信息基础设施保护要求。加快推广成熟的访问控制、可信计算等技术应用，推动国产商业密码的应用；加强识别、加密、脱敏、标记等流通交易安全技术研发和应用；探索隐私计算等新技术在地理信息领域的应用，研发“数据可用不可见”相关应用技术和基础设施；加强地理信息数据流通溯源等关键基础技术攻关，强化数据标记、数据加密、数据检索等技术研究，提高对地理信息数据交易、跨境数据流动等的监管支撑能力。

数创科技篇

B.12 面向基础设施安全监测的3S集成技术与应用

李清泉　汪驰升　毛庆洲　张德津　熊思婷　周宝定*

摘　要： 基础设施是社区、城市乃至国家的生命线，其安全是人民生产生活和经济社会发展的重要保障。3S集成技术，即遥感、全球导航卫星系统、地理信息系统的融合有机体，是一种综合利用多种空间信息数据采集手段，如卫星遥感、地面和空基平台等，以及多种定位方式，如GPS、北斗、惯性导航等的全面空间信息技术。本报告探讨了数字时代下3S集成技术的发展机遇和面临的挑战，分析了3S集成技术在受限空间位姿测量、多智能系统协同感知、多源测量大数据处理、空天地一体在线监测等方面的发展，介绍了其在基础设施安全监测中的一些应用案例。

关键词： 3S集成技术　基础设施　安全监测　数字时代

* 李清泉，深圳大学党委书记、教授，中国工程院院士，主要研究方向为动态精密工程测量；汪驰升，深圳大学副教授，主要研究方向为雷达测量与变形监测；毛庆洲，武汉大学教授，主要研究方向为激光雷达装置及应用；张德津，深圳大学教授，主要研究方向为精密工程测量；熊思婷，光明实验室副研究员，主要研究方向为雷达遥感技术；周宝定，深圳大学副教授，主要研究方向为室内定位。

一 引言

基础设施是社区、城市乃至国家生存和发展所必需的工程性和社会性设施，如桥梁、隧道、交通枢纽、市政管网、港口、堤坝等。各类基础设施构成了维持人类聚居地正常运行的生命线。基础设施安全直接影响人民的生产生活和经济社会的发展。人为或自然灾害可能使基础设施遭受安全威胁，甚至发生灾难性的不可逆损毁。因此，必须利用各种技术手段，对基础设施的运行状态、安全状况、风险因素等进行实时或定期的监测、检测、分析、评估和预警，根据监测结果采取相应的措施，保障基础设施的安全运行和服务功能。

3S 集成技术，即遥感（Remote Sensing，RS）、全球导航卫星系统（Global Navigation Satellite System，GNSS）和地理信息系统（Geographic Information System，GIS）的融合有机体，是一种高效的空间信息技术。[①] 从在集成体中的角色和地位来看，GIS 好比人的大脑，负责对收集到的信息进行管理和分析；而 RS 和 GNSS 则像人的双眼，负责获取观测对象信息及其空间定位。RS、GNSS 和 GIS 三者的紧密结合，构建了一个实时、动态的对地观测、分析和应用系统，为科学研究、政府管理和社会生产提供了新的观测手段、描述方式和思维工具。随着现代传感器的发展、观测平台的持续扩展，以及北斗全球导航卫星系统等新成员的加入，3S 集成的内涵也日益丰富。空间信息不仅包括传统的卫星遥感数据，还涵盖地面和空基平台采集的激光、图像、视频等多种数据。同时，定位数据不仅仅来源于 GPS，还来源于北斗、惯性导航、里程计等。因此，当代的 3S 集成技术已经演变为一种涵盖多源空间信息数据采集、整合和管理的全面空间信息技术。[②]

---

① 李德仁、李清泉、杨必胜等:《3S 技术与智能交通》,《武汉大学学报》(信息科学版) 2008 年第 4 期。

② G. Sinha, B. Kronenfeld, and J. C. Brunskill, "Toward Democratization of Geographic Information: GIS, Remote Sensing, and GNSS Applications in Everyday Life," in P. S. Thenkabail, ed., *Remotely Sensed Data Characterization, Classification, and Accuracies* (CRC Press, 2015), p.712.

3S 集成技术在基础设施安全监测领域已经得到了深入的应用，为基础设施的建设、维护和管理提供了强有力的技术后盾。[①] 例如，在交通基础设施领域，3S 集成技术为交通工程的安全运行和性能提升提供了关键技术支持，包括公路路面的弯沉、车辙、平整度、损伤、裂缝等的测量[②]；轨道的刚度、损伤、磨损和扣件的检测[③]；机场跑道的检测；隧道的变形、渗水、裂缝和空鼓的测量；桥梁工程的健康状况测量[④]；等等。

二　数字时代的 3S 集成技术

（一）数字时代的机遇

测绘行业的空间信息采集最早是服务于各种比例尺地形图和专题图的制作。早期测绘任务主要受国家宏观需求驱动，内容相对固化，测绘技术、设备、方法和产品都具备严格标准，早期测绘可以被称为标准化测绘阶段。该阶段测绘在国家经济发展和社会进步中起到了不可或缺的作用。

近半个世纪以来，得益于空间科学、信息科学以及现代光电技术、传感技术和精密机械技术的进步，先进的数据采集设备和管理系统相继问世。测绘行业因此步入了数字时代，其中以遥感（RS）、地理信息系统（GIS）和全球导航卫星系统（GNSS）为代表的 3S 技术，成为新一代空间信息获取和管理工具。[⑤] 与此同时，测绘行业内外部环境也经历了显著变革。各种类型的空

---

① 李德仁、郭晟、胡庆武:《基于 3S 集成技术的 LD2000 系列移动道路测量系统及其应用》,《测绘学报》2008 年第 3 期；李清泉、毛庆洲:《道路 / 轨道动态精密测量进展》,《测绘学报》2017 年第 10 期；李清泉、张德津、汪驰升等:《动态精密工程测量技术及应用》,《测绘学报》2021 年第 9 期。

② D. Zhang, Q. Zou, H. Lin, et al., "Automatic Pavement Defect Detection Using 3D Laser Profiling Technology," *Automation in Construction* 96（2018）:350-360.

③ Q. Mao, H. Cui, Q. Hu, et al., "A Rigorous Fastener Inspection Approach for High-Speed Railway from Structured Light Sensors," *ISPRS Journal of Photogrammetry and Remote Sensing* 143（2018）:249-267.

④ 李清泉、陈睿哲、涂伟等:《基于惯性相机的大跨度桥梁线形形变实时测量方法》,《武汉大学学报》(信息科学版）2023 年第 11 期。

⑤ 李德仁:《从测绘学到地球空间信息智能服务科学》,《测绘学报》2017 年第 10 期。

间信息数据已经从基础测绘行业延伸到各行各业之中，并在其中扮演着越来越重要的角色。从技术发展的角度看，传统测绘技术正在向智能化测绘技术发展进化[①]；从应用角度看，以国家基础建设需求为导向的标准化测绘工作正在拓展延伸至可服务于各行业需求的行业化测绘。数字时代各学科技术的进步和各行业需求的拓展，为 3S 集成技术带来了挑战，同时也为其技术发展与应用拓展带来了重大机遇。

（二）数字时代的挑战

早期标准化测绘阶段，测量工作主要由专业测量人员完成，受装备、平台等条件限制，空间信息获取效率低、更新频率慢、采集成本高，因此除满足国家基础测绘需求外，其他行业对空间信息的需求无法得到有效满足，空间信息数据处于严重缺乏的阶段。进入数字时代，信息采集设备的智能化、测量平台的多样化使得各行业能够获取海量的观测数据，针对海量数据的有效性、高效性、时效性的数据处理对新一代 3S 集成技术提出了新的挑战。

传统测量场景中数据是以几何测量数据为主，例如角度、距离、方向、GNSS 坐标等，在这种情况下参数量较小，参数模型也相对固定，可用数学化模型描述，经典测量平差方法即可以满足测量数据处理需求。当进入测量大数据时代，测量数据和待估参数不仅仅局限于目标的几何参数，还可能是与目标特征相关的各类物理量，数据类型更加泛在化。[②] 此外，测量设备与目标之间的相对静止状态向动态转变，带来动态模型和参量的估算，这大大增加了待估参量的数目，因此对测量数据处理又提出了实时性、智能化的更高要求。

---

① 陈军、刘万增、武昊等:《智能化测绘的基本问题与发展方向》,《测绘学报》2021 年第 8 期。

② 刘经南、郭文飞、郭迟等:《智能时代泛在测绘的再思考》,《测绘学报》2020 年第 4 期；张永军、张祖勋、龚健雅:《天空地多源遥感数据的广义摄影测量学》,《测绘学报》2021 年第 1 期。

（三）数字时代的新应用

"泛在测绘"[①] 和 "智能化测绘"[②] 是测绘发展的潮流和方向。3S 集成技术也在顺应这一趋势，不断突破传统应用的局限性，将服务拓展到更广阔的领域。3S 集成技术的应用范围已经覆盖自动驾驶汽车、无人机自主环境感知、基础设施安全状态检测等诸多新兴领域。

无人驾驶车辆集成惯性传感器（IMU）、激光雷达、高清相机等多种传感器，高效感知运动车辆的周边环境，利用机器学习 / 深度学习快速识别周边的物体和障碍，如行人、车辆、路坎、标志标线等，进行车辆路径规划与控制，自主进行障碍躲避和稳定行驶。[③] 物流仓储机器人基于移动平台上的多种传感器观测周围环境，利用高清相机或低成本雷达进行定位与制图，实现货物选取、运送和指定位置堆放。微型空中机器人集群在无须外部设施支持下，利用机载摄像头和传感器，进行视觉 SLAM，估计位置并构建地图；通过无线通信，实现共享轨迹、互相避障、协同飞行和多机目标追踪。[④]

三　3S 集成技术发展

（一）受限空间位姿测量技术

相对于开放场景，城市地下空间的大部分场景是封闭或半封闭的人造场景，如大型建筑内部空间、复杂工业厂房、地铁隧道、地面立体交通结构、城市峡谷等，这些设施场所的运营和管理需要高精度三维空间数据的支撑。GNSS 信号在如峡谷、隧道等复杂环境中，容易受多路径效应或信号遮挡影

① 刘经南、郭文飞、郭迟等:《智能时代泛在测绘的再思考》,《测绘学报》2020 年第 4 期。

② 陈军、刘万增、武昊等:《智能化测绘的基本问题与发展方向》,《测绘学报》2021 年第 8 期。

③ Q. Li, L. Chen, M. Li, et al., "A Sensor-Fusion Drivable-Region and Lane-Detection System for Autonomous Vehicle Navigation in Challenging Road Scenarios," *IEEE Transactions on Vehicular Technology* 63(2)(2014):540-555.

④ X. Zhou, X. Wen, Z. Wang, et al., "Swarm of Micro Flying Robots in the Wild," *Science Robotics* 7(66)(2022).

响，会使 GNSS 的定位误差显著增大甚至出现粗差，导致惯性导航的累积误差无法得到及时有效的纠正，从而进一步影响到 POS 系统定位精度。针对内部空间无卫星信号高精度动态位姿测量难题，可以惯性基准为核心，构建信源可信度评估和自适应决策模型进行组合位姿解算，建立高精度空间基准。[①]

（二）多智能系统协同感知技术

多智能系统协同感知技术是指利用多个智能体（如自动驾驶车辆、无人机、机器人等）之间的通信和协作，实现对环境更高效、更准确、更鲁棒的感知技术。协同感知可以克服单个智能体感知能力的局限性，如视野范围、传感器类型、计算资源等方面的局限性，提高多智能系统的安全性和性能。协同感知的基本概念是，每个智能体均利用自身的传感器（如摄像头、激光雷达、毫米波雷达等）对周围环境进行本地感知，再通过无线通信技术（如 V2X、5G 等）将自己的感知结果或原始数据与其他智能体进行共享，最后根据一定的协同策略将收到的信息与本地信息进行融合，得到更完整和更可靠的全局感知结果。以基于传感器融合的自主车辆导航系统为例，它使用三个激光扫描仪和两个摄像头作为感知传感器，通过特征级融合方法、最优可行驶区域选择策略、条件车道监测方法等实现协同感知，能够在复杂的道路场景中检测可行驶区域和车道。[②]

（三）多源测量大数据处理技术

经典测量平差方法能应对绝大多数传统测量任务。大数据时代下，测量形式、数据和任务发生了极大的改变，给经典测量数据处理方法带来两方面挑战。在几何要素测量上，随机变量符合几何和物理原理的情况下，可以建立严密的变量概率模型，但是复杂的测量任务使随机变量的维数急剧增加，

---

① 李清泉:《动态精密工程测量》，科学出版社，2021；李清泉、周宝定、马威等:《GIS 辅助的室内定位技术研究进展》，《测绘学报》2019 年第 12 期。

② Q. Li, L. Chen, M. Li, et al., “A Sensor-Fusion Drivable-Region and Lane-Detection System for Autonomous Vehicle Navigation in Challenging Road Scenarios,” *IEEE Transactions on Vehicular Technology* 63(2)(2014):540-555.

数据处理与计算复杂度急速提升。在特征提取上，观测变量和待估计参数之间无法建立明确函数关系的情况下，无法建立严密的变量概率模型，统计推断难以应用。为应对大数据时代下的挑战，测量数据处理方法也借鉴吸收了新的统计学习方法。[①]

（四）空天地一体在线监测技术

空－天－地协同在线监测是一个综合性的监测体系，涵盖从地面到空中再到太空的全方位监测。以桥梁安全监测为例，空－天－地协同在线监测展现了其强大的技术整合能力和实时数据分析优势。在“空”层面，基于北斗导航和无人机技术，进行桥梁通行状态的智能感知。构建了无人机视频深度学习智能分析框架，实现了桥梁交通流量的高效快速获取。这种中尺度的监测不仅为桥梁的日常运营提供了即时反馈，还能够对交通流量和通行模式进行实时监控，为交通管理和桥梁维护提供数据支持。在“天”层面，利用星载 InSAR 技术，对桥梁的结构形变进行测量，实现了对桥梁结构形变的精细化识别。[②] 这种宏观的观测为桥梁的长期稳定性和可能的大规模形变提供了关键数据。而在“地”层面，通过 GB-SAR 技术，能够实时地对桥梁结构进行形变的动态精密测量。同时，利用桥梁动态挠度测量相机和无线网关，可以对桥梁的微观结构和实时状态进行细致的监测。[③] 结合物联网传感器技术，可构建基于多传感器集成的桥梁安全状态多要素综合测量框架。所有这

① 李清泉、汪驰升、熊思婷等:《从几何计算到特征提取的广义测量数据处理》,《武汉大学学报》(信息科学版) 2022 年第 11 期。

② S. Xiong, C. Wang, X. Qin, et al., “Time-Series Analysis on Persistent Scatter-Interferometric Synthetic Aperture Radar (PS-InSAR) Derived Displacements of the Hong Kong - Zhuhai - Macao Bridge (HZMB) from Sentinel-1A Observations,” *Remote Sensing* 13(4)(2021): 546; X. Qin, Q. Li, X. Ding, et al., “A Structure Knowledge-Synthetic Aperture Radar Interferometry Integration Method for High-Precision Deformation Monitoring and Risk Identification of Sea-Crossing Bridges,” *International Journal of Applied Earth Observation and Geoinformation* 103(2021): 102476.

③ 李清泉、陈睿哲、涂伟等:《基于惯性相机的大跨度桥梁线形形变实时测量方法》,《武汉大学学报》(信息科学版) 2023 年第 11 期; 涂伟、李清泉、高文武等:《基于机器视觉的桥梁挠度实时精密测量方法》,《测绘地理信息》2020 年第 6 期。

些数据都被整合到桥梁综合监测智慧平台中，实现了空 - 天 - 地协同的桥梁多尺度结构形变与服务状态的综合监测。这种全方位、多尺度的监测方法为桥梁的智能维护在人工智能时代提供了新的技术，确保了桥梁的安全和稳定运营。

四　基础设施安全监测应用案例

（一）城市排水管网病害快速检测胶囊机器人

目前城市建设持续加速、人口高度集中、管网检测技术发展相对缓慢，城市排水管网超荷运行多、健康状况差、检测频率低、整体运维管理水平不高等问题比较突出。《2023 年度全国地下管线事故统计分析报告》显示，2022 年 10 月至 2023 年 9 月，共收集到地下管线相关事故 1406 起，事故共造成 60 人死亡、138 人受伤。城市排水管网整体安全状况不容乐观。排水管网系统是城市的生命线工程，排水管网检测是保障排水管网安全运行的重要技术手段。及时有效的排水管网病害检测一方面能及时发现病害，避免发生更为严重的管网事故；另一方面能提前发现隐患，为城市防洪排涝体系提供预测预警。最终能辅助决策，为后续的管网养护运维工作提供技术依据。

国内外排水管网病害检测方法主要包括管道潜望镜和 CCTV（Closed Circuit Television）检测机器人等。管道潜望镜测量距离太短，只能测量管道井附近的管道。CCTV 检测机器人体积较大、成本高昂、操作不便、回收困难、检测效率低，且无法检测小管径管段。这些检测手段效率低、周期长、成本高、盲区多，应用场景受限，无法满足管道检测规范要求和城市安全运行需求。

针对上述传统检测方法存在的问题，深圳大学研发了一套适合我国城市发展特点和针对排水管网检测难点的技术（见图 1），以多传感器集成和 AI 智能技术为支撑，通过建模寻优、试验研究、中试验证和产业转化，形成了排水管网智能检测装备、受限空间内自主定位技术和管网病害 AI 智能识别技术三组核心技术发明①，创造了城市管网大范围快速普查的新路径，为我国新型城镇化高速发展提供了有力的科技支撑。

检测胶囊与手机App

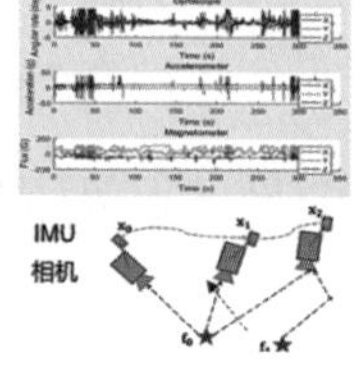

IMU+视觉+管井定位

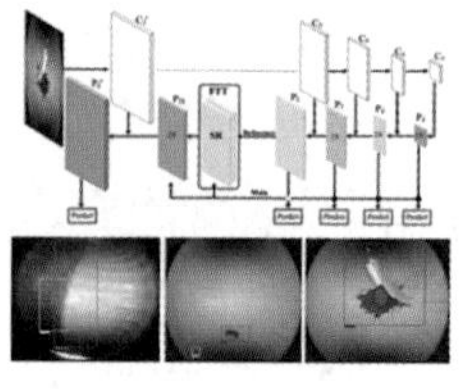

DCNN模型病害自动识别

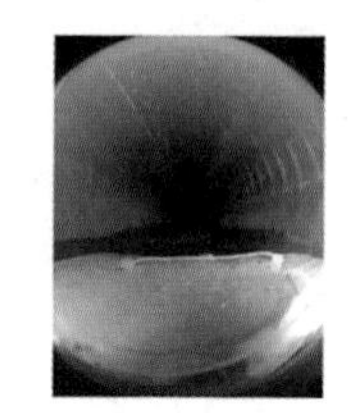

检测现场视频

图 1　深圳大学城市排水管网病害快速检测胶囊机器人介绍

资料来源：笔者自制。

（二）融合高分影像和高精度点云的地铁隧道精密测量

我国已经建成世界上规模最大的地铁隧道群，周期性的结构变形测量和表观病害检测是保障隧道安全运营不可或缺的重要措施。然而，隧道结构和表观专业检测技术及装备匮乏是我国交通基础设施维护工作中长期面临的难题，特别是高精度高分辨率核心测量传感器一直受制于国外。隧道空间分布广泛、观测环境恶劣、检查时间窗口受限以及断面形态多变，其隧道收敛、变形、裂缝、渗漏水、衬砌脱落等病害的检测长期依赖人工，一直存在着“普查测快难、要素测全难、精确定位难”三大业界公认难题。传统的检测方法在精度、效率和覆盖面方面均无法满足现有地铁隧道安全检测的需求。

针对我国地铁隧道人工检测效率低、激光扫描空间分辨率差、图像检测定位不准等问题，深圳大学研发了融合高分影像和高精度点云的隧道精密三维检测技术（见图 2），在核心传感器、关键检测技术、专用检测装备和重大

① X. Fang, Q. Li, J. Zhu, et al., “Sewer Defect Instance Segmentation, Localization, and 3D Reconstruction for Sewer Floating Capsule Robots,” *Automation in Construction* 142 (2022): 104494；李清泉、谷宇、涂伟等:《利用管道胶囊进行排水管网协同检测的新方法》,《武汉大学学报》(信息科学版) 2021 年第 8 期。

项目应用方面实现了全链条创新，研制了集成移动三维激光装置和全景图像采集装置的一系列隧道检测装备，研发了融合点云和图像的隧道病害智能识别软件，解决了隧道无 GNSS 条件下的毫米级高精度定位难题，通过应用发明的高重频高精度激光雷达，外业采集效率提高 100 倍以上，内业处理效率提升 5~10 倍，实现了隧道结构安全检测技术从“静态到动态、抽查到普检、人工到智能”的跨越①，在国内地铁、高铁及公路隧道等领域普及应用，推动了行业技术升级。

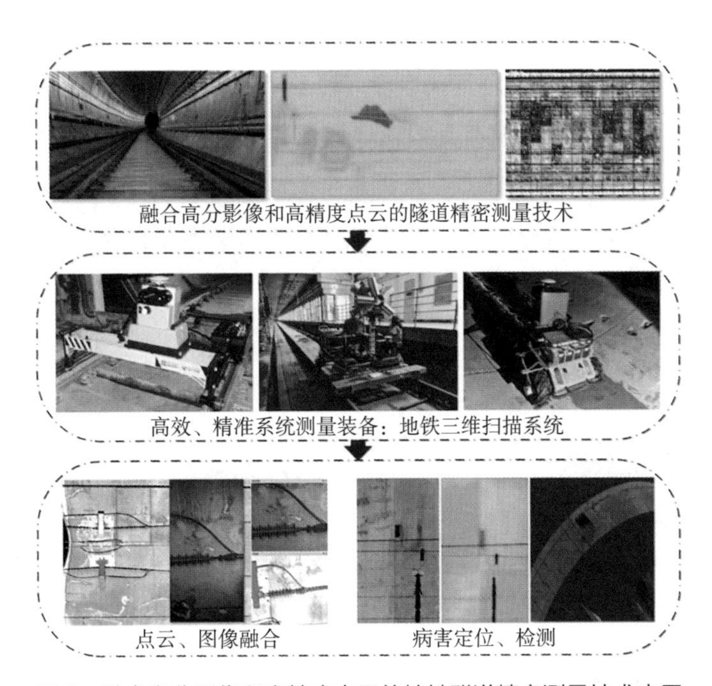

图 2　融合高分影像和高精度点云的地铁隧道精密测量技术应用

资料来源：李清泉、毛庆洲《道路 / 轨道动态精密测量进展》，《测绘学报》2017 年第 10 期。

（三）基于预埋柔性管道的土石坝内部变形监测技术

内部变形是土石坝安全监测的重要指标，主要包括垂直位移和水平位

① 李清泉、毛庆洲:《道路 / 轨道动态精密测量进展》，《测绘学报》2017 年第 10 期。

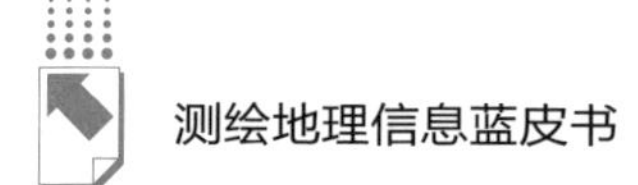

移。目前国内土石坝内部变形监测仍以水管式沉降仪和引张线式水平位移计等传统点式监测方法为主。传统点式监测方法离散布设，无法连续监测土石坝内部的不均匀变形情况，难以精细反映坝体内部不均匀变形情况。此外，对于大型土石坝内部变形监测，监测路线长度大大增加，传统引张线式水平位移计、水管式沉降仪等存在性能极限，存在测量误差大、传感器死亡率高等问题，从而导致后期监测数据缺失，不能满足土石坝长期可靠变形监测需求。

在土石坝内部埋设柔性管道，通过测量其变形程度推算坝体内部变形情况是一种新型的土石坝变形监测技术。[①] 内部预埋管道在形成测量通道的同时与土石坝同步变形，通过测量预埋管道的多期线形，可监测管道在水平和垂直方向的空间连续位移变化（见图 3）。该技术具有部署安装容易、连续性好、测量精度高、可靠性强的特点，可满足全生命周期的土石坝内部变形监测需求，是一种具有巨大潜力和推广价值的新型内部变形监测技术，利用预埋管道监测土石坝内部变形技术涉及测量系统、安装部署、数据采集作业、数据处理等多个环节。

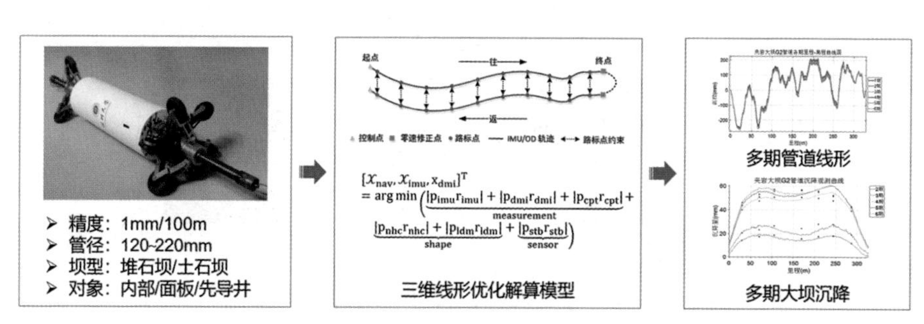

图 3　预埋柔性管道的土石坝内部变形监测技术

资料来源：笔者自制。

① Z. Chen, Y. Yin, J. Yu, et al., "Internal Deformation Monitoring for Earth-Rockfill Dam Via High-Precision Flexible Pipeline Measurements," *Automation in Construction* 136(2022):104177.

（四）城市复杂结构无人机优视摄影测量

城市中各种园区、建筑群、构 / 建筑物属于大尺度空间对象。面对此类大尺度空间对象，航空摄影测量和近景摄影测量在高效获取其高精度三维空间信息方面的能力不足，特别是在当前实景三维、工程监测等三维高精度测量应用需求广泛而迫切的大背景下，问题就更为凸显。

无人机航摄系统能够灵活地近距采集对象信息，因此在大尺度空间对象测量方面具有先天优势。包括无人机倾斜摄影实景三维建模、无人机基础设施监测等在内的多种工程测量相关应用已经印证了无人机系统的优越特性，解决了业务场景中效率低、风险高且缺少有效观测站等现实问题。但是无人机摄影测量对于传统航空摄影测量技术模式的继承延续限制了其性能潜力的发挥，特别是在充分利用高自由度的空中摄影视角方面，对于具有复杂结构的大尺度空间对象以及侧立面为主的测量应用，仍需人工操控无人机完成信息采集，作业难度大，对操作人员能力和经验依赖性强，数据质量难以保证。因此需要突破原有技术模式，以新型技术方法推动无人机摄影测量的功能丰富和性能提升。

优视摄影测量是一种几何结构约束下的无人机摄影测量技术方法。[①]相对于常规技术手段，优视摄影测量作为新型技术方法的改进和提升主要体现在三个方面：更完整覆盖、更高自动化程度、更优数据质量。更完整覆盖指对观测对象的三维立体观测覆盖；更高自动化程度串联了规划、控制和后处理等环节，提高了整体流程的自动化程度；更优数据质量涵盖高空间分辨率、高几何精细度和高测量精度等多方面的含义（见图 4）。

① 李清泉、黄惠、姜三等:《优视摄影测量方法及精度分析》,《测绘学报》2022 年第 6 期。

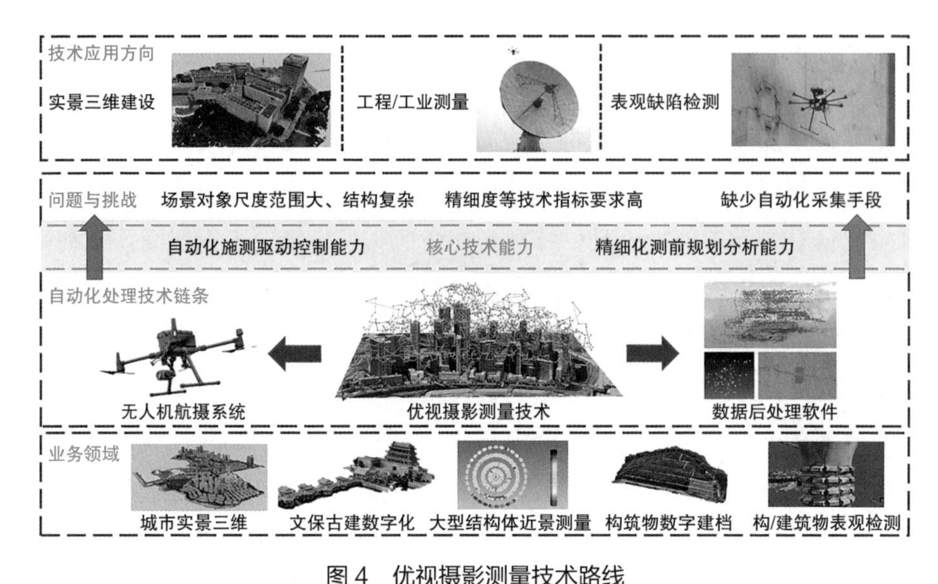

图 4　优视摄影测量技术路线

资料来源：李清泉、黄惠、姜三等《优视摄影测量方法及精度分析》,《测绘学报》2022 年第 6 期。

（五）线状设施变形合成孔径雷达干涉测量技术（InSAR）众包标注

随着 SAR 卫星技术的飞速发展以及卫星数据的大量积累，InSAR 技术逐渐被应用于工程化监测及灾害预警。然而，难以对形变监测区域进行实地核查和分析、动态监测与预警设施建设成本高、结果易受不确定因素干扰等问题仍是 InSAR 技术应用推广所面临的挑战。受众包与志愿者地理信息（VGI）的启发，深圳大学地理空间信息研究团队建立了深圳大学 InSAR 数据众包标注平台，研究以众包方式分析海量 InSAR 数据，结合众源知识和经验，寻找挖掘潜在的城市线状设施沉降隐患点。该平台由深圳大学自然资源部大湾区地理环境监测重点实验室开发、维护和更新。①

近年来，深圳市城区道路、地铁沿线等线状设施发生沉降、塌陷等现

① S. Xiong, C. Wang, C. Chen, et al.,“InSAR Crowdsourcing Annotation System with Volunteers Uploaded Photographs: Toward a Hazard Alerting System,” *IEEE Geoscience Remote Sensing Letters* 19（2022）:1-5.

象，这些现象可能是过度开发、建筑施工等人为活动造成的，给国家和人民带来了巨大的经济社会损失。选取深圳市作为案例，利用 119 项 Sentinel-1A 数据提取出深圳市的地表形变信息，覆盖深圳的九个行政区域，分别是宝安（BA）、光明（GM）、南山（NS）、龙华（LH）、罗湖（LH）、福田（FT）、龙岗（LG）、盐田（YT）和坪山（PS），大鹏新区（DP）部分覆盖。案例验证期间共在深圳市内划定并发布 135 个任务区域，志愿者领取区域共 119 个，最终收集到 1853 张图片，从中筛选出 1742 张有效图片。上传的图片中显示了与地面沉降有关的现实生活场景，包括路面或墙体裂纹（36%）、建筑物与地面出现断裂（27%）、路面砖块松动（13%）、塌陷（18%）和建筑工地（6%）。

实验表明，深圳市大部分地区的沉降速率都很小，在 -2~2mm/a。盐田区最大沉降区位于盐田港东北部。其他沉降速率大于 4mm/a 的地区呈零星分布。从收集到的照片中，选取 8 个例子用以呈现 InSAR 众包协作的沉降隐患发现效果（见图 5）。其中，GM001 任务区（见图 5c）发生过大于 8mm/a 的沉降，志愿者上传了该区域出现塌陷的照片；BA009、FT001 和 LG003 这三个区域（分别见图 5a、图 5f 和图 5h）的沉降速率为 4~6mm/a，志愿者上传了记录建筑物台阶坍塌与路面裂缝的照片。其他在平台上呈现出沉降趋势的区域，也有对应的照片用以验证其沉降情况。

五　结论与展望

本报告探讨了数字时代下 3S 集成技术的特征和发展情况，介绍了其在基础设施安全监测中的一些应用案例，展示了其在开展基础设施安全监测方面的优势和潜力。3S 集成技术是一种综合利用多种空间信息数据采集手段和定位方式的全面空间信息技术，能够实现实时、动态和智能化的对地观测、分析和应用。3S 集成技术在基础设施安全监测领域已经得到了深入应用，为基础设施的建设、维护和管理提供了坚实的技术后盾。

展望未来，3S 集成技术还将面临新的机遇和挑战，需要不断创新和完善，

图 5　InSAR 众包协作的线状设施隐患发现实例

资料来源：S. Xiong, C. Wang, C. Chen, et al.,"InSAR Crowdsourcing Annotation System with Volunteers Uploaded Photographs: Toward a Hazard Alerting System," *IEEE Geoscience Remote Sensing Letters* 19 (2022):1-5。

以适应不断变化的空间信息需求和应用场景。一方面，随着空间科学、信息科学以及现代光电技术、传感技术和精密机械技术的进步，3S 集成技术将拥有更多的数据源、更高的数据质量、更强的数据处理能力和更广泛的数据应用领域。另一方面，随着测绘行业内外部环境的变革，3S 集成技术也需要适应更多样化、更个性化、更智能化的空间信息服务需求，以及更复杂、更动态、更不确定的空间信息观测环境。因此，3S 集成技术需要在受限空间位姿测量、多智能系统协同感知、多源测量大数据处理、空天地一体在线监测等方面进行深入研究和创新，为基础设施安全监测提供更高效、更准确、更鲁棒的技术解决方案。

B.13
自动驾驶高精度地图发展现状与趋势

杜清运　任　福　况路路[*]

摘　要： 智能网联汽车逐渐成为现代智能交通系统中的关键组成部分，自动驾驶技术正逐渐成为汽车产业的发展趋势，高精度地图作为自动驾驶技术的关键组成部分，其发展现状与趋势受到广泛关注。本报告首先剖析了当前自动驾驶L0~L5级的差异化需求；其次，分析了高精度地图的特征（精度、丰度与鲜度）、数据模型与生产中的多个关键技术；再次，重点分析了高精度地图当前多维视角的应用现状和数据快速动态更新的思路方法；最后，从国家和地区层面，对高精度地图相关政策进行总结梳理，并分析了其未来发展趋势。

关键词： 高精度地图　智能网联汽车　自动驾驶

当前，新一轮科技革命和产业变革势不可挡，汽车行业正历经百年未有之大洗礼，自动驾驶技术已经成为汽车产业发展至关重要的战略方向，中国汽车行业正处在努力实现汽车强国伟大目标的关键时刻。然而，中国发展自动驾驶技术并不能简单地借鉴国际上的“单车智能”模式，而是要积极融合智能化和网联化的技术路径，探索适用于中国的智能网联汽车方案。智能化

---

[*] 杜清运，武汉大学资源与环境科学学院教授，地理信息系统教育部重点实验室、自然资源部数字制图与国土信息应用重点实验室常务副主任，博士，主要研究方向为数字制图与地理信息系统；任福，武汉大学资源与环境科学学院副院长、教授，博士，主要研究方向为智能制图；况路路，武汉大学资源与环境科学学院在读博士研究生，主要研究方向为高精度地图。

需要汽车充分运用先进的智能技术，实现智能感知、决策和执行，从而实现无人驾驶；网联化需要汽车通过互联网与其他车辆、基础设施和云端服务进行通信和数据交互，提供更多智能功能和服务。

高精度地图作为现代智能交通和自动驾驶技术的重要组成部分，通过提供准确且信息丰富的数据，帮助车辆以更精细的尺度了解周边环境的真实情况，不仅能够协助车辆进行感知、定位和路径规划，还能够支持车辆做出决策，使其在复杂的交通环境中安全驾驶。自动驾驶地图是自动驾驶系统的关键组成部分，分为高级辅助驾驶地图和高精度地图两类，高精度地图能够准确地反映道路的几何形状、交通标志、交通信号灯、行人和其他车辆等要素，为自动驾驶车辆提供精确的导航。

一　自动驾驶差异化需求

（一）自动驾驶分级

国际汽车工程师学会于 2014 年发布了六级自动驾驶分类标准，分为 L0 级到 L5 级，在 2021 年 4 月 30 日，通过与国际标准化组织合作，对术语和定义进行了更新，并发布新版本的《SAE J3016™推荐实践：道路机动车辆驾驶自动化系统相关术语的分类和定义》标准。

2021 年 8 月 20 日，工业和信息化部发布了《汽车驾驶自动化分级》（GB/T 40429—2021），该标准将汽车驾驶自动化分为 6 个等级。L0~L2 级归类为驾驶辅助，旨在协助人类执行动态驾驶任务，但驾驶的主体仍然是驾驶员，而 L3~L5 级则划分为自动驾驶，在特定设计和运行条件下，代替人类执行动态驾驶任务，驾驶的主体则是系统本身。

工业和信息化部的自动驾驶分类标准与国际汽车工程师学会采用的自动驾驶分级方法存在显著差异。中国标准侧重于规范汽车及其自动驾驶系统的性能和责任，明确系统在不同自动驾驶等级下必须承担的动态驾驶任务，强调安全和责任的重要性。该标准的自动驾驶等级名称更贴切中国实际情况，符合未来自动驾驶对安全理念的要求。

（二）自动驾驶地图

自动驾驶地图是自动驾驶系统的有机组成部分，内容包含高级辅助驾驶地图（L3 级及以下）和高精度地图（L4 级及以上）。图 1 展示了自动驾驶地图的简要发展历程。随着技术发展，高精度地图逐渐成为主流，高精度地图是定位精度达到厘米级、数据维度更丰富的数字地图，通过与现有导航地图无缝融合实现“人车共驾”，是车路云网图“五位一体”智能网联汽车“中国方案”的有机组成部分。高精度地图数据来源于专业采集车辆或志愿者众包采集等，内容包含道路形状、道路标记、交通标志和障碍物等上百种目标物。高精度地图的“读图者”不再是驾驶员，而是自动驾驶系统，通过机器读图和信息交互，自动驾驶系统能够进行智能操作，例如更科学地引导用户进行紧急避让等。

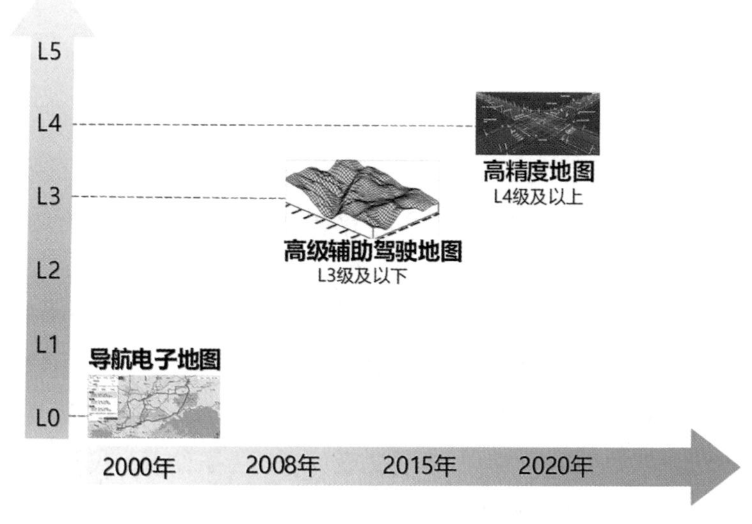

图 1　自动驾驶地图发展历程

资料来源：笔者自制。

（三）传统导航电子地图

传统导航系统使用的电子地图以 2D 形式展示空间位置，通过结合空间定位系统的信息，准确引导人或交通工具从出发地到达目的地。这种导航系统支持位置查询和目的地检索，可以根据用户提供的出发地和目的地信息，进行精准的路线规划。此外，传统导航系统还能反映动态交通信息，实时进行路径规划和引导，以帮助驾驶人或出行者选择最佳路线。在特定情况下，传统导航系统还能够以 2.5D 的方式展示重要地标或复杂路况，以增强用户的可视化体验。借助于地图上的伪三维展示，用户可以更加直观地了解周围环境和道路情况。

（四）高级辅助驾驶地图

高级辅助驾驶地图（简称“高辅地图”）是为智能网联汽车 L3 级及以下的自动化驾驶系统设计的地图要素数据集，对感知、定位和决策起辅助作用。高辅地图在传统导航电子地图的基础上，增加了额外的坡度、曲率、航向和车道数等信息，主要作用是为自动驾驶系统除了路线引导之外的其他功能提供增益。通过高辅地图提供的信息，自动驾驶系统可以更准确地感知环境，精确定位车辆的位置，并在决策过程中更好地判断路况和执行合适的行驶策略。高辅地图的应用可提升辅助驾驶的性能和安全性，为智能网联汽车的普及和发展创造更加有利的条件。

（五）高精度地图

相比其他地图，高精度地图能够提供大量准确且语义丰富的数据，以更精细的尺度了解周边环境的真实状况，辅助车辆感知、定位、规划与决策控制，满足智能时代多种高层次应用需求，是高等级的自动驾驶地图。

二　高精度地图特征与生产关键技术

（一）高精度地图多维特征

一是定位精度高。传统导航电子地图的定位误差在米级，而高精度地图的定位精度需要达到厘米级，以保证自动驾驶的安全性。

二是地图要素全，也称作丰度高。高精度地图除了包括道路类型、曲率、车道线位置等道路相关信息，以及路边基础设施、障碍物、交通标志等环境对象的详细数据，还涵盖交通路况、红绿灯状态、事故等实时动态信息。

三是现势性强，也称作鲜度高。高精度地图包含实时动态信息，因此数据的鲜度对高精度地图至关重要，数据更新频率须达至周更新或日更新。然而，高精度地图的制作成本高、审批周期长，为地图更新带来挑战。部分企业已经成功通过众源众包成图方法，在简单场景，如无人港区和矿区等，取得了示范性应用成果。

（二）高精度地图数据模型

智能驾驶通过借鉴大脑空间认知的机制，构建基础地图认知模型，使智能汽车更好地理解、认知道路环境。模型可结合车辆自身的运动情况和地图特征，通过特征检索以及计算车辆与静态 / 动态环境之间的交互关系，帮助智能驾驶系统准确地感知周围环境，并做出准确的驾驶决策，保障行驶安全。高精度地图数据模型的组织如图 2 所示，包括静态地图层、实时数据层、动态数据层、用户模型层。

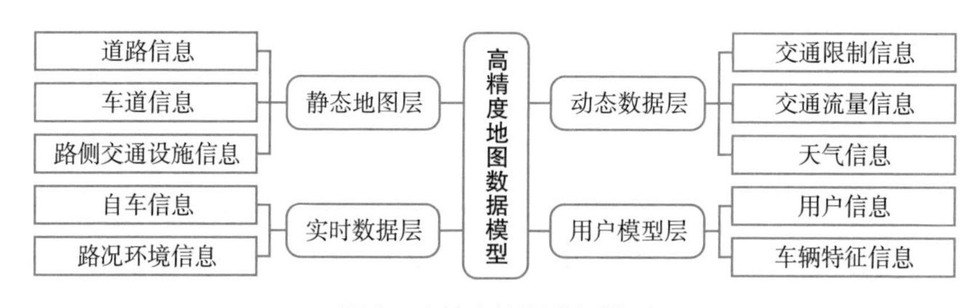

图 2　高精度地图数据模型

资料来源：笔者自制。

高精度地图的静态地图层通常是在传统导航电子地图的基础上进一步扩展信息内容和提高数据精度，包含详细的道路信息、车道信息和路侧交通设施信息等，其各类信息的数据精度要求达到厘米级。动态数据层包含更新频率较高的交通路况信息，这些变化信息在一定程度上会影响自动驾驶车辆的驾驶决策和规划，主要包括交通限制信息、交通流量信息、天气信息等一些在数据结构表达上高度重合的可扩展信息。实时数据层通过自动驾驶车辆感知到的自车信息和路况环境信息，实现实时的环境感知和道路动态更新，为自动驾驶车辆提供精准、及时的交通信息，确保车辆在复杂交通环境下的安全行驶。用户模型层以用户为核心，利用用户信息和车辆特征信息，提前设置和实时调整车辆控制策略，更好地服务于个性化路径规划，扩大高精度地图服务范围，涵盖货车、救援车和无人小车等各种车辆类型。

（三）关键技术之一：感知、匹配与定位

智能感知利用了多类传感器，包括激光雷达、毫米波雷达和摄像头等。激光雷达具有高精度测距能力和卓越的目标检测性能，但容易受极端天气的影响；毫米波雷达在不稳定环境下表现更佳，可以通过多普勒效应区分动态和静态目标，但在多径传播环境（如隧道和地下车库）中容易出现问题；摄像头在语义识别方面表现出色，但在逆光或低光条件下稳定性较差。

匹配技术主要分为点云匹配和特征匹配两种，点云匹配包括几何匹配、高斯混合模型匹配和滤波匹配等方法，特征匹配涵盖轮廓匹配和特征点匹配等方法。

自动驾驶定位方法主要有同时定位与地图构建和离线建图两类。同时定位与地图构建对计算资源要求较高，在复杂、动态环境中受光照和遮挡物影响较大，易出现导航漂移等问题。离线建图是一条相对成熟的发展路线，智能汽车将专业采集车辆预制成的高精度地图与车辆实时感知数据进行匹配，通过传感器数据与地图数据进行对比，确定车辆在地图上的位姿。

（四）关键技术之二：主流数据格式及其转换

高精度地图主流数据格式包括 OpenDrive 和 NDS（Navigation Data Standard）。OpenDrive 是一种开放的 XML 标准，通过描述道路网络的几何形状、车道配置、道路拓扑、交通规则和标志等细节，为自动驾驶系统和高

精度地图的创建提供关键的数据结构。NDS 用于描述导航信息，包括交通规则、交通信号、导航指令和兴趣点等数据，支持车载导航系统提供实时路线规划和导航指示，以帮助驾驶员和自动驾驶车辆安全、准确地导航到目的地。

（五）关键技术之三：导航与路径规划

高精度地图利用云计算为自动驾驶车辆提供实时路况信息，帮助智能汽车重新规划最优路径。通过考虑车道模型和代价函数，高精度地图对传统路径规划方法进行扩展，获得在给定目标下的最佳车道导航路径和行驶策略，并通过车辆实时感知获取车周信息，判断当前道路状况，进行路径修正，以提供更准确、更安全的导航服务。这样的应用扩展使得高精度地图在自动驾驶领域发挥了重要作用，为智能车辆的行驶提供了可靠的导航和路径规划支持。

三　高精度地图应用与数据更新

高精度地图作为自动驾驶、导航和交通领域的核心要素，在智能交通发展中扮演关键角色。随着技术的不断进步和政策的积极支持，我国高精度地图市场将继续茁壮成长，为未来智能交通系统的构建和完善奠定坚实的基础。

（一）用户可享受更安全、舒适、便捷的自动驾驶

从用户的角度来看，高精度地图在自动驾驶中起着重要的作用，提供了更安全、舒适和便捷的乘车体验，使得人们在自动驾驶汽车中能够体验到更加安全、舒适、便捷的出行服务。

高精度地图可以帮助自动驾驶汽车更准确地了解周围环境，提供更精准的导航和决策支持，这意味着更高的安全性和更低的事故发生可能性，让驾驶员或乘客更加放心。自动驾驶汽车依赖高精度地图进行路径规划和车辆控制，可以更平稳地驾驶，避免急刹车和急加速，提供更加舒适的体验。在复

杂的城市环境和交叉口、施工区域等复杂路况下，高精度地图可以帮助自动驾驶汽车更好地应对挑战，确保安全稳定行驶，用户不再需要担心这些复杂情况可能带来的不便和危险。

（二）全球图商竞争日趋白热化

地图供应商不断增加测绘投入，除了传统图商，多家科技企业也纷纷加入高精度地图领域。国内，百度 Apollo 将高精度地图逐步应用于 L4 级无人驾驶，四维图新采用多源数据融合制作高精度地图，华为实现了高精度地图数据闭环管理。国外，Waymo 高精度地图已实现 L4 级自动驾驶，Here 开始向行业提供统一标准，DMP 动态高精度地图走向产业化。全球高精度地图相关企业日益增加，竞争逐渐白热化。

（三）车企日益重视地图研发与应用

车企对高精度地图关注程度较高，并加大对高精度地图研发投资力度，制定自身数字化发展战略。多家车企借助高精度地图已经实现类似辅助驾驶的功能，理想、蔚来和小鹏等车企都有自家的智能辅助驾驶系统，这类系统都是借助高精度地图来实现类似辅助驾驶的功能。目前，中国采用高精度地图的车企占比达到 64%，高精度地图成为主机厂发展的主要方向。

（四）众源数据动态更新

在自动驾驶行业中，整车厂、互联网公司、地图供应商以及初创企业正在积极推广采用众源众包的高精度地图数据采集和更新方案，这种方案通过广泛的用户参与，以低成本的方式保持地图数据的时效性，成为地图更新的必备途径。在未来的高精度地图发展中，采用众源众包手段获得大量即时数据，是一种更加便捷、低廉、可靠的数据更新手段。高精度地图众源数据动态更新包括众源数据汇聚与预处理、数据处理、成果数据入库、出品发布和更新应用模块。图 3 展示了众源数据动态更新的技术路线。

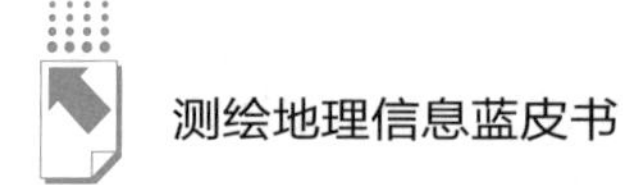

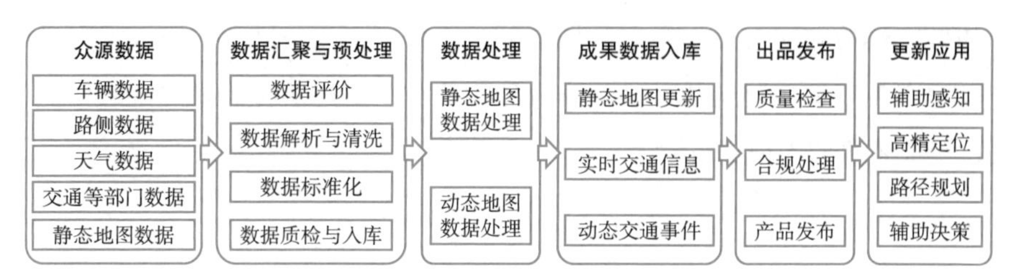

图3 众源数据动态更新技术路线

资料来源：笔者自制。

高精度地图的众源更新是一个多阶段的过程，涉及车端、路侧端和第三方平台等多个数据源的接入。数据经过评价、解析、清洗、标准化和质检等预处理后入库，针对不同数据源，采用目标检测、语义分割、三维重建等先进技术进行处理，以获取高精度的融合语义信息，更新现实认知库与高精静态地图。运用数据挖掘、实时信息生成和多源数据融合等方法处理动态地图数据，获取实时交通信息、交通事件等动态数据。将处理后的数据成果进行质检、入库和发布，以服务于自动驾驶系统。这个过程保证了高精度地图的持续更新，为自动驾驶提供了可靠的导航和决策支持。

四　国家和地区政策

智能化和网联化已成为我国汽车产业实现高质量发展的重要引领方向，而高精度地图正是汽车智能化领域的竞争焦点，智能系统正在逐渐替代驾驶员的角色，实现环境感知、决策控制，推动汽车产业从传统的车辆制造转向高精度传感器、智能算法软件、车联网等新技术的广泛拓展。2021年，中共中央、国务院在《国家综合立体交通网规划纲要》中明确指出，我国将加快建设交通强国，构建现代化高质量国家综合立体交通网，通过构建高精度交通地理信息平台，推动智能网联汽车与智慧城市协同发展，打造基于城市信息模型平台、集城市动态静态数据于一体的智慧出行平台。

（一）城市试点概况

国务院于 2021 年印发《关于开展营商环境创新试点工作的意见》，并在北京、上海、重庆、杭州、广州、深圳 6 个城市开展营商环境创新试点，提出“在确保安全的前提下试行高精度地图面向智能网联汽车使用”。重庆、上海、北京、杭州 2022~2023 年先后颁发了高精度地图相应管理政策，管理对象包括高辅地图、高精度地图以及智能汽车基础地图（广州），对管理对象定义、管理职责部门、管理原则、数据采集和传输、地图要素制作和表达等做出明确规定。在道路测试与示范应用等相关政策指导下，6 个试点城市均已在示范区上线 L4 级的无人驾驶出租车、无人配送小车等服务，并搭载轻量化高精度地图。

（二）数据生产

自然资源部在《关于促进智能网联汽车发展维护测绘地理信息安全的通知》中规定，智能网联汽车安装或集成了卫星导航定位接收模块、惯性测量单元、摄像头、激光雷达等传感器后，在运行、服务和道路测试过程中对车辆及周边道路设施空间坐标、影像、点云及其属性信息等测绘地理信息数据进行采集、存储、传输和处理的行为，属于《中华人民共和国测绘法》规定的测绘活动，应当依照测绘法律法规政策进行规范和管理。因此，高精度地图在数据采集阶段，须由具备测绘资质单位进行采集，并遵循相应数据境内存储、出境审批、脱敏脱密传输及相关保密要求。同时，政府主管部门鼓励高精度地图制作主体探索众源成图，对地图关键要素以分档、分级等形式表达，突破技术瓶颈并缩短审图周期，保障高精度地图的高精度和时效性。此外，浙江和重庆通过地方标准，对高精度地图基础数据规范做出指导要求，涵盖数据模型、几何表达、属性结构等内容。

（三）高精度地图审图

传统地图审核制度取得审图号一般需要半个月以上的时间，高精度地图

对鲜度要求极高，难以沿用传统审图模式，各主管部门及高精度地图主体正探索快速审图模式，避免频繁更新的地图审核流程对地图应用带来现势性的滞后。在当前高精度地图管理办法中，已试行采用增量更新及“告知承诺”等方式保障高精度地图鲜度。对于首次送审并获审图号的高精度地图，若更新部分的道路范围无明显变化、采集要素无新增且数据格式无变化，可直接进行地图增量更新，并定期将增量更新内容上报至主管部门，延续已获取审图号的有效性。同时，上海施行“告知承诺”制度，即对满足特定条件（一年内有市规划资源部门审核通过的高精度地图成果；在测绘地理信息行业信用管理平台中无不良信息；质量、安全和档案管理体系运行情况较好）申请人，在送审当天便可据送审材料做出行政审批决定，并于 30 个工作日内对承诺内容是否属实进行检查。

五　结语

全球汽车产业正经历全面变革，中国建设汽车强国进入关键时期，智能网联汽车已经被确立为中国汽车产业发展战略的核心，高精度地图发挥着不可或缺的作用。在政策引导和技术发展的双重推动下，高精度地图覆盖范围将不断扩大，从主要道路到次要道路，实现全区域的覆盖；高精度地图将向多模态交通发展，不仅支持智能汽车导航与路径规划，还将支持多种公共交通的导航和路径规划；高精度地图将更加注重数据的实时性和动态性，通过实时感知和数据更新技术，实时反馈路况变化、交通状况和环境信息；高精度地图将融合更多的传感器数据和人工智能技术，通过结合车载传感器、摄像头、雷达，以及深度学习和计算机视觉等技术，更准确、更全面地感知道路、交通和行人等要素，提供更精细化的导航和路径规划服务；高精度地图将注重数据安全和隐私保护，确保用户数据的安全和合法使用；高精度地图将进一步提升出行服务的精确性、个性化和智能化程度，提供更优质、更便利的出行体验，助力智能交通发展，推动出行方式转变，以满足自动驾驶和智能交通系统对地理信息日益增长的需求。

参考文献

丁飞、张楠、李升波等:《智能网联车路云协同系统架构与关键技术研究综述》,《自动化学报》2022 年第 12 期。

冯昶、杜清运、范晓宇等:《高精动态地图基础平台众源更新技术路线研究》,《测绘地理信息》2023 年第 1 期。

郭仁忠、陈业滨、赵志刚等:《泛地图学理论研究框架》,《测绘地理信息》2021 年第 1 期。

侯翘楚、李必军、蔡毅:《高分辨率遥感影像的车道级高精地图要素提取》,《测绘通报》2021 年第 3 期。

黄琛、尹彤、王建明:《高精度地图标准化建设探讨》,《中国标准化》2021 年第 21 期。

姜娜娜、汤咏林、黄鹤等:《自动驾驶高精地图相对精度验证方法研究》,《南京信息工程大学学报》(自然科学版)2023 年第 2 期。

李必军、郭圆、周剑等:《智能驾驶高精地图发展与展望》,《武汉大学学报》(信息科学版)2024 年第 4 期。

李德仁、洪勇、王密等:《测绘遥感能为智能驾驶做什么?》,《测绘学报》2021 年第 11 期。

李克强、戴一凡、李升波等:《智能网联汽车(ICV)技术的发展现状及趋势》,《汽车安全与节能学报》2017 年第 1 期。

刘经南、董杨、詹骄等:《自动驾驶地图有关政策的思考和建议》,《中国工程科学》2019 年第 3 期。

刘经南、詹骄、郭迟等:《智能高精地图数据逻辑结构与关键技术》,《测绘学报》2019 年第 8 期。

骆光飞、刘云波、王智等:《基于多源数据的高精地图生产技术及三维可视化表达》,《测绘通报》2022 年第 11 期。

孟立秋:《自主导航地图的昨天、今天和明天》,《测绘学报》2022 年第 6 期。

王丽妍、周勋、胡伟等:《面向自动驾驶的高精地图数据引擎模型》,《测绘通报》2023 年第 6 期。

杨殿阁、李庆建、王艳等:《高精动态地图基础平台参考架构和技术路线》,《智能网联汽车》2021 年第 1 期。

杨蒙蒙、江昆、温拓朴等:《自动驾驶高精度地图众源更新技术现状与挑战》,《中国公路学报》2023 年第 5 期。

应申、蒋跃文、顾江岩等:《面向自动驾驶的高精地图模型及关键技术》,《武汉大学学报》(信息科学版)2024 年第 4 期。

B.14
北京市地理实体生产关键技术研究及应用

陈品祥　曾艳艳　曹逸飞*

摘　要： 作为国家新型基础测绘建设试点城市，北京市目前正在积极推进相关建设工作，其中，地理实体是新型基础测绘产品体系中的核心产品。本报告以新型基础测绘建设北京试点的实际工作为出发点，从基础地理信息要素数据转换生产地理实体与山区重要地理实体数据采集两方面介绍了北京试点生产地理实体的关键技术方法。其中，山区重要地理实体数据采集方法有两种，即基于3D立体采编采集地理实体与基于航空影像立体采集地理实体。在此基础上，本报告介绍了地理实体在工程项目中的应用，为全国新型基础测绘建设提供可借鉴的经验和成果。

关键词： 实景三维　地理实体　3D立体采编　航空影像　立体采集

一　引言

随着经济社会发展步入新时代，以及5G、云计算、物联网、大数据、ICT和AI等相关技术与测绘行业深度融合，新技术装备在测绘地理信息领域逐渐得到规模化应用，推动了基础测绘向动态监测、智能处理、综合服务、自主可控的方向转变，为测绘行业转型升级创造了有利的条件，提供了重要

* 陈品祥，北京市测绘设计研究院副院长、正高级工程师；曾艳艳，博士，北京市测绘设计研究院正高级工程师；曹逸飞，北京市测绘设计研究院助理工程师。

的技术支撑。按照国务院批复的《全国基础测绘中长期规划纲要（2015—2030年）》（国函〔2015〕92号）要求，面向首都高质量发展需求、落实“一总规、两控规”和新时期国土测绘“两服务、两支撑”的工作要求，需要深入开展新型基础测绘研究，深化试点工作，逐步形成运行高效、支撑有力的新型基础测绘体系。2021年6月，自然资源部同意北京市作为国家新型基础测绘建设试点城市。国家新型基础测绘建设北京试点项目围绕首都高质量发展对基础测绘的需求，准确把握新时代测绘工作“两支撑、一提升”的根本定位，推动基础测绘工作转型升级，加快建设新型基础测绘体系，进一步提升测绘地理信息服务能力，以满足首都规划建设需求。

相对于传统测绘来说，新型基础测绘是以“地理实体”为视角和对象，按照实体粒度和空间精度开展测绘，并基于地理实体构建基础地理实体数据库。北京作为全国首个以试点标准建设全市域实景三维的城市，在全市范围内开展房屋、道路、水系重要地理实体的数据生产，以构建全市动态更新的多精度、多粒度、分等级“实景三维北京”。

地理实体是国家新型基础测绘建设北京试点的核心对象。北京试点在地形图覆盖区域选择基础地理信息要素数据转换的方式生产地理实体，在地形图覆盖区域外基于3D立体采编、航空影像立体采集的方式生产地理实体。

二　二维地理实体生产技术方案

北京基于现有数据基础，生产二维地理实体、三维地理实体、LOD2模型、地理场景等实景三维产品数据，共形成22条技术路线，具体如图1所示。本报告主要介绍二维地理实体生产技术方案，主要涉及基础地理信息要素数据转换生产地理实体与山区重要地理实体数据采集。

（一）基础地理信息要素数据转换生产地理实体

北京试点在地形图覆盖区域基于1∶500、1∶2000比例尺基础地理信息要

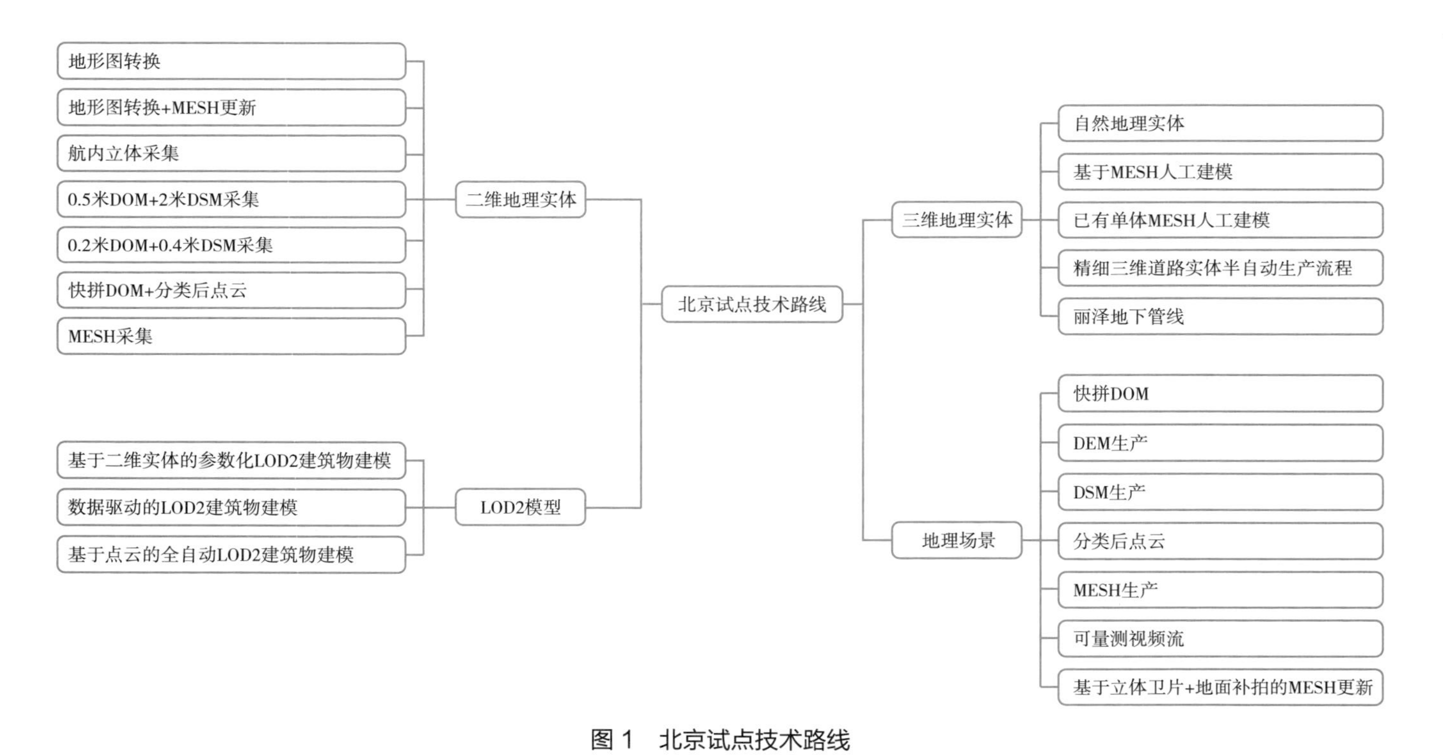

图 1　北京试点技术路线

资料来源：笔者自制。

素数据转换生产地理实体。根据北京试点要求，在基础地理信息要素数据转换时进行全要素转换，地形图中全部基础地理信息要素数据均转换为地理实体数据，生成二维图元，构建图元与地理实体间关系，自动或手工生成实体基本属性，并赋予地理实体唯一空间身份编码。对于无法纳入项目分类标准的要素数据，存入制图要素数据集。存量数据转换生产地理实体流程包括数据源分析、转换方案配置、存量数据转换、数据质量检查、地理实体构建等，具体流程如图 2 所示。

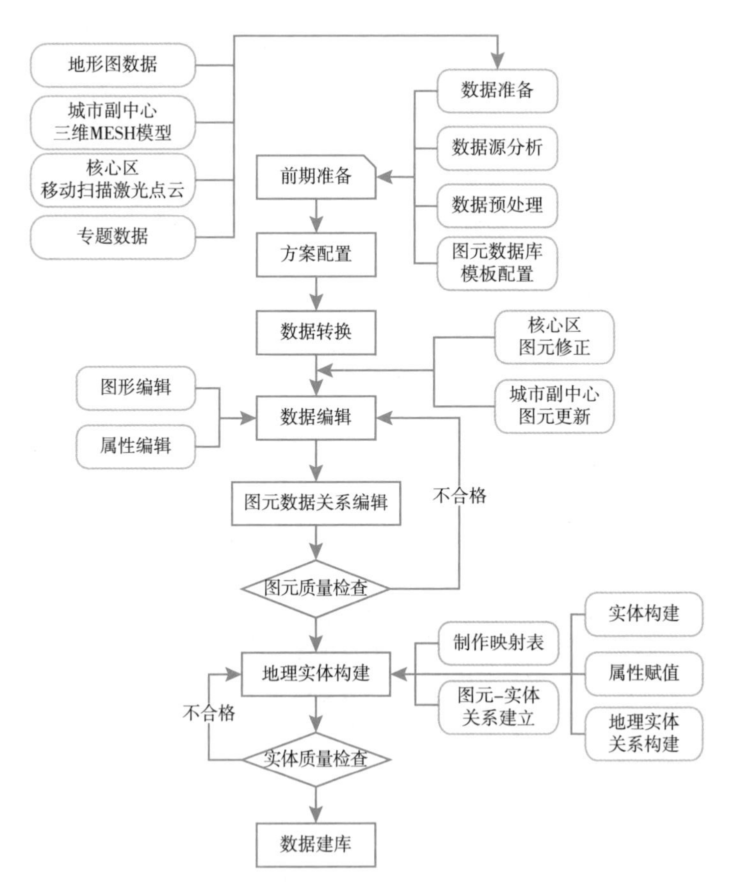

图 2　存量数据转换生产流程

资料来源：笔者自制。

（二）山区重要地理实体数据采集

在地形图覆盖区域外，北京试点通过3D立体采编采集地理实体与通过航空影像立体采集地理实体两种技术路线对全市山区房屋、道路和水系三类重点地理要素进行数据采集。

1. 基于3D立体采编采集地理实体

3D立体采编技术是一种基于数字地表模型以及点云数据，在航线数据和镶嵌面数据的支撑下，实现自动投影纠正和二三维同屏联动的数据采集生产工艺。3D立体采编技术采集地理实体时基于点、线、面及注记四项基本要素，从三维数据中按照规定的图元数据库模板逐层、逐编码采集图元，同时完成图元属性赋值。基于3D立体采编采集地理实体相较于基于航空影像立体采集地理实体的方式对软硬件和人员技能等方面的要求更低，且无特殊作业环境要求，能够有效降低人员疲劳度，提高生产效率。

根据所使用的原始数据的不同，基于3D立体采编采集地理实体主要有基于倾斜三维模型采集与基于激光点云采集两种采集方式。

基于倾斜三维模型的图元采集技术是调用基于DOM和DSM数据自动生成的三维模型OSGB瓦片数据，通过拼接线及镶嵌面进行投影纠正，将房屋矢量由屋顶位置纠正至房屋根基位置，实现房屋、道路、水系等地物要素信息的采集，同时赋予要素属性，完成图元的生产，其技术流程如图3所示。

基于倾斜三维模型的图元采集技术主要按照以下规则执行：①对于井盖、篦子等点状地物，按照中心定位法在中心位置进行采集；②对于道路、河流等线状地物，通过倾斜摄影三维模型结合纹理信息，采用直接法直接识别线状地物的类型及其走向，从而快速采取道路、斜坡、陡坎等线状地物的平面位置、高程等信息；③对于植被等面状地物，通过倾斜摄影三维模型结合纹理信息，采用直接法判断植被范围面，通过采集范围线完成植被的采集工作；④对于居民地，针对实景三维模型的居民地建筑物具体情况进行采集，对独立建筑物利用自动搜索建筑物边缘进行识别，对密集建筑物利用相交法、距

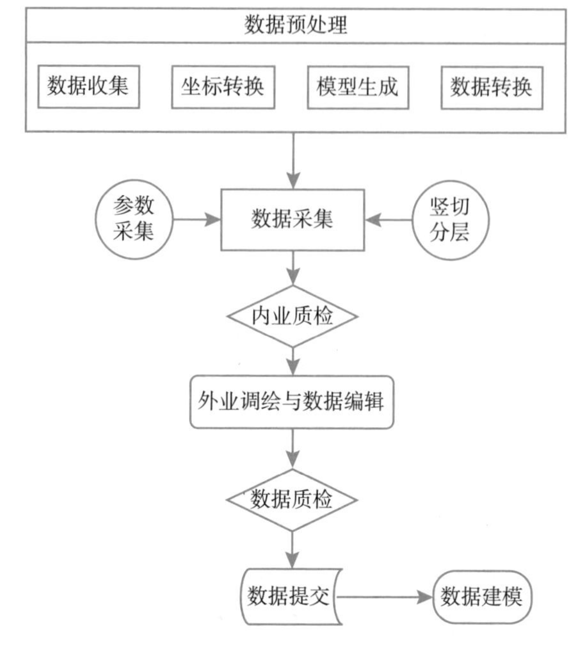

图 3　基于倾斜三维模型的图元采集技术

资料来源：笔者自制。

离延长法进行采集，对于模型顶部清晰、边缘界限不清情况，利用模型叠加 DSM 进行采集，内业识别楼层层数及建筑结构信息；⑤对于遮挡区域、模型拉花区域等无法判别区域，进行野外测绘获取信息。

基于激光点云的图元采集技术依据点云的高程、强度、颜色信息，通过强对比度颜色对点云数据进行渲染，提高点云的识别度。同时基于点云数据的水平分割面，定义其水平范围、高度与厚度，将点云进行切分，形成点云切片图，在点云切片图上进行要素采集与绘制，其技术流程如图 4 所示。

2. 基于航空影像立体采集地理实体

基于航空影像立体采集地理实体的主要技术路线包括资料准备、测区划分、模型定向、坐标转换、内判测图、外业测绘（野外调绘与检测）、补测、

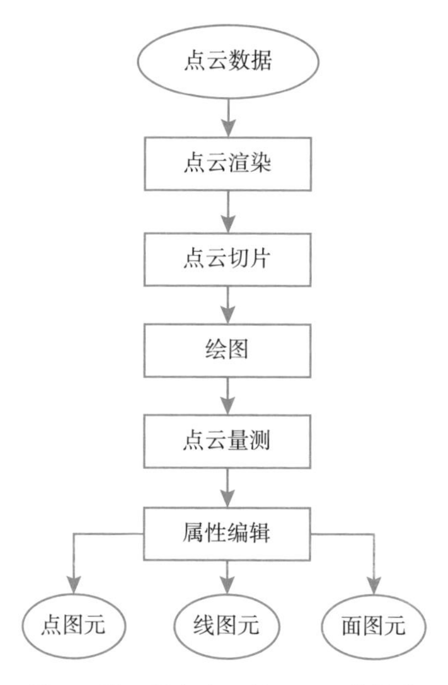

图 4　基于激光点云的图元采集技术

资料来源：笔者自制。

数据编辑等工序，如图 5 所示。

其中，内判测图为核心步骤。为保证所采集的地理实体边界精准、类型准确，根据内业定位、外业定性的原则，航测内业在立体模型上全面仔细进行像片判读、辨认、采集。采用清华山维 EPS 软件（北京版）进行内判测图。在进行内判测图时按照以下要求进行采集：①每个像对的测绘面积以定向点连线为准，最大不大于像片上连线外 1 厘米；②内判采集地物要素可以使用简化符号；③内判测图采用航内专用编码，应以定位不定性为原则，根据立体模型判读采集，观测时应正确选取地物的特征点和定位点；④数据采集完成后，应在立体模型上检查主要地物的采集精度和要素丢漏情况；⑤相邻像对地物接边，在限差以内时，各改一半，实现数据完全接边，超限时应查清原因，不得强行接边。

内判测图时，若遇到影像模糊地物、被影像或阴影遮盖的地物，应做必要的标识，外业应采用全站仪人工测图等手段对标识区域进行补测。外业调

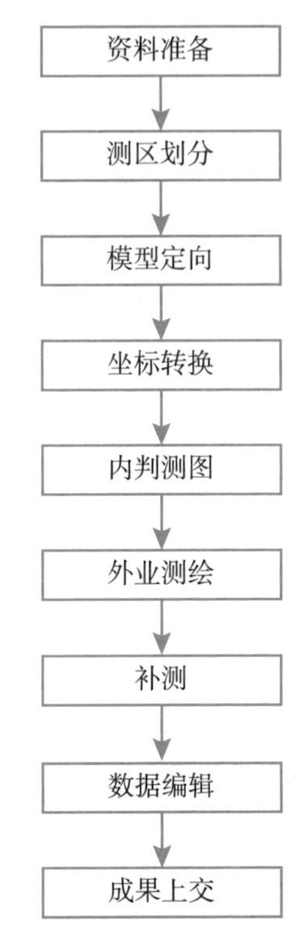

图 5　航空影像立体采集技术路线

资料来源：笔者自制。

绘时发现遗漏或错误，依据正射影像图判断，对于明显的、可表示的地物可返回航测内业补测。

三　应用示范

（一）实景三维中轴线建设

为加强中轴线申遗，推动老城整体保护，2021 年起，北京市规划和自然资源委员会下属北京市测绘设计研究院结合国家新型基础测绘建设北京试点项目要求，对接北京市文物局和申遗办需求，开展“实景三维中轴线”建设。在 2017 年六环范围 5 厘米倾斜摄影成果的基础上，利用车载、背包、推车、手持等多种高精度设备，进行全地面点云扫描，精确测定出中轴线遗产点位置，并对中轴线皇家宫殿建筑、古代城市管理设施、居中道路等一系列遗产点建立精细化三维地理实体，历时半年时间，首次建成了覆盖中轴线遗产核心区 6.8 平方公里范围的实景三维中轴线，如图 6 所示。

图 6　实景三维中轴线建设成果

资料来源：北京市测绘设计研究院。

实景三维中轴线的建成，为中轴线申遗提供了高精度、三维立体的空间数据底板，从展陈宣传、规划管控、考古复原、环境整治、监测保护等方面助力中轴线的精细治理和科学保护，取得一系列进展。实景三维中轴线成果亮相“奋进新时代”主题成就展，得到人民日报、新华社、北京日报等多家媒体报道。

（二）北京城市副中心规建管

2018 年，北京市规划与自然资源委员会发布《北京城市副中心控制性详细规划（街区层面）（2016 年—2035 年）》。该文件指出，北京城市副中心的规划从增量规划进入了存量规划阶段，要求基于现状数据进行规划，通过跨部门、跨领域、跨区域的数据汇聚和数据融合，打通规划、建设、管理领域各专题数据，形成覆盖全区的数字孪生城市底座，初步形成全市动态更新的多精度、多粒度、分等级的副中心数字底座。为支撑副中心规建管相关工作，北京市测绘设计研究院建立副中心范围内全域共计 155 平方公里的二三维地理实体与地理场景，有效支撑副中心流量池规划、规划方案比选和云踏勘招商引资项目建设，实现副中心规划建筑规模的有效调配、副中心规划方案的

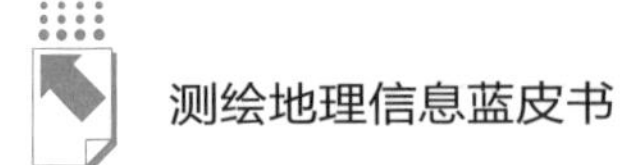

线上比选，以及使副中心商务区的招商引资变得更加便捷。副中心规建管建设成果如图 7 所示。

图 7　副中心规建管建设成果

资料来源：北京市测绘设计研究院。

（三）自然资源确权登记

北京市测绘设计研究院在北京市怀柔科学城及周边区域开展三维表达形式的自然地理实体生产。将新型基础测绘体系与调查监测体系结合，利用国土变更调查数据转换生产农林用地与土质实体，同时与周围山体、水系实体做好衔接编辑工作。三维表达形式的自然地理实体具有直观、真实、可视化效果好、表达宏观的特点。以该数据为底板，配合地理场景数据搭建自然资源确权登记应用平台，可支持多类型三维数据导入、三维采集数据导入、相关权属矢量数据导入，以及相关三维场景展示和应用等。自然资源确权登记项目的相关工作均可以在此平台上实现，包括地类测量、云会商（云踏勘）、生产安排以及三维数据展示等。自然资源确权与相关权属数据三维叠加显示如图 8 所示。

图 8　自然资源确权与相关权属数据三维叠加显示

资料来源：北京市测绘设计研究院。

（四）实景三维云踏勘

利用计算机形成立体、直观、可量测的实景三维产品，将物理世界映射入数字世界，以虚拟踏勘代替实地踏勘，实现“足不出户”也能“身临其境”。通过构建无人机实景三维数据，并将实景三维数据与规划设计数据叠加共同展示，可直观展现出不同设计方案的实际效果，实现设计方案实地可视化展示，为方案比选提供了便捷可靠的辅助数据，解决了开发商受北京地区航摄空域管制严格的限制而难以采用无人机快速飞行等方式获取地块现状空间信息的突出问题，为共绘延庆休闲度假商务区（RBD）美好发展蓝图，开启冬奥赛后利用的全新篇章提供了有力支撑。延庆休闲度假商务区（RBD）国际方案成果如图 9 所示。

图 9　延庆休闲度假商务区（RBD）国际方案成果

资料来源：北京市测绘设计研究院。

四 结论与展望

综上所述，北京试点所使用的三种二维地理实体生产技术方案能够支撑全市域二维地理实体生产。基于3D立体采编采集地理实体与基于航空影像立体采集地理实体的精度相近，极大程度上降低了外业调绘工作量，能够实现1∶2000地形图精度下地理实体采集。此外，发挥了地理实体数据语义信息丰富的优势，主动对接用户需求，积极向各级单位推广地理实体，及时根据用户需求对成果进行改进优化，稳步推进了地理实体在各领域中的应用。

未来，北京试点将按照计划稳步推进全市地理实体生产，丰富地理实体属性，充分利用北京雄厚的空间数据基础，加强各类数据成果的共享融合，初步建立“实景三维、分类分级、按需服务、众源更新”的北京市新型基础测绘体系，在产品体系、技术体系、生产组织体系和政策标准体系方面开展创新实践，为全国新型基础测绘建设提供可借鉴的经验和成果。

B.15
自动单体构建技术在实景三维中国建设中的应用与发展

高 凯　乐黎明　彭 玲　陈秀丽*

摘　要： 实景三维中国建设是测绘地理信息事业服务经济社会发展和生态文明建设的新定位、新需求，实景三维作为真实、立体、时序化反映人类生产、生活和生态空间的时空信息，涵盖三维地形和基础地理实体，是实景三维中国建设的核心。当前，三维表达的基础地理实体数据生产的自动化程度不高，如何高效生产实景三维数据成为研究热点。本报告阐述了实景三维中国建设技术流程，指出数据产品制作是实景三维中国建设至关重要的一环，剖析了实景三维中国建设数据产品制作面临的主要问题，明确了自动单体构建技术在实景三维中国建设中的定位，分别介绍了地形级实景三维地理实体自动化生产技术和城市级实景三维地理实体自动化生产技术。最后介绍了自动单体构建技术在实景三维中国建设中的应用。

关键词： 自动单体构建技术　实景三维中国　结构提取　纹理修复

一　引言

实景三维作为真实、立体、时序化反映人类生产、生活和生态空间的时

* 高凯，武汉易米景科技有限公司董事长，高级经济师；乐黎明，武汉易米景科技有限公司总经理助理，高级工程师、注册测绘师；彭玲，武汉易米景科技有限公司解决方案经理，注册测绘师；陈秀丽，武汉易米景科技有限公司解决方案经理。

空信息，是国家重要的新型基础设施，是数字政府、数字经济重要的战略性数据资源和生产要素。推进实景三维中国建设是贯彻落实“数字中国”战略、切实履行好自然资源部“两统一”职责、提升新型基础测绘保障服务能力、维护国家地理信息安全的必然要求，具有重要的战略意义和现实意义。

《实景三维中国建设总体实施方案（2023—2025年）》要求，到2025年，全国陆地及主要岛屿要实现5米格网的地形级实景三维覆盖，地级以上城市要初步实现5厘米分辨率的城市级实景三维覆盖。实景三维中国建设时间紧、任务重，需要高效推进数据产品制作工作。上海、武汉、西安、嘉兴等地区已完成国家新型基础测绘建设试点，在基于地理实体的产品模式设计、空天地一体化数据采集、历史数据转换生产实体数据、实景三维建库等多方面开展了探索研究，为全国开展实景三维中国建设提供了宝贵的经验。从这些试点情况来看，目前实景三维信息提取、处理及更新的技术研究取得了较大进展，但三维表达的基础地理实体数据生产的自动化程度依然不高，仍需大量人工处理，严重制约了实景三维中国建设的速度。自动单体构建技术是生产基础地理实体数据的高效途径。研究自动单体构建技术，降低人机交互频率，优化工艺流程，提高“单体化”三维模型生产的自动化程度，提升三维表达的地理实体数据生产效率，对加快实景三维中国建设具有十分重要的意义。

二　自动单体构建技术在实景三维中国技术体系中的定位

（一）实景三维中国建设技术流程

2023年3月，自然资源部印发了《实景三维中国建设总体实施方案（2023—2025年）》，明确了实景三维中国建设的技术流程与方法。该方案指出，实景三维中国建设主要包括四个环节：第一个环节是数据获取，利用航天航空遥感、地面采集、船载测量等手段采集数据，并收集地籍测绘、不动产确权登记等相关专题数据；第二个环节是数据产品制作，基于获取的数据资料，采用计算机自动化处理和人工辅助相结合方式，分类开展实景三维中

国建设数据生产；第三个环节是数据库系统建设，按照“分布存储、逻辑集中”的原则，建立实景三维数据库系统，实现互联互通、协同共享；第四个环节是应用与服务，为智慧城市时空大数据平台等提供实景三维数据支撑，为数字孪生、城市信息模型（CIM）等应用提供统一的数字空间底座，实现实景三维中国泛在服务。

在上述四个环节中，数据产品制作是实景三维中国建设至关重要的一环。实景三维数据产品包括地理场景数据和地理实体数据两个部分。地理场景是承载地理实体的连续空间范围内地表的“一张皮”表达。外业航空摄影和控制测量获取数据后，由内业进行空三加密，在此基础上可以生产数字正射影像图、数字高程模型、倾斜摄影三维模型等地理场景数据。地理实体是现实世界中占据一定且连续的空间位置、单独具有同一属性或完整功能的自然地物、人工设施及地理单元。地理实体包括二维地理实体和三维地理实体，二维地理实体有水系、交通等，通常由数字线划图经过丰富扩展属性、添加实体关系等实体化处理后得到。三维地理实体包括房屋等建筑物，需要制作单体化三维模型，形成独立的建筑物三维结构，映射纹理和实体化处理后，即可得到支持查看、编辑、分析的三维地理实体数据。

（二）实景三维中国建设数据产品制作面临的主要问题

实景三维中国建设中数据产品制作的难点是要完成地形级、城市级地理实体成果制作，而“单体化”是地理实体生产的关键过程。“单体”指的是每一个单独管理的对象，是一个个单独的、可以被选中的实体，可以附加属性、查询统计等。“单体化”过程主要面临三个问题。一是利用历史数据生产地理实体流程复杂。多年的基础测绘建设积累了大量的影像和丰富的数据成果，利用这些影像和数据可以生产实景三维单体模型，但是要经过三维构建、纹理修复、实体关系映射等多个环节，生产过程自动化程度低、效率不高。二是利用倾斜摄影三维模型进行建筑结构提取主要依赖人工模式。当前的三维模型“单体化”生产主要依靠人机交互，需要由人工逐步采集建筑物的外轮廓、附属物以及屋顶等结构，费时费力。三是纹理修复需要大量人工精细编辑。自动纹理映射后，通常由人工选择需要修复的范围，局部修复后重新拼贴完成纹理修复，工作量极大。

实景三维“单体化”重建工作生产环节多，虽然有软件辅助，但自动化程度并不高，仍然需要大量的人工操作，严重制约了生产速度，急需通过自动化的方式，在保障三维建模效果的同时提高生产效率。

（三）自动单体构建技术在实景三维中国建设中的定位

数据产品制作是实景三维中国建设的关键环节，要求完成地形级和城市级地理实体成果生产。地形级地理实体成果主要利用已有的历史数据进行生产，城市级地理实体成果主要利用倾斜摄影三维建模的方式进行生产。针对地形级、城市级地理实体成果生产的主要问题，武汉易米景科技有限公司创新研发了自动单体构建技术，借助三维重建、人工智能等相关研究成果，实现基于基础测绘成果一键式构建实景三维模型，实景三维模型目标建筑物结构（包括异形房屋、屋顶等复杂结构）一键式自动采集提取，遮挡、模糊、缺失等纹理问题一键式自动修复，极大减少了人机交互环节，优化了实景三维“单体化”流程，提高了生产效率，有力推动了实景三维中国建设。

三　自动单体构建技术的关键内容

自动单体构建技术主要包含两条技术路线，一是针对地形级实景三维地理实体，主要是通过优化生产流程来提高生产效率；二是针对城市级实景三维地理实体，主要是通过人工智能自动化来提高生产效率。

在地形级实景三维地理实体自动化生产方面，主要采用基于基础测绘成果快速构建实景三维模型技术，充分利用基础测绘成果中的影像数据和矢量数据的空间和属性信息，快速构建单体化的建筑物并映射纹理、对应实体关系，各环节之间无缝衔接，全流程自动化处理，可高效完成地形级实景三维地理实体生产制作。

在城市级实景三维地理实体自动化生产方面，主要采用实景三维模型结构自动提取和纹理自动修复技术。实景三维模型结构自动提取技术的核心是在采集生产地理实体时，基于倾斜摄影三维模型自动提取建筑物的外轮廓、屋顶及附属物等结构，不需要人工绘制即可提取到要求的建筑结构细节。纹理自动修复技术的核心是在纹理映射后，无须人工精细编辑纹理，采用人工智能的方式自动识别并修复纹理中的遮挡、模糊、缺失等，完成高精度的城市级实景三维地理实体生产。

（一）地形级实景三维地理实体自动化生产技术

基础测绘成果包括航天航空影像、数字高程模型、数字线划图、数字表面模型等多种类型的数据，这些数据包含丰富的地物平面坐标、高程坐标、表面纹理、地物属性等信息。利用自动单体构建技术，在基础测绘成果的基础上，可以一键式快速构建地形级实景三维模型。

1. 自动生成建筑物白模

基础测绘成果只包含建筑物的平面坐标信息和高程信息，因此，基于基础测绘成果生成的建筑物白模是只能反映建筑物立面轮廓的柱体模型，需确定建筑物底面范围和高度两个关键要素。其中，利用基础测绘成果中的建筑物矢量数据可以确定模型的底面范围。确定建筑物模型高度的方式有以下两种：一种方式是利用矢量数据的属性信息，有些矢量数据的属性信息是包含建筑物高度的，这种情况下可以直接利用矢量数据的平面范围和高度信息生成建筑物白模；另一种方式是利用数字高程模型和数字表面模型确定高度，前者是反映地面高程的数据，可提供模型底部高程，后者是包含地表建筑物高度的地表高程模型，可提供模型顶部高程，两者相结合即可得到建筑物模型高度。

2. 白模自动映射纹理

从白模到具有真实感的三维模型还需要进行纹理映射，可以通过映射纹理库中预设的仿真纹理或者真实影像纹理来实现。

基于基础测绘成果的白模纹理映射利用的是航测影像数据。航测影像具有较高的重叠度，同一地物会出现在多张影像上，需要选择最优影像铺贴纹理。在相同分辨率的前提下，影像面积越大，纹理内容越多。因此，在纹理映射时，通过待映射面的顶点坐标，计算该待映射面在各重叠影像上的投影面积，选择投影面积最大的影像即可获得最多的纹理信息，从而拥有更丰富的纹理细节。把最优影像上的投影范围经过拉伸与正畸后贴附到白模表面，即可完成纹理映射。

3. 自动建立房屋模型实体关系

房屋模型建立实体关系后才能成为可支撑数据分析的实景三维模型。实体关系包括拓扑、距离、方位等空间关系，等级、层级等类属关系，以及时间关联关系和几何构成关系等。用于生成白模的矢量数据附有多种属性信息，如房屋类型、所属小区等，根据这些属性信息可自动建立相应的房屋模型实体关系。

（二）城市级实景三维地理实体自动化生产技术

城市级实景三维地理实体生产主要是利用倾斜摄影影像、激光点云等数据，采集提取建筑物结构、映射并修复纹理，重构成“单体化”实景三维模型。

1. 实景三维模型结构的自动提取

（1）城市三维模型细节层次分级

城市三维模型按表现细节的不同可分为LOD1、LOD2、LOD3、LOD4四个层次。LOD1是体块模型，可进一步细分为LOD1.2、LOD1.3等多个层级，其中，LOD1.3是当前普遍要求的细节指标，表达建筑物综合轮廓，高度拉伸到各自顶部。LOD2是基础模型，在LOD1.3的基础上，表达建筑物顶部结构，高度错落表达。LOD3是标准模型，在LOD2的基础上按需表达屋顶固定附属设施（天窗、烟囱等）、墙面及附属结构（门、窗户等）、其他立面结构（阳台、女儿墙等）等。LOD4是精细模型，除LOD3等细节表现外，还需表现分层分户、室内等相关部件结构。各细节层次模型示意见图1。

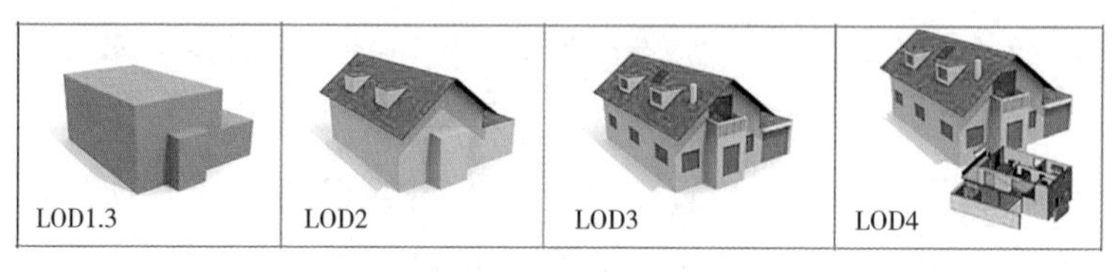

图 1　城市三维模型细节层次分级示意

资料来源:《实景三维山东建设总体实施方案(2023—2025 年)》。

(2)建筑物结构自动提取方法

倾斜摄影影像、激光点云等数据无法直接用于提取建筑物结构，需要先生成连续的实景三维场景数据，该数据的三维结构采用的是不规则三角格网模型，在其基础上可以进行建筑物结构提取。不同级别的建筑结构要求的细节内容不同，提取方式也有所不同。自动单体构建技术可实现 LOD1.3 和 LOD2 级别的建筑物结构自动提取。

首先是 LOD1.3 级建筑物结构提取。LOD1.3 级建筑模型是体块模型，模型的顶面齐平，不含顶部结构，只需确定模型侧面轮廓范围和体块高度即可完成结构提取。在近地面高度设置水平切面，水平切面与不规则三角格网相交可得到建筑物的侧面轮廓范围。所有平面坐标与侧面轮廓范围一致的三角格网均在建筑物的侧立面上，它们的纵坐标可以确定体块模型的高度。由于建筑物综合轮廓的高度要拉伸到各自顶部，不同部位的顶部高程会存在不一致的情况，因此，需要在已提取的体块结构上方继续设置水平切面，提取该体块上方不同外轮廓范围的体块，直至顶部没有更多体块为止，这些体块组合在一起，就是完整的建筑结构。

其次是 LOD2 级建筑物结构提取。LOD2 级建筑物结构需表达建筑物的顶部结构，建筑物顶部可能存在人字屋顶等倾斜面，轮廓范围线加高度的提取方式无法适用。提取复杂的顶部结构，需要独立提取每一个完整的建筑物表面，这里主要采用共面拟合的方式，把所有连续的、共面的三角格网拟合成一个完整的、形状规则的提取面，所有的提取面组合在一起即可构成完整的建筑结构。

2. 实景三维单体模型的纹理自动修复

建筑物表面一般有墙体边线、阳台、窗户、门洞等结构，表面纹理一般只有较为简单的特征线，并且存在多个重复的结构单元。在修复建筑模型纹理时，首先用框选、涂抹等方式选择需要修复的范围，当需要修复的部分有多个重复结构时，寻找纹理类似的重复结构进行补全。如果需要修复的区域是单一存在的结构，则检测周围的特征线后延伸补全，得到完整的边线结构，再进行局部的纹理填充。修复范围补全后进行匀色处理，消除同周围原始纹理间的边界感。

为了减少纹理修复过程中的人工干预，提高修复效率，自动单体构建技术融合了人工智能算法，可以自动识别出需要进行纹理修复的范围，免除了人工框选、涂抹的工作，实现了自动修复，可一键式完成实景三维单体模型的纹理修复工作。

四　自动单体构建技术在实景三维中国建设中的应用

（一）地形级实景三维基础地理实体快速制作

自动单体构建技术可以利用基础地理信息要素数据快速制作白模并进行纹理映射，一键式构建单体化地形级实景三维模型，同时利用基础地理信息要素属性信息自动建立房屋模型实体关系。以农村地区的地形级实景三维模型制作为例，利用建筑物二维矢量数据可以一键完成三维模型构建和纹理映射（见图 2），每小时可以完成约 5000 个单体建筑物的实景三维模型制作。在城市地区，房屋密度大且结构相对复杂，高层建筑也导致楼间遮挡比较严重，利用自动单体构建技术依然可以完成 LOD1.3 级建筑模型构建，并较好地映射纹理（见图 3）。

自动化快速构建地形级实景三维模型后，只需进一步丰富扩展属性，即可生成地形级实景三维基础地理实体。

（a）二维矢量数据

（b）三维模型数据

图 2　农村地区利用二维矢量数据构建三维模型效果

资料来源：武汉易米景科技有限公司。

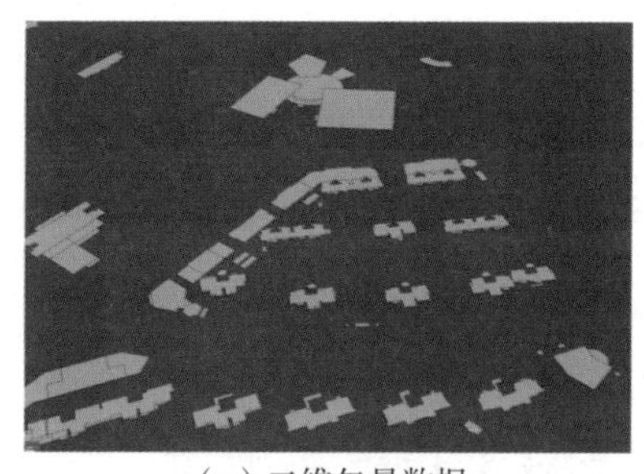

（a）二维矢量数据

（b）三维模型数据

图 3　城市地区利用二维矢量数据构建三维模型效果

资料来源：武汉易米景科技有限公司。

（二）城市级实景三维基础地理实体快速制作

在获取倾斜摄影影像、激光点云等数据后，利用自动单体构建技术，可以自动完成建筑物 LOD2 级单体结构提取。图 4 展示了原始实景三维场景、自动提取的建筑物结构、建筑物结构与三维场景套合情况，利用自动单体构建技术可以很精细地提取建筑物的侧面结构，人字顶等较复杂的顶部结构也可提取出来。

在纹理修复方面，利用自动单体构建技术可以自动识别出拉花、遮挡等需要修复的范围（见图 5），省去了人工选择涂抹的操作，可以一键式完成纹理修复，减少了大量的人工辅助的采集与编辑工作，极大地提高了纹理修复效率。

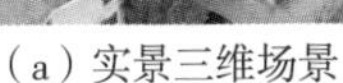

（a）实景三维场景

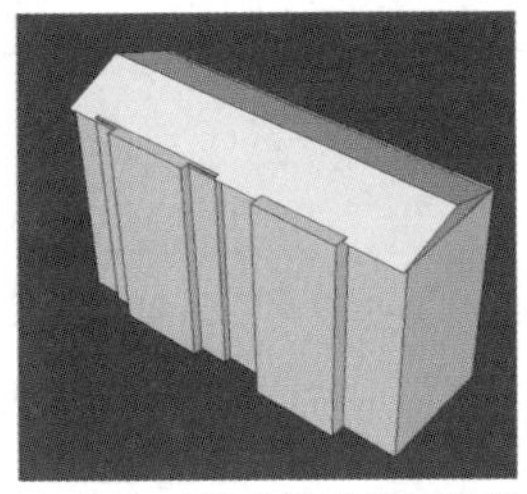

（b）自动提取的建筑物结构

（c）建筑物结构与三维场景套合情况

图 4　LOD2 级建筑物结构自动提取效果

资料来源：武汉易米景科技有限公司。

（a）原始纹理（正面纹理被底层房屋遮挡）

（b）修复后的纹理（自动完成被遮挡纹理的修复）

图 5　自动纹理修复效果

资料来源：武汉易米景科技有限公司。

五　结语

目前，自动单体构建技术通过减少人机交互环节和优化工艺流程，提高了实景三维单体化建设的自动化程度，但仍然存在以下问题：一是利用基础地理信息要素数据自动拉模和纹理映射时，计算处理速度有待提升；二是虽然每个建筑物单独进行 LOD2 及以上级别建筑物结构提取时可以自动提取到

顶部的复杂结构，但在大范围框选三维场景进行批量提取时，顶部提取效果不佳。

未来，自动单体构建技术将进一步结合云计算等技术，优化算法，通过多机协同工作和提供大量的计算资源、存储空间，提升处理效率，在更短的时间内完成更大的任务量。将深度融合人工智能技术，智能识别和提取建筑物的特征和结构，实现更加精细和准确的三维建模，让单体化实景三维模型制作从自动化走向智能化，实现更加高效、精准、智能的实景三维建模，全面推进实景三维中国建设。

基础制度篇

B.16
当前测绘地理信息工作面临的形势及发展思路

徐开明*

摘　要： 测绘地理信息工作面临既要融入生态文明建设和经济社会发展主战场，以高效优质的服务满足各方需求，又要保持专业特性，突出主责主业的问题。本报告首先分析了机构改革后测绘单位的主业变化及采用的主要技术方法。其次，指出了当前测绘地理信息工作存在的职能职责与主业不匹配，自然资源系统内测绘工作有待进一步整合，测绘地理信息工作未有机融入政府信息化建设之中，空间信息基础设施和地理信息数据资源存在重复建设，新测绘地理信息业务体系未建立，测绘部门内部测绘生产、公共服务与应用需求脱节等突出问题。最后，从推动自然资源系统测绘工作深度融合角度，提出了整合自然资源系统内测绘工作，科学定义新概念、做好传统业务体系传承，构建新型基础测绘生产服务体系等工作建议。

* 徐开明，陕西测绘地理信息局局长、党组书记，正高级工程师，博士，主要研究方向为遥感和测绘技术。

关键词： 地理信息数据要素　共性技术　一测多用　公共平台

一　引言

全国测绘地理信息工作会议提出："测绘地理信息工作是自然资源两统一核心职能，地理信息数据是自然资源部门统一配置的保障要素。"[①] 这是机构改革后测绘工作发挥"对内支撑自然资源管理、对外服务经济社会发展"重要作用后，自然资源部党组对测绘地理信息工作的新定位。地理空间信息是基础性、公共性数据资源，是各类信息的载体，也是重要的生产要素，地理信息产业是数字经济的核心产业之一。将物理空间数字化，构建统一、精准、翔实的数字空间并动态反映其变化是测绘地理信息部门在信息化时代重要的职责。

测绘作为一项技术服务性工作，从古到今贯穿人类生活的方方面面。传统测绘，是指对自然地理要素或者地表人工设施的形状、大小、空间位置及其属性等进行测定、采集并绘制成图。[②] 自 20 世纪 90 年代开始，以"3S"为代表的现代空间信息技术被引入现代测绘，突破了传统测绘在数据采集、信息负载、信息传输和信息表达方面的限制，使地理信息应用变得无所不在，地理信息产业蓬勃发展。但同时测绘技术也逐渐失去其专业特性，政府测绘地理信息工作面临如何重新明确主责主业的问题。

全国测绘地理信息工作会议进一步提出："要加快基础测绘队伍转型升级，推进基础测绘、自然资源调查监测及督查执法业务板块统筹协调，夯实、扩充基础测绘队伍的职能职责，因地制宜、稳妥推进基础测绘单位业务组织体系重构，优化结构布局，明晰功能定位，突出职责主业。"[③] 这为测绘地理信

① 王广华:《面向高质量发展新要求，全面推进测绘地理信息事业转型升级》，全国测绘地理信息工作会议，2023 年 5 月 15 日。

② 宁津生、陈俊勇、李德仁等:《测绘学概论》（第二版），武汉大学出版社，2008。

③ 王广华:《面向高质量发展新要求，全面推进测绘地理信息事业转型升级》，全国测绘地理信息工作会议，2023 年 5 月 15 日。

息工作加快转型升级、实现高质量发展提供了方法论、划定了路线图。要实现这一目标，有必要深入思考和分析新时代新形势下政府测绘工作面临的困境和解决之道。

二　政府测绘工作主业的变化

（一）机构改革后国家测绘单位的主业

机构改革后，测绘地理信息工作按照部党组制定的“两支撑 两服务”定位，在继续履行《测绘法》赋予的相关职能，为经济建设、社会发展、国防建设和生态保护提供基础测绘成果和公益性地理信息服务的同时，发挥技术、专业队伍、装备和地理信息数据资源优势，快速融入自然资源工作，为生态文明建设各项任务的实施做了大量工作，体现了测绘工作作为自然资源“两统一”核心职能的重要性，展示了国家测绘队伍的专业素质和敬业精神。目前政府测绘主要业务工作可以概括为以下几点。

一是履行《测绘法》赋予的相关职能，完成测绘基准建设维护、基础测绘生产、地理信息公共服务、应急测绘及地理国情监测等基础性工作，为各行各业应用和防灾减灾提供地理信息数据、专题地图、地理信息公共服务和应急测绘保障。

二是支撑自然资源管理各项工作，承担国土资源调查和变更调查任务，为自然资源督察、卫片执法等自然资源监管提供技术支持，为“三区三线”划定、空间规划、违建清底、大棚房整治、农村乱占耕地问题整治等自然资源领域重大工作提供数据和技术支撑。

三是为生态文明建设分布在各个部门的任务提供服务，协助完成河湖清四乱、干部自然资源资产离任审计、生态环境监测、各类资源调查等工作。

通过近几年的实践，政府测绘工作在承担“老主业”、服务经济社会发展的同时，通过支撑自然资源管理和服务生态文明建设不断催生出新的生产服务业态，形成了事实上的“新主业”。

（二）“新主业”采用的主要技术方法

针对自然资源管理和生态文明建设需求，测绘部门所承担的主要业务的工作技术原理可以概括为：利用多源、多期遥感影像，通过纠正、融合、拼接、判读解译、数据采集、编辑等专业处理，辅以现场调绘与核查，绘制出各类界线或提取变化信息，满足各类资源调查和变化监测需求。内容包括：基础测绘数据成果和地理信息公共服务平台支撑；定期获取卫星遥感数据并快速处理，制作正射影像产品；利用无人机航空摄影对重点区域进行数据采集和处理；通过影像判读、解译，采集编辑各类界线；通过多期影像或与已有界线数据比对提取变化信息；重点区域实地核查、野外测量；统计分析及可视化展示；信息系统维护与数据管理；质量控制。

总体而言，测绘工作在“新主业”中所采用的技术方法和作业流程与基础测绘成果的更新过程完全一致，只是产品标准、作业周期和服务对象有所不同。

三　测绘地理信息工作存在的问题

（一）职能职责与主业不匹配

目前，政府测绘地理信息单位支撑自然资源管理各项工作和服务生态文明建设各项任务已经实现了“点对点”对接，但还未实现有机融合。

首先，新业务工作内容大多是承担需求部门具体项目，以辅助性保障、被动式服务方式发挥作用。尽管从需求侧角度看，测绘支撑自然资源管理内容越来越明确，且不同的需求中包含大量基础性工作和公共资源，但从供给侧角度看，没能概括出其中的共性业务，没有形成系统性、规范化的业务体系，也没从测绘单位法定职能上予以明确，“新主业”与“新主责”不匹配，致使支撑工作各自为战，在底层数据生产、公共资源建设等方面存在重复和业务界限不清的问题。其次，测绘单位面临多头指挥和个性化需求，缺乏整体规划和统筹协调，导致资源浪费、力量分散、工作冗余、效率不高。

因此，需要及时总结前期“新主业”开展情况，归纳概括其中的共性业务内容，以主动服务、提供地理信息数据要素保障为目标，重新设置部门单位主要职能，并在项目立项、工作机制、业务流程、公共资源建设与共享等方面，结合“老主业”构建新型业务体系。

（二）自然资源系统内测绘工作有待进一步整合

自然资源部门内部直接涉及测绘生产与地理信息服务的工作包括基础测绘、国土资源调查与监测、海洋测绘三项。机构改革后，三项工作合并到自然资源系统，但在业务上仍然相对独立，存在重叠与交叉。特别是基础测绘和国土资源调查与监测工作，虽然技术方法和工艺流程完全一致，但因项目和业务立项出自传统工作体系，部门分工仍延续机构改革前的职能设置，使得很多工作职责不清、交叉重叠、效率低下，影响了测绘地理信息工作整体效能的发挥。另外，随着国家海洋强国战略的实施，海洋测绘在维护国家主权、海洋资源保护与开发利用、南北极探测及科学研究方面的作用也日益凸显。加强陆海统筹，一体化开展陆海测绘基准建设、海岸线资源调查与监测、海岛礁和海下地形测绘、极地测绘和北斗导航定位服务等，对于建立包括领海在内的全疆域乃至全球统一的空间数据基准和空间数据资源，开展全球自然资源调查工作具有重要意义，为国家海洋强国战略实施和国防安全等夯实空间数据基础。

（三）测绘地理信息工作未有机融入政府信息化建设之中

地理信息数据资源是公共的、基础的数据资源。过去二十年，测绘部门在数字化和信息化测绘技术改造过程中，走在各行业前列，既体现了测绘地理信息的专业特性，也表现出空间信息技术的先进性。但在满足政府各部门信息化建设需要方面，现有基础测绘成果的内容和表现形式，以及地理信息公共服务的方式没有以需求为导向做相应的调整，没有体现出地理信息的公共性、基础性和载体性作用，测绘部门没有找准测绘地理信息工作在政府信息化建设中的定位。

首先，数字政府和各部门信息化建设离不开地理信息，需求无所不在；其次，测绘部门所提供的公共产品和服务内容不适应政府信息化建设需求，基础测绘产品不能用，公共服务平台不好用，测绘工作在政府信息化建设中的重要性得不到体现；最后，测绘部门以发挥技术优势为主题牵头的地理国情监测、数字城市建设等重大项目缺少针对性，没有与自身职能和有关政府部门职能相结合。

（四）空间信息基础设施和地理信息数据资源存在重复建设

信息化建设应遵循“信息基础设施和公共数据资源共享”的原则。共性技术，是指在多个行业或领域广泛应用的技术，需要基础设施和公共平台做支撑。卫星遥感、卫星导航定位、地理信息系统技术是典型的共性空间信息技术。近年来，不断涌现的空间信息技术成果为以资源管理、资源利用、城乡开发建设为主的多个行业带来新的解决方案。由于政府信息化建设对于空间信息基础设施和地理信息资源共享缺少统筹规划和顶层设计，相关政策对资源共享的约束力不够，各部门在推进信息化过程当中追求“小而全”，不了解或不愿利用已有的信息基础设施和公共产品，习惯于“从头做起”、围绕自身业务开展信息化建设，致使在空间信息基础设施建设方面条块分割、各自为战，存在大量重复建设问题。在地理信息数据应用方面，普遍存在同一区域、不同部门的地理信息底层数据来源不一、数据标准各行其道、软件平台互不兼容、“信息孤岛”林立问题，甚至一个部门内存在二三十个独立运行的业务系统，基础数据五花八门，已经造成新的信息壁垒且有不断加剧的趋势。

目前，政府通过统一建设“数据中心”，在计算、存储和网络资源共建共享共用方面取得了一些进展，但在空间信息基础设施和地理信息数据资源建设和共享方面，仍存在问题。如近年来热门的卫星遥感技术，由于技术门槛的降低，很多部门和地方政府热衷于建设实体的“卫星中心”，甚至发射自己的卫星，设立机构、增加编制、投入设备，“以建代用”，反而忽视了对数据资源的专业化处理和深层次开发利用。卫星导航定位技术应用方面也存在多行业和各级政府重复建设地面基准站、大建实体数据中心的问题。空间信息基础设施的重复建设，既造成了财政资金浪费，也增加了地理信息安全风险，更违背了信息化建设的共享原则。其中一个重要原因是：社会各界不了解测绘地理信息工作与新空间信息技术应用及其产品的关系，不清楚测绘部门是航天（卫星）航空遥感公共产品的制作者和提供者；卫星导航定位地面基准站既是测绘基准的重要组成部分，也是空间信息基础设施的重要内容。

（五）空间信息技术体系下的新测绘地理信息业务体系未建立

目前政府测绘单位内部业务划分仍延续了传统测绘的工序，以“大地测量、野外地形测量与调绘、航空摄影测量与遥感、地图制图、成果管理与分发、产品质量控制”等划定业务范围。过去二十年，数字化技术的引进和“3S”技术的成功应用，打破了原来的技术分工，每一个测绘业务单位都已经演变为“内、外业生产与地理信息应用相结合”、自成体系的综合生产实体。如果仍以传统测绘业务分工评价目前大多数的测绘生产单位，则存在功能雷同和同质化问题。

首先，测绘地理信息工作是信息化建设的重要组成部分，空间信息技术支撑下的测绘地理信息工作应符合信息化建设的一般规律，按照“信息基础设施建设、数据获取、数据生产、数据库建设、信息服务、应用系统开发”等步骤建立业务流程；其次，测绘地理信息成果应用已由原来的以地图为载体的间接应用，发展为通过公共产品、公共平台和专题应用，面对不同用户需求提供直接服务，这对测绘产品和公共平台的质量和时效性提出了更高的要求，很多测绘单位和企业针对某些行业需求深耕细作，在应用层面体现出特色业务，主要业务可以以服务对象和应用领域划分；最后，在支撑自然资源管理和服务生态文明建设新业务方面，已形成了围绕自然资源与地理空间数据资源建设，以数据更新、变化监测为主线的新业务流程。

（六）测绘部门内部测绘生产、公共服务与应用需求脱节

20 世纪 90 年代末，测绘部门针对数字化测绘技术的应用适时提出了

“4D”产品概念，解决了模拟测绘产品向数字测绘产品过渡的问题，也满足了当时政府各部门对数字化地形图产品的需求。二十年来，随着信息技术普及，政府部门和社会公众对测绘产品的内容、表现形式和时效性要求发生了重大变化，而空间信息技术的发展也大大提升了测绘生产效率，改变了地理信息服务方式，使得直接面向应用的测绘公共产品和地理信息公共服务成为可能。

在民用领域，卫星导航定位系统与导航地图的结合，不仅推动了地理信息成果的广泛应用，也促进了相关产业（如自驾游、智能交通等）的发展。但在政府测绘层面，目前基础测绘产品仍延续纸质地形图时代的产品标准和服务模式，明显不适应各行业信息化需求。以“4D”产品中最重要的数字线划地图（DLG）成果为例，一直沿用传统测绘的固定比例尺、地图分幅、地图符号和地图要素分类体系，更新周期也不能及时反映重要地理要素的实际变化情况。各级政府测绘部门建立的基础测绘产品数据库除了用于内部成果管理和输出标准地形图产品外，其他部门几乎不能直接使用，甚至测绘部门自己开发的地理信息公共服务平台也不能直接使用基础测绘成果。一方面，基础测绘产品、公共平台服务与行业应用需求脱节，测绘部门的公共产品和公共平台针对性不强，不好用；另一方面，各部门信息化工作对地理信息需求旺盛，但因不了解、不愿意使用测绘部门的公共产品和公共平台，往往另起炉灶，造成重复建设。

四　推动自然资源系统测绘工作深度融合

（一）整合自然资源系统内测绘工作

如上所述，目前自然资源系统内部与测绘相关的工作有三项，即基础测绘、国土资源调查与监测、海洋测绘。在现有部门业务合作基础上，进一步推动业务融合和部门职能重组，以《测绘法》为依据，针对数字中国和数字政府建设需求，以支撑自然资源管理和服务生态文明建设为目标，整合自然资源系统内与测绘地理信息相关的工作，按信息化建设流程，以“大测绘”[①] 的理念，重新梳理政府测绘地理信息工作的主要业务。

1. 整合自然资源系统内测绘地理信息工作的主要业务

时空信息基础设施建设：包括陆地测绘基准、海洋测绘基准、卫星导航定位基准、卫星检校场、地理空间大数据中心等建设与维护。

原始数据获取与分发：包括卫星遥感获取、航空摄影、无人机摄影、地面数据采集、水下地形测量、地下空间探测等。

自然资源与地理空间数据资源建设：包括基础测绘产品、实景三维、资源调查、各类空间界线（“三区三线”及各类限制性界线等）、海洋测绘、公共服务等数据的生产加工、成果更新和变化监测；统筹建设“自然资源与地理空间”数据库。

公共平台建设与服务：将测绘地理信息数据产品（包括遥感影像）、自然资源调查数据、高精度卫星导航定位服务通过公共平台对外提供，按政务版、公众版和涉密版分类分级，统一提供权威的“一张图”“一平台”“一张网”，向政府各部门开放空间信息基础设施、自然资源和地理信息数据资源，推动自然资源系统内和政府部门间时空信息资源共享，推动卫星导航定位基准站社会化应用。

督查执法和应急测绘保障：统筹自然资源系统内各司局对测绘地理信息工作的需求，结合测绘应急保障业务化，以“变化监测”为主线，整合监测类项目，形成常态化规范化监测业务工作。

业务系统建设与应用：在公共平台基础上，开发用于支撑自然资源系统各司局需求的全链条业务系统，兼顾为生态文明建设各行业应用提供服务支撑（如为“田长制”“林长制”“河湖长制”实施提供统一的支撑服务；为干部自然资源资产离任审计提供数据支撑），深度开发服务政府各部门信息化建设的应用系统，推动各部门业务系统共用统一的公共地理空间数据和公共平台，实现测绘支撑工作从“业务产生数据”向“数据产生业务”的演

① 徐开明：《构建新型基础测绘生产服务体系》，载刘国洪主编《测绘地理信息“两支撑 一提升”研究报告（2022）》，社会科学文献出版社，2023。

进[①]，带动有关部门开放其专业空间信息资源（如生态环境部门污染源调查数据、民政部门行政界线数据、农业部门的高标准农田数据、文物保护界线数据等），落实测绘地理信息在数字中国和数字政府建设中的职责。

2. 重新划定部门职能

职能的履行最终要落实到部门单位的业务分工和协作机制上，按重新梳理的主要业务，既明确主责，也明确主业，理顺工作机制，以技术逻辑修正行政管理逻辑，在相关业务部门职能划分、有关事业单位“三定”设置、项目立项等方面进行合并重组。其中要重点厘清以下几方面内容。

一是基础测绘、资源调查、变化监测、地理信息公共服务与测绘成果应用在不同业务部门的分工协作和上下游关系，推动自然资源与地理空间数据资源一体化建设。

二是卫星遥感应用与测绘工作的关系。航空航天遥感影像获取与分发是测绘工作的有机组成部分，卫星遥感影像是测绘地理信息重要的数据来源之一，测绘部门是遥感公共产品的制作者和提供者，应解决将卫星数据分发作为一项独立工作与测绘数据生产脱节造成的重复建设问题。

三是发挥基础地理信息中心的牵头作用。基础地理信息中心是各级测绘部门成果的汇集、管理与分发单位，是地理信息公共服务的承担单位，也是测绘重大工程项目的主要牵头单位。从某种意义上说，基础地理信息中心的作用体现了测绘地理信息工作的价值。对内，通过公共产品和公共平台支撑各业务司局应用系统的关系建立，真正体现自然资源“一张图”“一平台”。对外，加强与行业部门信息中心的合作，针对各部门信息化需求，主动开放共享时空信息基础设施和数据资源，改进产品和服务质量，充分发挥时空信息作为基础性、公共性、载体性信息资源的作用；积极主动为领导出行、相关行业应急救灾提供地理信息服务保障，建立常态化服务保障机制。特别应关注国家数据局和地方政府（大）数据局的工作进展，主动对接，建立工作机制，打通数据共享通道，推动时空信息成为数字政府、数字中国建设的有机组成部分。

---

① 王广华：《面向高质量发展新要求，全面推进测绘地理信息事业转型升级》，全国测绘地理信息工作会议，2023 年 5 月 15 日。

（二）科学定义新概念、做好传统业务体系传承

目前与信息化相关的新概念、新技术层出不穷。由于很多新概念、新技术缺少科学的释义，界限模糊，学术界、产业界和政府部门出于各种原因，推广过程中往往存在脱离现有业务体系、“以偏概全”的问题，这也是造成重复建设的主要原因之一。应及时规范各类“新名词”的科学定义与内涵，做好技术和业务体系的继承与发展。例如：“一张图”“一平台”“一张网”“数字底座”“数字基底”“数字底板”等概念的定义、内涵与相互关系；“地理信息公共服务平台”“时空信息云平台”“国土信息化平台”等平台建设内容与相互关系；测绘地理信息技术及成果在“大数据”“数字孪生”“元宇宙”“人工智能”“大模型”等信息技术新发展阶段的作用。

通过科学定义、重组合并这些“新概念”，厘清新技术与传统技术的关系，确保测绘地理信息工作的连续性和完整性，避免“新瓶装旧酒”，或因新名词滥用而产生重复性项目，造成业务工作的重叠与交叉。

另外，要与时俱进，注重以新技术、新概念、新名词诠释现代测绘地理信息工作，讲清楚新时代测绘地理信息工作在经济社会发展、生态文明建设、国家重大战略实施当中的支撑保障作用，转变测绘工作是“传统行业、专业部门、保密单位”的呆板形象；改变社会各界“只知测绘工作的艰苦性，不知测绘技术的先进性”“只知有用，不知如何用”的认知。

（三）构建新型基础测绘生产服务体系

测绘生产与地理信息公共服务是履行测绘工作职能的基础，生产的目的在于服务，服务的成效在于应用。[①]为更好履行“统一提供地理信息数据要素保障”新职能，应按照信息化流程，以需求为导向，充分利用空间信息技术新成果，构建新型基础测绘生产服务体系。

生产体系改造重点解决基础测绘产品与地理信息公共服务脱节以及同区

① 徐开明：《构建新型基础测绘生产服务体系》，载刘国洪主编《测绘地理信息“两支撑 一提升”研究报告（2022）》，社会科学文献出版社，2023。

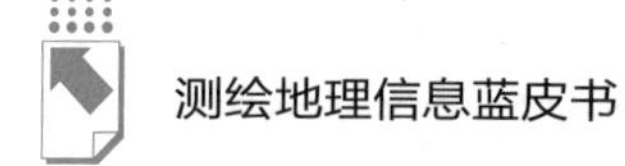

域不同项目数据重复采集问题，在产品标准、作业流程、更新周期和生产组织方式方面进行改造。

服务体系的改造旨在按照《测绘法》赋予的职责，以公共服务为目标，将测绘地理信息成果通过地理信息公共服务、导航与位置服务、遥感监测和测绘应急保障四个基础平台向政府部门和社会共享开放。

同时，考虑测绘地理信息工作在支撑自然资源管理和服务生态文明建设中的特殊作用，针对需求建立支撑自然资源管理综合业务运行系统和服务生态文明建设跨部门全流程公共平台。

五 结语

2023年全国测绘地理信息工作会议以更高的政治站位明确了新时代测绘地理信息事业的新定位，对下一步工作提出了新要求。进入新时代，技术创新日新月异、社会需求更加广泛，测绘部门所承担的“新业务”应接不暇。从中概括出共性工作，在发挥对“主流工作”支撑保障作用中体现测绘工作的服务本质和专业价值，变被动应对到主动服务，既需要在职能设置上进行合并重组，也需要在业务体系构建方面推动变革，以新的生产组织方式、新的产品形式和新的服务模式实现高效的地理信息数据要素供给，满足各方需求，实现测绘地理信息事业高质量发展。

B.17
测绘地理信息支撑“多测合一”改革的实践与思考

杨宏山 *

摘　要： 当前，全国正稳步推进“多测合一”改革工作，各地在政策文件制定、技术标准统一、支撑服务优化等方面开展了大量探索与实践，全面深化改革不断取得新成效。“多测合一”改革作为党中央、国务院深化改革和优化营商环境的重要举措，是自然资源部承担的重大改革任务，迫切需要发挥测绘地理信息的支撑保障作用。本报告立足四川测绘地理信息局支撑“多测合一”改革的具体实践，分析测绘地理信息支撑“多测合一”改革面临的问题和挑战，提出未来测绘地理信息支撑“多测合一”改革的建议，为“多测合一”改革提供更加安全、高效、精准、可靠的测绘地理信息要素保障。

关键词： 测绘地理信息　多测合一　改革

一　引言

党的十八大以来，党中央、国务院持续推进改革向纵深发展，习近平总书记在党的十九大报告中指出，要“转变政府职能，深化简政放权，创新监管方式，增强政府公信力和执行力，建设人民满意的服务型政府”。[①] 2018

* 杨宏山，四川测绘地理信息局党组书记、局长，高级工程师，长期从事测绘地理信息相关的业务管理与研究工作。

① 习近平：《决胜全面建成小康社会 夺取新时代中国特色社会主义伟大胜利——在中国共产党第十九次全国代表大会上的报告》，人民出版社，2017，第 39 页。

年 5 月，国务院办公厅印发了《关于开展工程建设项目审批制度改革试点的通知》(国办发〔2018〕33 号)，要求对工程验收涉及的测量工作，实行“一次委托、联合测绘、成果共享”。2019 年 9 月，自然资源部发布的《关于以“多规合一”为基础推进规划用地“多审合一、多证合一”改革的通知》(自然资规〔2019〕2 号) 要求，以统一规范标准、强化成果共享为重点，将建设用地审批、城乡规划许可、规划核实、竣工验收和不动产登记等多项审批事项中涉及的测绘业务整合、成果归口管理，推进“多测合并、联合测绘、成果共享”。至此，“多测合一”改革作为自然资源部门的重要任务，在全国范围内推动。

从字面解读看，“多测”指多个测绘事项，“合一”指一个标的物只测一次、同一个测绘事项由一家测绘单位来承担、同一项测绘成果只向审批部门提交一次。“多测合一”改革就是针对工程建设项目用地、规划、施工、竣工、不动产登记等全流程，包括工程建设项目立项用地规划许可、工程建设许可、施工许可、竣工验收四个阶段涉及的测绘业务进行整合，由一家测绘单位牵头负责提供行政审批所需的各项测绘中介服务，实现“一次委托、联合测绘、成果共享”。“多测合一”省去了工程建设项目中的重复测绘工序，对部分基础性测绘成果共用，委托一家测绘单位报批项目成果，多个主管部门进行联合审批，实现了缩短测绘时间、节约测绘成本、简化审批手续、优化营商环境的目标。①

二 “多测合一”改革的形势与现状

自然资源部是国家“多测合一”改革工作的行政主管部门和工作推进主体。2020 年 10 月，全国国土测绘工作会议强调要发扬钉钉子精神，确保工程

① 时守志、张琳原、张保钢:《“多测合一”测绘行业标准探究》,《北京测绘》2022 年第 7 期；许承权、张宁:《“多测合一”背景下的〈不动产测量与管理〉课程教学改革研究》,《创新创业理论研究与实践》2021 年第 20 期；管佳、石林曦:《“多测合一”改革存在的问题及措施探讨》,《经纬天地》2022 年第 3 期。

建设项目审批制度改革早日落地见效。[①] 为了落实和开展好“多测合一”改革工作，全国各地陆续在政策文件制定、技术标准统一、支撑服务优化等方面开展了大量工作。

在政策文件制定方面，各地相继印发了启动“多测合一”改革的通知文件，绝大多数省份结合本省实际，颁布了具体的实施方案、实施办法、指导意见，明确了改革目标、主要任务、责任分工、进度计划、保障措施等事项。随着各地不断探索实践，改革工作逐渐走向深入，主要体现在加强组织、强化协同，开放市场、促进公平，整合事项、成果共享，强化监督、依法追责等方面。

在技术标准统一方面，各地先后出台了更具针对性的技术标准，大多以导则、指南、规程或规范等方式统一技术口径。从技术标准覆盖的范围来看，大多数省份针对竣工验收、不动产登记等环节测绘事项颁布了技术标准，北京、江苏、湖南等地实现了测绘事项全流程的技术标准覆盖。从技术标准涉及的测绘内容来看，大多数省份均在控制测量、规划核实测量、房产和不动产测量、建筑面积测量、绿地和人防测量等分项国家或行业标准的基础上，结合地方实际与“多测合一”改革的要求，针对工程建设项目竣工验收、产权登记、房产面积测算等内容，细化了标准内容。

在支撑服务优化方面，多地依托“多测合一”信息系统，建立测绘中介服务机构名录库，明确入围标准与准入退出机制，促进形成优质高效的市场环境。多地积极尝试以信息化的技术手段建设“多测合一”政务审批平台，提供“一次提交、一次取结果”的一站式服务，优化办事流程和政务审批手续。[②] 同时，各地积极总结推广先行先试地区经验，开展了不同层面的“多测合一”高峰论坛、研讨会、培训班等活动以及相关学术研究。

目前，各地在总结已有试点经验的基础上，按照问题导向、政府高位推动的总体思路，以优化营商环境、减轻企业负担、激发市场活力为出发点和

---

① 赵玲玲、陆芬:《2020 年全国国土测绘工作会议在京召开》,《资源导刊》2020 年第 22 期。

② 唐昊、向华:《探索基于测审一体的“多测合一”信息化服务建设》,《城市勘测》2022 年第 6 期。

落脚点，推动“多测合一”改革不断深化。据自然资源部统计，实施这项改革后的地区，建设项目审批涉及的测绘工作所需时间减少了大约30%，经费降低了大约20%，减轻了行政人员的负担，优化了建设项目测绘市场环境，成效显著。[①]

三　四川测绘地理信息局支撑“多测合一”改革的工作实践

四川测绘地理信息局（以下简称“四川局”）作为自然资源部的派出机构，自2018年以来，充分发挥技术和人才优势，为四川省、上海市、厦门市等地“多测合一”改革工作提供了有力支撑。

（一）全面支撑四川省“多测合一”改革

2019年，四川省人民政府办公厅印发了《四川省工程建设项目审批制度改革实施方案的通知》（川办发〔2019〕31号），明确在全省推行“多测合一”改革，将竣工验收阶段涉及的规划、房产、地籍等测绘工作，合并为一个综合性联合测量项目。四川局全面支撑了四川省“多测合一”改革。

1. 制定政策制度，完善顶层设计

2019年，四川局联合四川省自然资源厅、四川省住房和城乡建设厅、四川省人民防空办公室共同印发了《四川省推进工程建设项目“多测合一”工作指导意见》和《四川省工程建设项目“多测合一”改革实施办法（征求意见稿）》，明确了四川省“多测合一”改革主要内容、办事流程、工作要求、技术规范，为全省提供了顶层的改革方案。[②]

2. 建立标准体系，统一技术要求

积极开展调研学习、技术试验和试点应用工作，广泛征求各方意见建议，相继支撑出台了《四川省工程建设项目“多测合一”技术指南（试行）》《四

---

① 赵玲玲：《“合”出来的新变化》，《中国自然资源报》2022年6月7日。
② 《我省推进工程建设项目“多测合一”》，《四川日报》2019年10月27日。

川省工程建设项目“多测合一”数据建库标准（征求意见稿）》等文件，编制了地方标准《四川省多测合一测绘成果质量检查与验收》，进一步统一了四川省内的技术要求。

3. 加强协调联动，深化改革试点

2021年7月，四川局联合四川省自然资源厅、四川省住房和城乡建设厅、四川省大数据中心印发《四川省工程建设项目“多测合一”改革提升试点方案》，在先期推进四川省竣工验收阶段改革试点基础上，继续以成都市、攀枝花市、眉山市为试点地区，启动工程建设项目行政审批涉及测绘事项“全流程、全覆盖”改革试点工作。2021年9月，通过培训及座谈的方式，四川局联合四川省自然资源厅共同对四川省“多测合一”工作要求及技术方案进行了宣讲，并对成都市“多测合一”实践经验进行了推广，总结了全省21个市（州）改革工作的成效和存在的实际困难，着力解决地方行政管理权限差异导致系统运行不畅通等问题。

4. 统筹平台建设，强化服务应用

2021年底以来，四川局主动对接四川省自然资源厅、四川省大数据中心，按照“普适性＋个性化”的方式，优化“多测合一”行政审批管理系统，共同探索“多测合一”成果管理和成果共享办法。

当前，四川局积极支持四川省全流程的“多测合一”改革工作，分阶段逐步整合测绘事项，将工程建设项目全流程涉及的测绘事项纳入“多测合一”。严格按照《四川省推进工程建设项目“多测合一”工作指导意见》关于中介信用考核汇总、事中事后监督管理等要求，逐步完成四川省“多测合一”中介机构考核和监督检查工作，探索建立测绘市场准入机制，规范市场行为，确保成果质量。

（二）全力支撑有关省市“多测合一”改革

上海市与厦门市作为全国工程建设项目审批制度改革的先行城市，均于2018年颁布了推进工程建设项目“多测合一”改革工作的政策文件，全力推进“多测合一”改革工作落地见效。四川局派出下属事业单位自然资源部第

三大地测量队（以下简称“第三大地测量队”）与自然资源部第六地形测量队（以下简称“第六地形测量队”）分别扎根上海市与厦门市，充分发挥一流测绘队伍优势，全力支撑上海市和厦门市“多测合一”改革工作。

1. 主动作为，支撑顶层设计与标准体系构建

相较其他省市，上海市与厦门市的“多测合一”实践具有建筑结构复杂多变、成果精度更高等特点。第三大地测量队针对上海市“多测合一”改革中的技术难点，邀请行业专家和技术人员到测区共同开展技术研讨与培训，补短板、弥差距、强技术，建立了符合上海市特色的“多测合一”技术支撑体系。第六地形测量队积极助力厦门市“多测合一”标准化体系建立，协助相关部门制定《厦门市房产面积测算细则（2021 年版）》《福建省城市地下管线探测及信息化技术规程》《福建省城市地下管线信息数据库建库规程》等“多测合一”综合技术标准，明确“多测合一”改革内容、成果精度和形式等要求，统一工程建设项目行政审批监管中建筑面积测算等规则，为“多测合一”改革构建了顶层标准体系。

2. 创优争先，支撑“多测合一”改革落地实施

围绕“两支撑、一提升”工作定位，第三大地测量队与第六地形测量队通过创新引领提质增效，全力做好上海市和厦门市“多测合一”支撑保障工作。一是发挥技术人才优势，探索房产测绘、地下管线探测等单项测绘技术在“多测合一”项目中的整合应用，创新作业机制、革新技术手段、优化工艺流程，全面提升“多测合一”建筑面积测算成果的精度。二是发挥科技创新效能，探索无人机、三维激光扫描仪等新型测绘装备在“多测合一”项目中的应用，开展自主软件研发工作，切实发挥新型装备、智能化软件在“多测合一”项目中的效能，提升“多测合一”项目工作的时效性。三是发挥机制优势，将党建融入“多测合一”改革技术支撑工作中，引领测绘行业单位共同构建质量管控与廉洁监督机制，切实提升“多测合一”项目工作质量。

3. 多方协调，助推“多测合一”改革走向深入

一是配合行政主管部门，与业务专家组建“多测合一”改革智囊团，协助制定“多测合一”改革机制、改革措施、工作制度，协调解决改革实践中

遇到的技术难点、堵点、卡点问题。二是总结试点经验、凝练先进做法，协助行政主管部门探索面向全市建设单位、测绘单位、审批部门的全流程“多测合一”改革方案，组织开展“多测合一”专项培训，为“多测合一”改革培养复合型人才。三是拓展服务深度，在“多测合一”常规保障服务的基础上，主动拓展如停车位、绿化面积、建筑面积等建设指标的预测算、前后工序指标一致性测算等服务工作。四是依托技术引领优势，联合属地测绘行业单位，共同建立“多测合一”全链条信用评价机制，确保测绘成果真实准确、服务优质高效。

四　测绘地理信息支撑“多测合一”改革面临的问题和挑战

（一）沟通机制不通畅

“多测合一”改革是一项综合性改革，涉及自然资源、发改、住建、人防、绿化等多个部门，各行政主管部门以自身审批要求为主，审批标准条块分割、各自为政，未能建立有效协调机制、形成改革合力，仍存在职责划定推诿扯皮、多方测绘事项优化整合未达成一致等问题。一些测绘地理信息主管部门还未找准“多测合一”改革中的角色定位，“纽带”作用发挥不足。

（二）技术标准不健全

目前，各地尽管出台了符合地方特色的技术标准，但仍未彻底解决“多测”如何“合一”问题。一是标准体系还不完整，地方标准大多仅涉及竣工验收阶段的测绘工作，未覆盖工程建设项目全流程。二是标准体系针对性不强，部分地方标准仅将之前工程测量各阶段相关要求进行简单糅合，未兼顾“多测合一”精度要求、成果形式、作业方法、质量监管等。三是标准体系普适性不够，地方标准属地化特征明显，缺乏完整、系统的国家或行业标准。[①]

① 张保钢、杨伯钢、易致礼等:《我国“多测合一”工作开展情况综述》,《北京测绘》2021年第11期。

（三）质量监管体系不完善

“多测合一”成果质量直接关系工程建设的质量与安全，与人民群众切身利益相关，但符合“多测合一”改革要求的质量监管体系尚不健全。一是国家尚未出台“多测合一”成果质量检验标准，缺乏统一的成果质量检验与评定方法。二是事中事后监管体系尚不成熟，“双随机、一公开”的监管主体、抽查对象、抽查事项等对“多测合一”项目的质量管理的针对性不强。三是测绘服务机构名录库准入退出机制、从业人员信用评价管理机制尚不健全，暂未培育出优质高效的“多测合一”测绘中介服务市场。[①]

（四）信息化支撑不够

“多测合一”改革后，数据获取、成果管理、产品交付、成果共享、成果审批等一系列环节均需信息化手段支撑，各环节的信息化程度不高制约了“多测合一”改革的实施。一是信息化测绘技术支撑不足，仍然采用全站仪、水准仪、RTK 等传统设备对各类测绘数据分项采集，事后再整合编辑，无法做到一套装备快速实现一次性采集。[②]二是信息化交付与审批能力不足，“多测合一”成果线上共享、流转的模式对行政主管单位、测绘单位的数字化能力提出了更高要求，一些单位的信息化技能水平不足一定程度影响了“多测合一”改革的实施。三是“多测合一”管理服务平台还不够完善，未能真正实现测绘成果纵向贯通、横向共享的信息化服务，一些省市的信息化平台甚至未构建有效业务闭环，无法真正投入使用。

（五）测绘单位支撑能力不强

在支撑“多测合一”改革工作过程中，一些测绘单位未清醒地认识到

---

① 赫英超、国计鑫、刘晗:《“多测合一”工作技术要点及质量控制措施探讨》,《测绘与空间地理信息》2022 年第 8 期；喻辉、易圣文:《加强“多测合一”工作的探讨》,《江西测绘》2021 年第 1 期。

② 金雯、董治方:《新型测绘技术在上海花博园“多测合一”测量中的应用》,《测绘通报》2022 年第 S2 期。

“多测合一”改革的特点与要求，支撑“多测合一”改革高质量发展比较乏力。一是人才和技术储备不够，技术人员大多仅掌握部分“多测”所需理论知识和技能，业务范围较为单一，无法满足“多测合一”改革的技术要求。二是装备能力不够，新型硬件、软件、网络等设施配置不足，导致数字化服务与保障能力不强，无法满足“多测合一”改革的装备需求。三是服务意识不高，未充分认识到“多测合一”改革中测绘部门的主体作用，未能主动完善技术标准、健全质量管理机制，无法满足“多测合一”改革的服务需求。[①]

五　未来测绘地理信息支撑“多测合一”改革的思考

“多测合一”改革带来传统测绘技术、管理与服务模式上的变革，对测绘地理信息行业而言是机遇更是挑战。测绘地理信息部门须从尽职履责、技术革新、服务保障等方面全方位转变，为“多测合一”改革提供更加安全、高效、精准、可靠的测绘地理信息保障服务。

（一）准确识变，以履职担当助推“多测合一”改革

测绘地理信息主管部门及从业单位应切实提高政治站位，紧紧围绕新时期测绘工作“两支撑、一提升”定位，主动担当、积极作为，努力实现测绘市场公平开放、测绘事项优化整合、测绘技术标准统一、测绘成果共享互认，在“多测合一”改革中彰显测绘力量。

1. 高度重视，严格落实各项任务

“多测合一”改革是自然资源部门的一项重大改革任务，各级自然资源部门应充分认识“多测合一”改革工作的重要性和紧迫性，认真领会党中央、国务院深化改革的具体要求，按照自然资源部党组的工作部署，进一步提高政治站位，坚持国家立场，落实工作责任，扎实推进各项改革任务。

① 郑伟、田家宽、栾永强等:《“多测合一”背景下测绘企业资源整合与共享机制探讨》,《城市勘测》2020 年第 4 期。

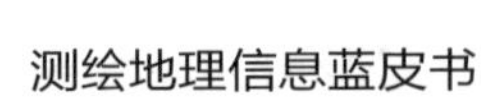

2. 主动融入，积极协调各职能部门

“多测合一”改革涉及多个部门，改革主管部门应该主动加强与发改、住建、人防、绿化等部门间的沟通协调，形成合力，发挥好测绘工作的支撑与“纽带”作用，通过明确分工、强化督导、共同统筹，确保改革目标顺利实现。

3. 强化监管，推动行业高质量发展

一是加强“多测合一”测绘市场监管，进一步推动市场开放，促进公平。二是加快开展“多测合一”改革涉及的相关法律法规和政策的制修订工作，更好地保障改革工作的顺利推进。三是加强成果质量监管，提升“多测合一”监督检查工作效能。四是发挥好测绘行业管理作用，规范“多测合一”测绘市场秩序。

4. 积极宣传，形成全体参与的氛围

积极做好“多测合一”改革宣传工作，大力宣传“多测合一”改革对优化营商环境的作用和意义。加大政策宣传解读力度，强化对测绘服务机构的业务指导和人员培训，共同营造“多测合一”改革氛围，引导全社会更加关注、理解、支持“多测合一”改革。

（二）科学应变，以技术革新推动“多测合一”改革

1. 尽快统一行业技术标准

梳理不同地区、不同行业、不同事项现有的“多测合一”改革技术标准，围绕工程建设项目各个阶段，对技术指标、测量要求、成果质量进行规定，形成指标一致、规则统一、科学合理、系统覆盖的全流程技术标准体系，在全国范围推广使用。

2. 推动新技术新装备的应用

大力推动新技术与新装备在“多测合一”数据获取、处理、管理、产品中的应用，提升“多测合一”改革测绘供给效能。在数据获取上，推动三维激光扫描、倾斜摄影测量等技术的应用[①]，研制相应的数据采集软硬件装

① 尚金光、张小波、陈超等:《三维激光扫描点云及其全景技术在“多测合一”中的应用》,《城市勘测》2020 年第 2 期。

备，提升数据统一获取的效率与精度；在数据处理上，推动大数据、云计算、人工智能等技术的应用，提升高性能云计算服务能力，实现数据处理自动化与高效化；在数据管理上，推动数据加密、数据共享、区块链等技术的应用，完善数据交换共享系统，推动数据在工程建设项目全流程共享服务，确保测绘数据安全；在数据产品上，着力丰富“多测合一”数据产品，推动产品形式从二维向三维、从分项向集成转变，构建新型“多测合一”产品体系。

（三）主动求变，以优质服务助推“多测合一”改革

测绘单位应苦练内功，在技术实力、服务能力两个维度同向发力，以优质服务助推“多测合一”改革走深做实。

1. 全面提升技术与管理能力

一是重视人才培养，将专业教育与岗位培养相结合，进一步加强改革的各项要求、技术标准和业务流程的探索与学习，全面提升综合业务能力。二是主动融入行业数字化转型升级潮流，依托大数据、人工智能等前沿技术赋能测绘地理信息技术与管理改革，依托新型硬件、软件、网络等设施不断提升数字化水平，全面提升技术能力。三是结合“多测合一”改革要求，建立规范、高效的制度体系，探索测绘单位和从业人员信用管理制度，全面提升管理能力。

2. 积极主动提供优质服务

一是提供高质量的技术服务，在“多测合一”各个环节上严把质量关口，构建完备的“多测合一”质量控制体系、安全与保密管理体系，确保在技术指标、工作效率等方面均满足“多测合一”的质量要求。二是提供主动、高效的保障服务，摸清“多测合一”发展规律，整合资源、用好新型技术、优化工艺流程，全面提升保障服务的工作效率，满足“多测合一”精简流程、提速增效的改革要求。三是提供规范化的保障服务，在统一“多测合一”技术标准的基础上，形成行业统一的工作流程、服务模式、规章制度，提供全面、规范、廉洁的“多测合一”技术服务。

六　结语

新时代带来新机遇，新征程带来新挑战。面对“多测合一”改革的新要求，测绘地理信息主管部门要积极推动测绘转型发展，提升测绘地理信息数据要素保障能力，强化测绘地理信息行业监管。四川局将主动担当，严格落实“多测合一”改革各项任务，积极开展测绘技术与装备创新，大力推动新型基础测绘建设，全力建设地理空间大数据，奋力打造自然资源部一流队伍，提升支撑“多测合一”改革的能力和水平，在为“多测合一”改革提供优质测绘服务的过程中，树立新形象、展示新作为、创造新业绩。

B.18
注册测绘师制度建设与实施现状分析

易树柏　王　琦　曾晨曦*

摘　要： 党的二十大报告指出，高质量发展是全面建设社会主义现代化国家的首要任务。国家高质量发展战略，明确了今后一段时期各行各业推动高质量发展的具体要求。注册测绘师制度的实施是谋划测绘行业高质量发展的重要举措。本报告深入分析了当前我国注册测绘师制度建设与实施现状，从制度建立意义、制度体系建设、人才队伍情况、管理实施现状等若干方面开展调查研究，从如何进一步加强测绘地理信息人才队伍建设、提高测绘专业技术人员素质、保证测绘成果质量、维护国家和公众利益等方面出发，分析注册测绘师制度在实施过程中取得的成绩和存在的问题，针对性地提出积极稳妥推进注册测绘师制度落地生根的若干建议，从而为实现新时期测绘地理信息工作“两支撑、两提升”的职能定位，切实推动测绘质量升级，促进测绘行业健康、规范、有序发展，提供人才支撑。

关键词： 测绘地理信息　注册测绘师　职业资格　人才培养

一　引言

职业资格是对从事某职业活动所必须具备的知识、技术和能力的基本要求。我国职业资格按类型分为专业技术人员职业资格和技能人员职业资格两

---

* 易树柏，自然资源部人力资源开发中心主任、党委书记、研究员；王琦，自然资源部人力资源开发中心高级工程师；曾晨曦，自然资源部人力资源开发中心处长，高级工程师。

类；按性质分为准入类职业资格和水平评价类职业资格两类。国家对职业资格实行清单式管理，在《国家职业资格目录》之外一律不得许可和认定职业资格，在《国家职业资格目录》之内除准入类职业资格外一律不得与就业创业挂钩。

职业资格制度以职业资格为核心，是证明职业主体从事某种职业活动具有一定的专门能力、知识、技术和技能，并被社会承认和采纳的制度，是我国人力资源开发管理和劳动就业制度的重要组成部分，是一种特殊形式的国家考试制度，是借鉴国际上通行方式对人才进行评价认证的制度。

注册测绘师资格是纳入《国家职业资格目录（2021 年版）》的一项准入类专业技术人员职业资格，注册测绘师制度是国家面向测绘地理信息行业专业技术人员推行实施的一项准入类职业资格制度，是国家职业资格制度的重要组成部分，是加强测绘地理信息人才队伍建设的重要抓手，旨在提高测绘专业技术人员素质，保证测绘成果质量，维护国家和公众利益。建立注册测绘师制度，对于实现新时期测绘工作“两支撑、一提升”的职能定位具有积极作用。

二　正确认识推行注册测绘师制度的意义和作用

（一）发挥注册测绘师在产业发展中的支撑保障作用

随着我国经济社会的不断进步和市场配置资源机制的逐步确立，测绘地理信息市场蓬勃发展，规模不断壮大，但也逐渐出现一些问题。一些单位和个人盲目追求经济利益和短期效益，导致在市场竞争过程中不讲质量、不顾信誉的现象屡见不鲜。市场迫切需要政府和主管部门发挥“看得见的手”的作用，通过实施注册测绘师制度，促进产业持续健康快速发展。注册测绘师考试大纲已成为相关院校开展测绘地理信息高等教育和职业教育的重要依据，我国工程教育认证工作也在加快与职业资格体系建设有效衔接。

（二）发挥注册测绘师在生产活动中的准入把关作用

测绘地理信息具有精准性和安全性两大特点，对测绘成果质量和地理信息产品品质有严格的要求。党的十九大提出以高质量发展为核心目标，对专业技术人员的素质能力要求更高、对测绘成果和地理信息产品的质量要求更严。因此，需要更加注重测绘地理信息从业人员良好职业道德和职业能力养成。实行执业资格获取，发挥注册测绘师在项目管理和产品质量把关方面的关键性作用，有利于把好从业人员特别是基层一线从业人员的准入关。

（三）发挥注册测绘师在市场秩序中的监管助手作用

注册测绘师制度是在市场经济条件下，实现测绘从业人员依法管理、自我管理的基本制度。新体制下，经济结构多元化、职业岗位多样化、从业人员社会化、人员择业自主化。单纯地管理测绘单位已经不能管住从业人员，必须以从业人员的职业资格为抓手，强化从业人员的法律责任，增强从业人员自我约束、自律管理的意识，加强测绘地理信息统一监管。实施注册测绘师制度有利于避免测绘单位在出现问题后采用改名称、换资质等方式逃避管理的违法行为，也有利于消除测绘市场上存在的“劣币驱逐良币”的不良现象。

（四）发挥注册测绘师在从业人员素质提升中的激励引导作用

提高从业人员素质是行业高质量发展的基础和关键。建立和实施注册测绘师制度是提高从业人员素质、实现从业人员全面发展的重要途径。注册测绘师经历过系统专业的教育、科学严谨的考核以及严格持续的教育，能够及时有效掌握新设备、新技术、新工艺，不断适应新形势、新任务、新要求，对于提高测绘地理信息从业人员的整体素质具有积极的引导和促进作用。同时，注册测绘师制度的实施，显著提升了测绘地理信息专业技术人员的社会地位，由“打工者”变成“签字者”，职业荣誉感更强，关注度更高，话语权更大。执业资格定期注册与继续教育有效结合，有利于督促注册测绘师更新知识，提升注册测绘师的工作能力和水平。

（五）发挥注册测绘师在“走出去”战略中的“通行证”作用

德国、英国、澳大利亚、日本、韩国、新西兰、斐济等国家都在不同的业务领域实施注册测绘师制度。当前，我国对外开放进入新的历史阶段，由我国牵头开展的国际双边和多边合作日益增多，企业“走出去”的步伐不断加快。在国际项目的招投标中，注册测绘师是项目质量保障体系的重要组成部分。建立和实施注册测绘师制度，并与相关国家及地区开展资格互认，对于适应全球化发展模式，更好地服务“走出去”战略、“一带一路”倡议实施具有重要意义，为我国测绘从业人员走向国际市场创造了有利条件。

三　注册测绘师制度建设与实施现状

（一）注册测绘师人才队伍基本情况

注册测绘师资格考试是准入类专业技术人员职业资格考试，被誉为测绘地理信息行业的“国考”，是测绘职业准入制度的重要环节。自 2011 年以来，已面向全国测绘地理信息行业及相关行业的专业技术人员组织实施了 13 次全国性注册测绘师资格考试。截至 2023 年 7 月 31 日，全国共有 25473 人通过考试取得注册测绘师资格。[①] 注册测绘师人才队伍建设不断加强。

1. 地区分布情况

在区域分布上总体呈现东多西少、南多北少的特点，与地理环境、人口分布、区域经济发展、行业发展密切相关，呈较强的正相关关系。

2. 年龄和性别结构

在年龄上以中青年为主，各年龄段人数接近正态分布，年龄结构合理，优势互补。在性别上以男性为主，性别结构与测绘行业是条件艰苦的行业，也是内、外业并重的劳动和技术密集型行业这一特点相符。

3. 教育背景

人员素质较高，普遍具有测绘专业本科及以上学历，并取得学士及以上学位，学历学位结构合理，专业素质极强，且呈现逐年提高的趋势。

4. 专业技术职务和管理职务任职情况

队伍整体的专业水准较高，普遍具有中级及以上专业技术职务，实践经

① 数据来源：原国家测绘地理信息局职业技能鉴定指导中心历年统计。

验丰富，综合能力强，能够确保测绘地理信息成果质量，符合测绘地理信息工作技术性强的特点。其中有部分人员还参与到所在单位的行政管理中，负责项目运行、技术管理和质检等方面的工作，具有项目运行管理、技术管理和质检等方面的丰富经验，专业面较宽，能满足相应岗位需求，能够胜任项目运行、技术和质检负责人的关键岗位。

（二）取得的成绩

1. 注册测绘师制度建设不断完善

2007 年，国家测绘局成立专门的注册测绘师工作领导小组，并与人事部联合印发《注册测绘师制度暂行规定》《注册测绘师资格考核认定办法》《注册测绘师资格考试实施办法》，标志着我国的注册测绘师制度建设工作正式启动。2009~2015 年，国家测绘主管部门坚持管理与服务并重，制定了《注册测绘师资格考试大纲（2012 版）》《注册测绘师执业管理办法（试行）》《注册测绘师继续教育学时认定和登记办法（试行）》《注册测绘师继续教育教学大纲（2015 版）》等配套管理制度，并在《测绘资质管理规定》《测绘资质分级标准》中将注册测绘师作为准入条件进行考核，在《测绘地理信息质量管理办法》中提出测绘项目的技术和质检等相关关键岗位由注册测绘师充任。2017 年，国家测绘地理信息局又专门印发了《关于推进注册测绘师制度实施有关工作的通知》，明确注册测绘师签字盖章制度主要适用于面向市场的测绘执业活动；明确当前阶段实行双轨制管理模式，资质管理是对测绘单位的管理，注册测绘师执业管理是对人的管理，都要抓好；明确测绘资质单位作为市场主体，在注册测绘师签字盖章制度实施过程中的主体责任，注册测绘师在技术设计、质量管理、成果验收中的监督责任；明确各级管理部门要切实履行好监管责任，加强对测绘资质单位和注册测绘师的监督管理；明确开展注册测绘师签字盖章制度试点工作的基本思路，并要求在试点工作中加强研究，探索建立注册测绘师质量管理职责与测绘地理信息成果质量管理体系相融合的工作机制。

2. 注册测绘师制度改革不断深化

2021 年 11 月，人力资源和社会保障部公布《国家职业资格目录（2021

年版)》，注册测绘师作为33项准入类职业资格之一得以保留。2021年12月，人力资源和社会保障部办公厅印发《关于推行专业技术人员职业资格电子证书的通知》，注册测绘师作为首批使用“中华人民共和国人力资源和社会保障部专业技术人员职业资格证书专用章”电子印章的24项职业资格之一，被纳入国家推行电子证章改革的管理范畴。2022年2月，人力资源和社会保障部印发《关于降低或取消部分准入类职业资格考试工作年限要求有关事项的通知》，明确了降低注册测绘师职业资格考试工作年限的调整方案。2022年1月，国务院办公厅印发《关于全面实行行政许可事项清单管理的通知》，“注册测绘师注册”被作为自然资源部的34项行政许可事项之一纳入清单管理范畴。2022年4月，自然资源部印发《不动产登记代理专业人员职业资格制度规定》和《不动产登记代理人职业资格考试实施办法》，规定“取得注册测绘师职业资格证书的人员，可免试《地籍调查》科目”。上述一系列重要举措，贯彻落实了国务院推进简政放权、放管结合、优化服务的改革部署和《政府工作报告》的要求，进一步降低了就业创业门槛，有效推进了测绘职业资格改革，提升了以注册测绘师为代表的测绘职业资格的“含金量”，为加强测绘地理信息人才队伍建设和人力资源开发管理提供了有力的政策支撑和制度保障。

3. 注册测绘师管理便民高效

便民高效是实现对注册测绘师“进、管、出”等动态管理的基本要求。根据党的十八届三中全会精神，进一步研究确定了注册测绘师的注册管理程序，本着“高效、简便、快捷”的原则，简化程序，快捷管理，推行“互联网+”服务，建设网络化注册管理系统和继续教育平台。注册测绘师继续教育采用网络培训为主、线下培训为辅的形式，极大地改善了注册测绘师线下集中开展继续教育培训成本高、耗时长的问题，为企业减轻了负担，也满足了注册测绘师多元化的继续教育需求。

（三）存在的问题

1. 注册测绘师制度体系有待进一步健全

注册测绘师资格考试、注册管理、继续教育和执业管理等方面现有的规章制度，与国务院深化“放管服”改革和优化营商环境的背景不完全适应，需要根据形势要求进一步修订和完善，并与项目管理、成果管理、质量管理等方面的相关制度衔接。在逐步实现测绘成果质量终身责任追究的制度上，注册测绘师在执业过程中的权责利还没有明确，职业工作规范、执业业绩考核和诚信执业等配套制度还缺乏。

2. 注册测绘师资格考试有待进一步完善

现行的《注册测绘师资格考试大纲（2012 版）》已不能满足新形势下行业对注册测绘师的要求，亟须修订，以进一步提高注册测绘师资格考试的针对性、实用性、实践性。小微企业注册测绘师数量偏少、东西部地区存在分布不均衡等现象，有待改善。

3. 注册测绘师执业签字有待进一步落实

虽然一些单位已经建立了注册测绘师制度，但从总体上看，当前还没有发挥出注册测绘师在测绘执业活动中的作用，注册测绘师没有在测绘活动中形成的技术文件和成果质量文件上签字盖章并承担相应责任，这与建立执业资格制度的初衷仍有较大差距。

四　注册测绘师制度实施稳妥推进任重道远

虽然注册测绘师制度建设与改革取得了一定成绩，但是必须清醒地认识到，由于测绘地理信息行业实施注册测绘师制度的土壤不够丰厚，实践经验也不够丰富，在制度实施的过程中尚存在许多困难和问题。问题肯定有，但只要思想不懈怠，办法总比问题多。在推进实施中发现问题、解决问题才是最重要的，要认清形势、把握大势、与时俱进，绝对不能因噎废食，止步不前。

（一）持续推进注册测绘师制度体系建设

实施注册测绘师制度是一项复杂的系统工程，涉及体制与机制的变革，涉及新型测绘工作机制与传统生产组织体系的融合和改变，需要打破传统思维方式，突破传统工作方法，更新观念、创新机制。要在准确认识和把握行

业发展现状及态势的基础上，认真学习借鉴其他行业注册类职业资格好的经验和做法，认真考虑如何完善制度、发挥作用、解决问题，积极探索、主动作为。要进一步解放思想、开阔视野、创新思路，紧密围绕自然资源部的决策部署，结合工作实际，处理好注册测绘师制度建设推进中的几个关系。

一是继承与发展的关系，既要有完善的“两检一验”测绘成果质量管理体系，也要有注册测绘师制度，提升从业人员综合素质和执业水平，将项目质量责任落实到人，从而进一步保证测绘成果质量。

二是专才与通才的关系，既要有专业技术职务，也要有注册测绘师资格，专业技术职务考察从业人员工作所需要的业务知识和专业技术水平，注册测绘师资格考试不分专业，更强调管理知识的面、专业知识的宽和综合知识的融通。

三是现有项目管理与注册测绘师制度的关系，既要有单位负责人签字，也要有注册测绘师把关，注册测绘师是掌握多专业领域知识、熟悉测绘综合知识和相关法律法规的全面型人才，其担任项目负责人可以在生产技术和产品质量方面承担更大的责任，两者不仅不冲突，还能够进一步补充完善现行测绘生产管理体系。

四是单位管人与信用体系管人的关系，既要有测绘资质管理，也要有注册测绘师制度，当前从业人员社会化，建立注册测绘师的守信激励、失信惩戒、职业资格退出机制等制度，有利于保证从业人员不论在哪个单位执业都能坚守质量保证这条底线，从而实现对从业人员的有效监管。

五是原则性要求与区别对待的关系，针对注册测绘师单位分布不均衡、地区分布不均衡的情况，可分步分区分领域实施注册测绘师制度。

六是严格管理与简政放权的关系，“放管服”的要求是下放权力、严格管理、优化服务，不能简单认为“放管服”就是下放权力，就是放低技术门槛，建立注册测绘师制度不仅不违背“放管服”的政策要求，还有利于创造良好的营商环境。

（二）持续推动注册测绘师考试改革

注册测绘师资格考试命题，以贯彻实施测绘执业资格制度为前提，以评价执业能力水平为核心，以注册测绘师资格考试大纲为依据，以反映执业活动特征为准则，并充分考虑当前我国社会生产发展水平和测绘地理信息工作对从业者在知识、能力、心理素质等多方面的要求，合理配置各专业试题题量、权重，科学设置难度系数，重点考查考生实践能力。注册测绘师资格考试不分专业，旨在选拔出在一个或多个专业领域有执业能力的从业人员，试题内容要注重反映资格考试的特点，注重考量从业人员的专业水平、综合能力和运用测绘技术解决实际问题的能力，要区别于教育类考试，把所考与所用紧密相连，突出专业性、实用性和实践性，而不是理论性，从而发挥好注册测绘师资格考试在培养人才、选拔人才方面的引导作用。要适应测绘地理信息行业发展的新形势，结合新法律法规、新技术和测绘地理信息专业岗位的实际需要，适时开展《注册测绘师资格考试大纲》修订工作。针对注册测绘师资格考试不区分专业以及人员地区分布不均衡的问题，可以探索增加考试中选做题型的专业类型和数量，以满足不同考生的需求。针对能力素质暂不能承担关键岗位工作的注册测绘师，要在工作中强化能力素质培养，从而当注册测绘师数量多到一定程度时，就可以形成项目负责人是注册测绘师，而注册测绘师不一定是项目负责人的良好局面。

（三）持续推动注册测绘师执业落地生效

只有通过落实注册测绘师签字盖章制度，确保相关测绘技术和成果文件必须由本单位注册测绘师签字盖章后才生效，并且注册测绘师为其签字盖章承担相应责任，才能彰显注册测绘师的作用，才能体现建立注册测绘师制度的初衷。要结合当前“多测合一”改革政策文件中明确“多测合一”项目实行注册测绘师签字盖章制度和终身追责制度的历史契机，开展相关改革探索，针对执业签字重点环节，跟踪执业签字落实情况，发掘实施中存在的问题，集思广益、主动解决、总结经验，提供可借鉴、可复制、可推广的做法和模式。要建立注册测绘师工作规则，建立注册测绘师执业业绩考核制度，建立质检单位注册测绘师开展执业的贯通机制，制定注册测绘师签字的示范标准和示范文本，以进一步规范注册测绘师的执业行为，明确注册测绘师的执业流程，明确具体签字盖章的文件种类以及需要承担的责任和承担多大的责任。要切实从制度上保障注册测绘师的权利、明确其责任，从而更好地促进测绘师队伍建设，注册测绘师只有执业享权益，才能承责敢担当。

（四）持续探索建立注册测绘师诚信执业制度体系

注册测绘师制度实施，既涉及注册测绘师制度完善，也涉及新型生产组织体系完善，要在制度建设上突出诚信机制建设，在推进中总结，在总结中推进。注册测绘师诚信执业直接关系到注册测绘师制度实施的质量。只有注册测绘师根据个人执业能力，在相应工作岗位上发挥真正作用，在真正符合质量要求的项目文件上签字盖章，才能风清气正，切实维护注册测绘师制度实施的严肃性。要逐步建立注册测绘师信用档案，加强信用管理，把注册测绘师个人的诚信自觉与政府管理有机结合。要坚决查处“挂证”等违法行为，对违规的注册测绘师要取消其执业资格。要紧紧围绕实施中存在的问题，如注册测绘师执业监管制度不健全、注册测绘师执业过程中配套的措施不明确等问题，如缺少执业考核、执业信用记录、失信惩戒制度、职业责任保险、执业事务所等，研究出台注册测绘师诚信档案监管办法，尝试建立注册测绘师执业责任鉴定机制和保险制度，形成完善的诚信执业制度体系，保障注册测绘师的合法权益，为进一步推动注册测绘师制度落地保驾护航。

B.19 自然资源数据开发利用引入特许经营模式的构想

乔朝飞 *

摘　要： 本报告简要梳理了我国政府数据开发利用先后经历的数据共享、数据开放和数据授权运营等三个阶段，分析了政府数据授权运营模式——特许经营的适用性，指出其适用的可收费物品具有社会性、公益性、共享性、使用边际成本低、时空性、投资规模大和使用寿命长等特征。论述了自然资源数据开发利用引入特许经营的可行性，包括：自然资源数据具有可收费物品的特征、符合国家有关文件精神、自然资源部"三定"规定提供了职责依据。提出了自然资源数据开发利用引入特许经营的工作环节构想，主要包括：通过公开招标选择获授权企业、获授权企业进行自然资源数据产品开发经营、授权有效期到期后企业交回特许经营权。最后，分析了自然资源部门和企业在自然资源数据授权运营中的权利和义务。

关键词： 自然资源　公共数据　授权运营　特许经营

随着数字经济的快速发展，数据作为一种"新型石油资源"的价值日益凸显。党的十九届四中全会首次将数据与劳动、资本、土地、知识、技术和管理并列作为重要的生产要素。[①] 我国自然资源部门出于业务管理的需要，生

---

*　乔朝飞，自然资源部测绘发展研究中心应用与服务研究室主任、研究员，博士。

①　《中共中央关于坚持和完善中国特色社会主义制度　推进国家治理体系和治理能力现代化若干重大问题的决定》，人民出版社，2019，第 19 页。

产了大量数据，这些数据中蕴含着巨大的经济价值、社会价值和政治价值。现阶段，由于自然资源部门在公共服务方面投入的财政资金和开发力量不足，以及由于缺乏激励机制，自然资源领域的数据开发利用水平不高。[①] 同时，随着我国生态文明建设的不断推进、经济社会的不断发展，各领域各方面对自然资源数据的需求越来越旺盛。在此形势下，需要思考如何借助社会力量，发挥市场机制，弥补政府财政资金的不足，提高自然资源数据开发利用水平。

一　我国政府数据开发利用的三个阶段

我国政府数据开发利用历经了三个阶段，分别是数据共享、数据开放和数据授权运营。对于自然资源数据开发利用而言，先后经历了前两个阶段，今后将迈进数据授权运营阶段。

（一）政府数据共享

从我国电子政务建设起步开始，国家就大力提倡政务数据共享。自 2002 年中共中央办公厅、国务院办公厅转发《国家信息化领导小组关于我国电子政务建设指导意见》以来，政务数据共享难一直是伴随我国电子政务发展的重要瓶颈。[②]

为响应国家有关政务数据共享的号召，测绘地理信息部门通过建立共享合作关系，主动向各级政府和有关部门提供基础地理信息数据。截至 2008 年，国家测绘局已与国家防汛抗旱总指挥部、公安部、交通部、中国地震局等 30 多个部门签署了地理信息共享协议。[③]

（二）政府数据开放

政府数据开放运动最早兴起于美国，2009 年 1 月，奥巴马政府签署了《开

① 乔朝飞、陈常松、徐坤等：《提高我国地理信息公共服务水平的若干思考》，《地理信息世界》2022 年第 4 期。

② 于施洋、王建冬、黄倩倩：《论数据要素市场》，人民出版社，2023。

③ 本书编写组：《改革开放铸就测绘事业辉煌（1978—2008）》，测绘出版社，2008。

放透明政府备忘录》，同年开通了数据门户网站 Data.gov，颁布了《开放政府指令》，自此拉开了全球开放数据运动的帷幕。[①] 我国政府高度重视数据开放工作。2017 年 2 月 6 日，中央全面深化改革领导小组第三十二次会议审议通过了《关于推进公共信息资源开放的若干意见》，要求推进公共信息资源开放。现阶段，我国政府数据开放刚刚起步，截至 2021 年，全国开放数据集规模仅为美国的 1/9，企业生产经营数据中来自政府的仅占 7%。[②]

现阶段，我国自然资源数据开放程度不高，数据主要用于本部门业务管理决策，社会用户使用数据时绝大多数需要经过审批。自然资源系统内的测绘、海洋、土地、地质、矿产等[③]领域的数据开放水平参差不齐。[④]

（三）政府数据授权运营

所谓公共数据授权运营，是指在依法依规的前提下，由特定群体对公共数据进行定制加工和运营管理的一种公共数据开发利用模式，具有显著的市场化特征。[⑤] 这是一种以行政主体为数据提供方、以运营主体为数据处理加工方、以社会主体为数据产品与服务的最终使用方的公私合作模式，其目的是开发利用公共数据。[⑥] 政府数据授权运营不同于数据开放，它满足的是特定主体的数据需求，存在特定受益者。[⑦]

目前，我国中央层面尚没有法律法规对政府数据授权运营予以规定，而是通过《中华人民共和国国民经济和社会发展第十四个五年规划和 2035 年远景目标纲要》《“十四五”数字经济发展规划》等政策文件鼓励引导政府数据授权运营的创新探索。地方层面，部分省市已出台了一些地方立法。

从发展趋势看，政府数据授权运营是未来有效增加公共数据供给的主要

① 于施洋、王建冬、黄倩倩:《论数据要素市场》，人民出版社，2023。
② 毛振华、陈静:《数据要素市场化的核心》,《中国金融》2021 年第 12 期。
③ 于施洋、王建冬、黄倩倩:《论数据要素市场》，人民出版社，2023。
④ 乔朝飞、陈常松、徐坤等:《提高我国地理信息公共服务水平的若干思考》,《地理信息世界》2022 年第 4 期。
⑤ 于施洋、王建冬、黄倩倩:《论数据要素市场》，人民出版社，2023。
⑥ 毛振华、陈静:《数据要素市场化的核心》,《中国金融》2021 年第 12 期。
⑦ 于施洋、王建冬、黄倩倩:《论数据要素市场》，人民出版社，2023。

方式之一。在自然资源数据开发利用中引入授权运营模式，能够解决政府财政资金和开发力量不足的难题，充分借助社会力量，有效挖掘数据潜能，满足经济社会发展对数据的旺盛需求。

二　政府数据授权运营模式——特许经营

现阶段，政府数据授权运营主要采用特许经营模式。特许经营是指由政府授予企业在一定时间和范围提供某些公共产品或服务进行经营的权利，即特许经营权，并准许其通过向用户收取费用或出售产品来清偿贷款、回收投资并赚取利润，政府通过合同协议或其他方式明确其与获得特许经营权的企业之间的权利和义务。[①]

特许经营模式与政府采购模式不同，后者对应政府狭义的公共服务职能的情形，此种情况下政府应当直接满足社会对基本公共服务的需求。具体到自然资源数据开发利用，对于那些无条件开放的自然资源数据，既然是无条件开放给社会，也就意味着即使存在增值的空间，其增值产生的收益也不直接属于政府，而是归属于全体社会，由社会开发者（如企业）依据规则享有。[②]

特许经营模式特别适合于可收费物品的提供，通常用于诸如电力、天然气、自来水、污水处理、飞机场、道路、桥梁等基础设施领域。特许经营模式适用的可收费物品具有如下一些特征[③]：一是社会性，这些基础设施往往关系到国计民生，具有广泛的社会影响；二是公益性，这些基础设施大多是具有正外部性的物品；三是共享性，即消费者在消费时并不能独占，需与他人共享；四是使用边际成本低，在一定程度上，增加该物品的一个消费者几乎不会增加其边际成本，或者增加的边际成本很低；五是时空性，基础设施对于空间、地域和时间具有极强的依附性；六是投资规模大，使用寿命长。

---

① 句华：《公共服务中的市场机制——理论、方式与技术》，北京大学出版社，2006。

② 马颜昕：《公共数据授权运营的类型构建与制度展开》，《中外法学》2023 年第 2 期。

③ 句华：《公共服务中的市场机制——理论、方式与技术》，北京大学出版社，2006。

特许经营模式的使用需要特别的正当性前提。某项业务如果具有资源的稀缺性或者自然垄断性，就具有适用特许经营模式的合理性。特许经营模式能够解决超量需求与稀缺供给之间的矛盾。[①]

经过几十年的发展，特许经营模式已经衍生出相类似的20多个变种，其中最主要的有下列几种：运营和维护租赁、合作组织、租赁—建设—经营、建设—转让—经营、建设—经营—转让、外围建设、购买—建设—经营、建设—拥有—经营等。[②]

三　自然资源数据开发利用引入特许经营具有较强的可行性

（一）自然资源数据具有可收费物品的特征

在上一节中，介绍了适合运用特许经营模式的可收费物品的一些特征，而自然资源数据恰恰具有这些特征，如社会性、公益性、共享性、使用边际成本低、投资规模大和使用寿命长。

在社会性方面，自然资源数据涉及测绘、海洋、土地、地矿等领域，关系到国计民生，具有广泛的社会影响。在公益性方面，自然资源数据大多具有正外部性，对于生态环境保护、资源集约节约高效利用、国土空间治理等具有较大影响。在共享性方面，自然资源数据多数是电子数据，用户在使用时不能独占。在使用边际成本低方面，自然资源数据的复制成本很低，增加一个使用者几乎不会增加其边际成本。在投资规模大和使用寿命长方面，自然资源数据的生产往往需要大量的政府投资，在良好的保存条件下，产品的使用寿命极长。

除了上述特征外，自然资源数据的生产需要投入大量资金和人力、物力，使得数据具有稀缺性和自然垄断性。现阶段，自然资源部门向社会提供自然资源数据一般采用免费提供的方式，往往造成用户过度索取和政府部门提供

① 马颜昕：《公共数据授权运营的类型构建与制度展开》，《中外法学》2023年第2期。
② 句华：《公共服务中的市场机制——理论、方式与技术》，北京大学出版社，2006。

不足的矛盾。通过采用特许经营模式，合理引入经营者，能够有效解决这个矛盾。

（二）符合国家有关文件精神

《中华人民共和国国民经济和社会发展第十四个五年规划和2035年远景目标纲要》首次提出“开展政府数据授权运营试点，鼓励第三方深化对公共数据的挖掘利用”。2022年12月，中共中央、国务院印发的《关于构建数据基础制度更好发挥数据要素作用的意见》（以下简称《数据二十条》）明确提出“探索用于产业发展、行业发展的公共数据有条件有偿使用”，并提出公共数据指导定价等创新举措。这是一次充分解放思想的破冰之举，将有利于打破政府公共数据服务机构的制度束缚，在做好公益性无偿服务的基础上，围绕个性化、增值性、商业性的需求场景，形成更加丰富、高质的政府公共数据服务。①

（三）自然资源部“三定”规定提供了职责依据

《自然资源部职能配置、内设机构和人员编制规定》明确，自然资源部的职责之一是“负责地理信息公共服务管理”。这意味着自然资源部在地理信息公共服务方面应履行指导监督的职责，在公共服务的提供方面，应发挥自然资源部所属单位、地方自然资源部门的作用，尤其是要发挥市场主体的作用。

四　自然资源数据开发利用引入特许经营的工作环节

自然资源数据开发利用中引入特许经营，应按照建立授权机制、明确授权条件、明确主体责任、加强要素供给、合理分配收益等环节展开。②具体方式是：自然资源部门通过公开招标等方式，选择满足一定条件的相关企业，

① 发改委高技术司:《落实〈数据二十条〉精神 高质量推进公共数据开发利用》,《大众投资指南》2023年第7期。

② 发改委高技术司:《落实〈数据二十条〉精神 高质量推进公共数据开发利用》,《大众投资指南》2023年第7期。

授予这些企业在自然资源数据开发经营方面的特许经营权，被授权企业可以在一定时间和范围内进行自然资源数据产品开发，并通过出售自然资源数据产品获得收益，并将部分收益返还给自然资源部门，自然资源部门通过合同协议明确其与获得特许经营权的企业之间的权利和义务。

（一）通过公开招标选择获授权企业

根据《政府采购法》等法律法规以及国家有关政府采购的文件精神，自然资源部门采用《政府采购法》中规定的采购方式，就自然资源数据产品开发经营进行公开招标，应主要采用竞争性方式。招标公告中应明确企业应具备的资质（如数据处理、保密等）、开发的自然资源数据产品种类、自然资源数据产品定价、特许经营权有效期等事项。通过公开招标选择确定若干地理信息相关企业，授予其一定期限的自然资源数据产品特许经营权，双方签订合同，明确相关的权利和义务。

（二）获授权企业进行自然资源数据产品开发经营

首先，获得特许经营权的企业根据授权合同，开发特定的自然资源数据产品。企业所做的工作主要是对政府部门所提供的数据进行增值开发，形成能够满足特定用户需求的产品和服务。

其次，在合同规定的期限内，企业将开发的自然资源数据产品和服务向社会公开提供，获取相应的收益。自然资源数据产品的定价原则可分为两种：对于出于公益性目的的，应采用免费或基于成本补偿的原则；对于出于经营目的的，应遵循市场定价原则。

自然资源部门拥有自然资源数据的所有权，企业应将所获收益中的一部分返还给自然资源部门，返还的比例在特许经营协议中加以明确。比如，可以采用“分润”模式，按照企业在过去一年内的数据收益的一定比例返还。

（三）授权有效期到期后企业交回特许经营权

根据授权合同，在授权有效期到期后，自然资源部门组织项目考核评估和验收，获授权企业不得再进行自然资源数据产品开发经营，自然资源部门收回特许经营权。

（四）自然资源部门和企业的权利和义务

在自然资源数据开发利用引入特许经营中，企业主要负责数据产品开发经营并承担相应风险（如保密、销售等），自然资源部门主要承担法律和政策方面的风险。

1. 自然资源部门的权利和义务

自然资源部门的权利和义务主要有以下几方面：审查自然资源数据开发利用特许经营项目的可行性；为企业参与特许经营建立相关制度环境；选择特定的企业授予其特许经营权；获得企业数据收益中的一部分；加强对企业开发的自然资源数据产品的质量监管；对企业的特许经营行为进行考核评估。

2. 企业的权利和义务

企业的权利和义务主要有以下几方面：积极参与自然资源数据开发利用特许经营项目招标；了解调研社会对自然资源数据产品和服务的需求；根据市场需求开展自然资源数据产品和服务开发经营；将数据收益中的一部分返还给自然资源部门；保障产品质量；配合自然资源部门进行自然资源数据开发利用特许经营考核评估。

自然资源数据开发利用引入特许经营是一种全新的探索，为稳妥推进，在具体操作时，自然资源部门可以先进行相关试点，及时总结试点经验，待成熟后形成相关制度，推动该项工作常态化实施。

五　余论

今后，自然资源部门应根据《数据二十条》等国家有关文件的精神，大胆解放思想，加快研究自然资源数据开发利用特许经营涉及的相关制度和政策，包括数据确权授权机制、数据收益分配机制等，使自然资源数据的价值得到最大程度的体现。

一是研究自然资源数据确权授权机制。清晰的数据权属界定是数据交易的前提。根据“谁采集、谁拥有”的原则，自然资源部门拥有所生产的数据的所有权。然而，对于企业进行增值加工后的自然资源数据，由于企业在其中付出了成本，理应获得相应的权益。此时，应按照《数据二十条》明确的“三权分置”原则，对增值后的数据产品的权属进行界定。

二是研究自然资源数据收益分配机制。自然资源数据开发利用特许经营收益应由自然资源部门、企业和社会共同享有。要探索建立自然资源数据“收益返还”机制，将企业获取的部分数据收益返还自然资源部门，纳入财政预算体系，接受监督，统筹使用。

B.20

地理空间公共数据基础制度构建研究

——以卫星遥感数据为例

周月敏　李 军　牟雄兵*

摘　要： 地理空间信息是国家基础性、战略性信息资源，其公共数据由遥感、通信、导航卫星数据及跨部门专题数据等组成，具有海量数据规模、丰富应用场景优势，在地理空间数据要素中居权威性、公益性、基础性地位，对于激发地理空间数据要素价值具有全局性引领作用。按照《数据二十条》顶层框架，需要围绕地理空间公共数据开放流通，以民用卫星遥感等数据为试点，探索地理空间公共数据产权、流通利用、收益分配、安全治理的政策标准和体制机制，让地理空间数据要素“活起来、动起来、用起来”，赋能政务服务和经济发展。

关键词： 地理空间　数据产权　共享　开放　数据治理

2022年12月，中共中央、国务院印发《关于构建数据基础制度更好发挥数据要素作用的意见》（以下简称《数据二十条》），提出了以产权制度为基础、以流通制度为核心、以收益分配制度为导向、以安全制度为保障的数据基础制度顶层框架。地理空间信息是国家基础性、战略性信息资源，其中，

* 周月敏，国家公共信用和地理空间信息中心副研究员，博士，主要研究方向为遥感应用、地理空间信息共享与政策；李军，中国宏观经济研究院副主任、研究员，主要研究方向为地理空间信息共享应用与区域协调发展；牟雄兵，国家公共信用和地理空间信息中心副主任，主要研究方向为国际合作及相关政策研究。

地理空间公共数据作为数据要素中权威性、基础性、公益性较强的数据类型，由政府专项投资长期系统性采集与持续积累，信息承载战略性设施的精确坐标、战略性资源的空间分布等，关系国家安全，已广泛应用于关系国民经济命脉的重要行业及关键领域。激活地理空间公共数据要素价值，需要尽快先行先试，按照数据基础制度顶层设计，以卫星遥感等数据为试点，探索推进地理空间公共数据要素产权、流通、交易、收益分配、治理等政策标准和体制机制建立，使地理空间数据要素“活起来、动起来、用起来”。

一　地理空间信息内涵及构成

（一）地理空间信息概念

地理空间信息有不同的定义，各种定义对地理空间信息的描述有不同的侧重。地理空间信息指具有一定的地球空间定位性质的信息，包括通过地面调查、地表观测、地下勘查、大气观测和航空航天探测（包括卫星技术）等各种途径获得的地球空间定位信息。[①]不论如何描述及定义地理空间信息，其内涵都至少包含空间位置、属性特征、时间特征，时间可长可短，甚至是描述瞬时的。地理空间信息和地理空间数据有一定的区别，数据是信息的载体，信息是数据表达的内涵。但在实际应用中，并不太严格区分地理空间信息与地理空间数据。直观地讲，地理空间数据是各类自然或人工地理要素的空间特征、地理位置及属性的数字符号化表示。从信息角度看，地理空间数据是与地球参考空间（二维或三维）位置有关的、表达地理客观世界各种实体和过程空间存在状态与属性的数据。目前，地理空间信息常用的还有地理信息、空间信息、空间地理信息等，在地理学上，地理空间是指物质、能量、信息的存在形式在形态、结构过程、功能关系上的分布方式和格局及其在时间上的延续[②]，相互之间没有本质区别。

① 国家地理空间信息协调委员会办公室:《自然资源和地理空间信息整合与共享研究》，科学出版社，2007。

② 陈述彭、鲁学军、周成虎编著《地理信息系统导论》，科学出版社，1999。

（二）地理空间信息范畴

从应用角度看，地理空间信息范围十分广泛，涉及国民经济和社会发展的各个方面。界定地理空间信息的范围及边界有多个维度，从信息采集手段来看，地理空间信息包括：传统的地学探测获取的有关地球各个圈层及地表人类活动的信息，如气象台站观测、环境监测、国土调查、水文站观测、基础测绘、林业普查、地质调查、电力勘察等采集的信息；利用航空航天技术获取的空间信息，如各类遥感调查、航测、导航定位等信息。从行业应用来看，地理空间信息范围包括民政、自然资源、生态环境、农业农村、交通、住建、应急、卫健、水利、海洋、民航、林草、气象、地质、粮食等部门和机构采集生产的空间定位相关的信息。

《数据二十条》将各类数据划分为公共数据、企业数据和个人数据三个大类。地理空间数据也可据此划分为三大类。其中，地理空间公共数据包括地理空间政务数据和地理空间公共服务数据。地理空间政务数据指地理空间领域相关的政务部门，为履行法定职责收集、产生的带有地理空间属性的数据，包括民政、自然资源、生态环境、农业农村、交通、住建、应急、卫健、水利、海洋、民航、林草、气象、地质、粮食等部门和机构采集生产的空间定位相关数据；数据内容主要有测绘基础地理信息，航空航天对地观测信息，相关行业专题信息，如地名、自然资源调查、国土空间规划、环境监测、地质调查、农业普查、交通规划、海洋监测、气象观测等数据。地理空间公共服务数据是指具有公共职能的企事业单位在提供公共服务和公共管理过程中产生、收集、掌握的各类数据资源，包括油气、供水、供电、供气、通信、管网、物流、航运等带有空间定位的专题信息。

地理空间企业数据主要由地理信息系统技术、航空航天、卫星应用等地理空间相关企业，在生产经营活动中采集加工的不涉及个人信息和公共利益的数据，主要包括商业卫星遥感数据、遥感加工产品、高精度地图、航空摄影测量数据、地理信息系统生产的各类空间数据等。

地理空间个人数据主要指由移动互联网企业采集的涉及个人位置、定位、导航出行、活动轨迹等的信息，这些信息可关联其他个体信息，汇总形成个体到群体的大数据集。

（三）地理空间数据资源构成

横向按照地理空间公共数据、企业数据、个人数据三类，纵向按地理空间数据基础信息、专题信息、综合信息（主题信息）三层，描述地理空间数据资源构成（见图 1）。

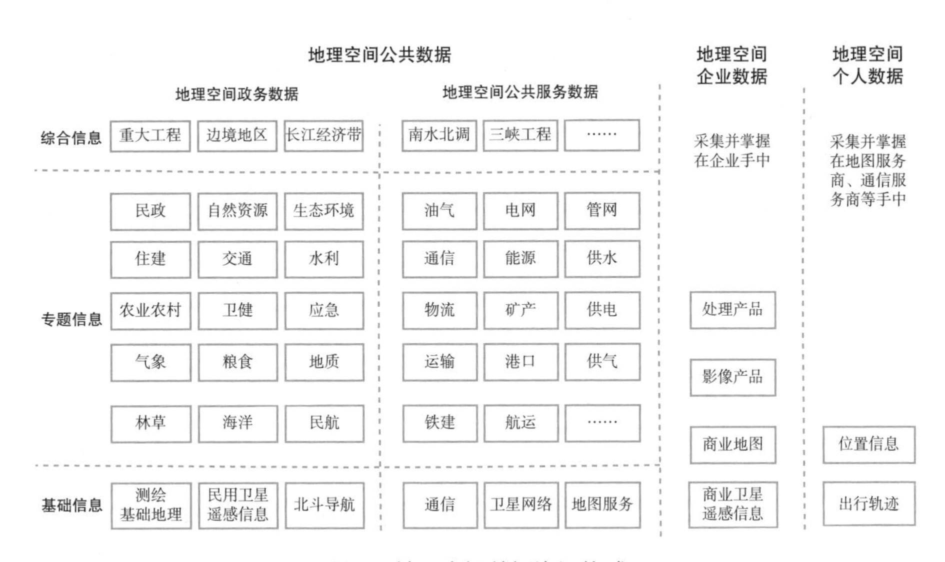

图 1　地理空间数据资源构成

资料来源：笔者自制。

地理空间公共数据。一是地理空间政务数据，包括三层，第一层是基础信息，包括航空航天信息与基础地理信息，航空航天信息主要为卫星遥感、北斗导航等数据；基础地理信息，用来做基础底图和提供空间基准服务的数据，主要为数字线划图、数字高程模型、数字正射影像图、数字栅格地图、实景三维等各类基本比例尺地图及新型基础测绘成果，涵盖测量控制点、水系、居民地及设施、交通、管线、境界与政区、地貌、植被与土质等数据要素。第二层是专题信息，主要是地理空间相关行业部门采集的专业数据，如自然资源、生态环境、农业农村、交通、住建、卫健、民政、水利、海洋、林草、气象、地质等部门，为满足行业管理需求，通过调查、观测、监测、勘探、测绘等手段，采集生成的与地理空间位置和范围相关的数据，如国土调查、水文观测、气象观测等数据。第三层是综合信息，主要指在跨部门业务协同、综合管理协调或跨区域相关工作中，在基础性及专业性信息基础上形成的多要素信息，如重大工程、重大项目、自然保护区、国家公园、自贸区、主体功能区、重大战略区域（如黄河流域、长江经济带）等的数据。

二是地理空间公共服务数据，包括三层，第一层是基础信息，主要有通信、卫星网络、地图服务等基础信息；第二层是专题信息，主要有油气、管网等专题信息；第三层是综合信息，如南水北调、三峡工程等跨区域、多部门业务协同的信息。

地理空间企业数据和个人数据与公共数据并列，主要依据数据链进行切分，没有层次区分。

二　地理空间公共数据共享开发管理现状

地理空间公共数据主体规模大，是地理空间数据要素中权威性、通用性、基础性、公益性较强的数据类型，同时也是实现数据开放、交易的难点与关键。在此，重点针对地理空间公共数据中的政务数据，尤其是民用卫星遥感数据，结合其数据共享、数据开放等实际情况，描述当前地理空间公共数据共享、开放开发等现状。

（一）民用卫星遥感数据开发利用管理现状

由于民用卫星遥感数据在地理空间领域的特殊性、重要性以及管理涉及部门协同的复杂性，单独描述其流通应用现状。

1. 民用卫星遥感数据流通方式以共享为主

地理空间政务数据以国家投资为主采集获取，数据流通方式以共享为主。共享流通范围限定在卫星接收、卫星应用行业部门和单位等。数据主要沿着卫星数据接收、存储分发、共享应用数据链条，由数据上游向下游流通。卫星数据中心通过用户身份验证、需求审核、协议签订等程序向其他用户提供遥感数据。按照陆地观测、海洋观测、气象观测三个卫星系列，分别由相应的地面接收站接收数据，传输到三个卫星数据中心；数据中心经过初级处理后，分发数据给相关用户部门，如自然资源、生态环境、应急、水利、农业农村等相应机构及其他公益性需求单位。目前共享流通原则上只提供遥感数据初级产品，不提供原始数据。

2. 民用卫星遥感数据在实践中以公益性服务为主，商业化开发并存

民用卫星遥感数据以公益性服务为主，无论是全部还是部分使用中央财政资金支持的遥感卫星，目前均是公益性服务与商业化开发并存，但由于缺乏政策支持，且数据上下游各方利益权属定位没有理顺，商业化开发不通畅。一是公益性数据主要以共享方式在部门和单位之间流通，开放给社会使用没有政策支持，《遥感卫星数据开放共享管理暂行办法》提到的“开放”是相对保密的公开，不是提供社会使用的开放，《国家民用卫星遥感数据管理暂行办法》只是对共享进行了界定。广西、湖南、贵州、重庆、广东等地先后出台本省市遥感卫星数据相关管理办法，但是，未有具体开放说法。二是开放之后“有偿无偿”规定还是空白，在有条件开放有偿使用和无偿使用上需要界定。三是授权的运营主体没有确定，即由谁去负责增值服务获取收益需要确定，如遥感数据存储管理在数据中心，但卫星项目实施的项目法人责任制使得用户部门认为资源使用应该在本部门。四是增值服务定价、收费及收益分配等没有确定，一定程度上影响了民用卫星遥感数据的增值开发利用。

（二）地理空间政务数据开发利用管理现状

1. 地理空间政务数据流通方式以共享为主

地理空间政务数据以国家投资为主采集获取，是权威性、公益性较强的数据要素，数据流通方式以共享为主。共享范围主要在地理空间相关行业部门和单位之间，按照《政务信息资源共享管理暂行办法》（国发［2016］51

号），需求方提出明确的共享需求和信息使用用途，无偿使用其他部门的数据。共享交换依托国家自然资源和地理空间基础信息库，该库由国家发展改革委牵头，会同原国土资源部等 10 个部门共建，是我国率先建设的国家级电子政务基础信息库，其建设带有一定的探索性和示范性。跨部门资源整合与共享应用要有国家高层次协调机构，经国务院批准，设立国家地理空间信息协调委员会，成员有 21 个部门和单位，旨在推进我国国家空间信息基础设施建设，促进地理空间信息的共享和应用。

2. 地理空间政务数据尚未形成开放开发局面

当前，地理空间政务数据与其他政务数据一样，主要以共享方式流通，有个别行业，如气象、地图服务等，已形成向社会提供气象服务产品、地图服务产品等的市场化服务模式，但尚未形成普遍开放开发的局面。国家层面尚未有数据开放政策，一些地方出台的地理空间数据管理办法中，明确提出不得利用共享数据从事经营性活动。随着《数据二十条》出台，地方上也开始试点探索，长沙市研究制定了《长沙市政务数据运营暂行管理办法（征求意见稿）》，贵州省出台了《贵州省政务数据资源管理办法》。2023 年 6 月，由北京国际大数据交易所完成了全国第一笔空间数据交易服务试点。[①]

三　探索构建地理空间公共数据基础制度的思路和建议

为充分发挥我国地理空间海量数据规模和丰富应用场景优势，在顶层制度和法律框架下，我国从立法、政策、标准等方面，开展制度、技术路径、发展模式等先行先试，探索建立地理空间公共数据产权、流通利用、收益分配、安全治理等方面的基础制度，激活数据要素潜能，提升地理空间数据要素利用价值。

---

① 《全国第一笔空间数据入场交易完成》，新浪网，https://finance.sina.com.cn/jjxw/2023-07-03/doc-imyzkmwx1988747.shtml?cref=cj。

（一）构建地理空间公共数据基础制度框架

以数据产权制度为基础，以数据流通制度为核心，以收益分配制度为导向，以数据治理制度为保障，以卫星遥感数据要素或分行业代表为试点，先行先试，逐步探索构建地理空间公共数据基础制度框架。通过建立公共数据分类分级确权授权与收益分配制度，激发内在动力与市场活力，促进共享交换、数据开放、数据交易，建立安全可控、弹性包容的数据要素治理制度，在保障安全和规范发展的前提下，提升公共数据开发利用价值（见图2）。

（二）探索建立地理空间公共数据产权制度

依据国家层面上位法律及有关规定，在国家数据分类分级保护制度下，研究制定地理空间公共数据分类分级确权授权制度。

1. 探索建立卫星遥感数据产权制度

一是探索建立产权制度。针对公益性遥感数据接收、存储、分发应用等实际现状，研究制定遥感数据分类分级确权授权制度，明确数据资源持有权、数据加工使用权和数据产品经营权，分陆地、大气、海洋三个系列，从国家层面分别理顺遥感数据接收、存储归档、分发、共享应用数据链条上涉及的地面系统接收站、数据中心、相关用户部门和单位以及有关市场化开发运营主体等，在数据持有、数据使用和数据经营上的责权利关系。根据数据来源和数据生成特征，分别界定数据生产、流通、使用过程中各参与方享有的合法权利，建立数据资源持有权、数据加工使用权、数据产品经营权等分置的产权运行机制。二是开展试点实践探索。以陆地、大气或海洋为试点，开展产权制度探索。

2. 探索建立地理空间公共数据产权制度

一是探索建立产权制度。按照地理空间领域细分行业，研究制定数据分类分级确权授权制度，明确数据资源持有权、数据加工使用权和数据产品经营权的主体及其在数据持有、数据使用和数据经营上的责权利关系。根据数据来源和数据生成特征，分别界定数据生产、流通、使用过程中各参与方享

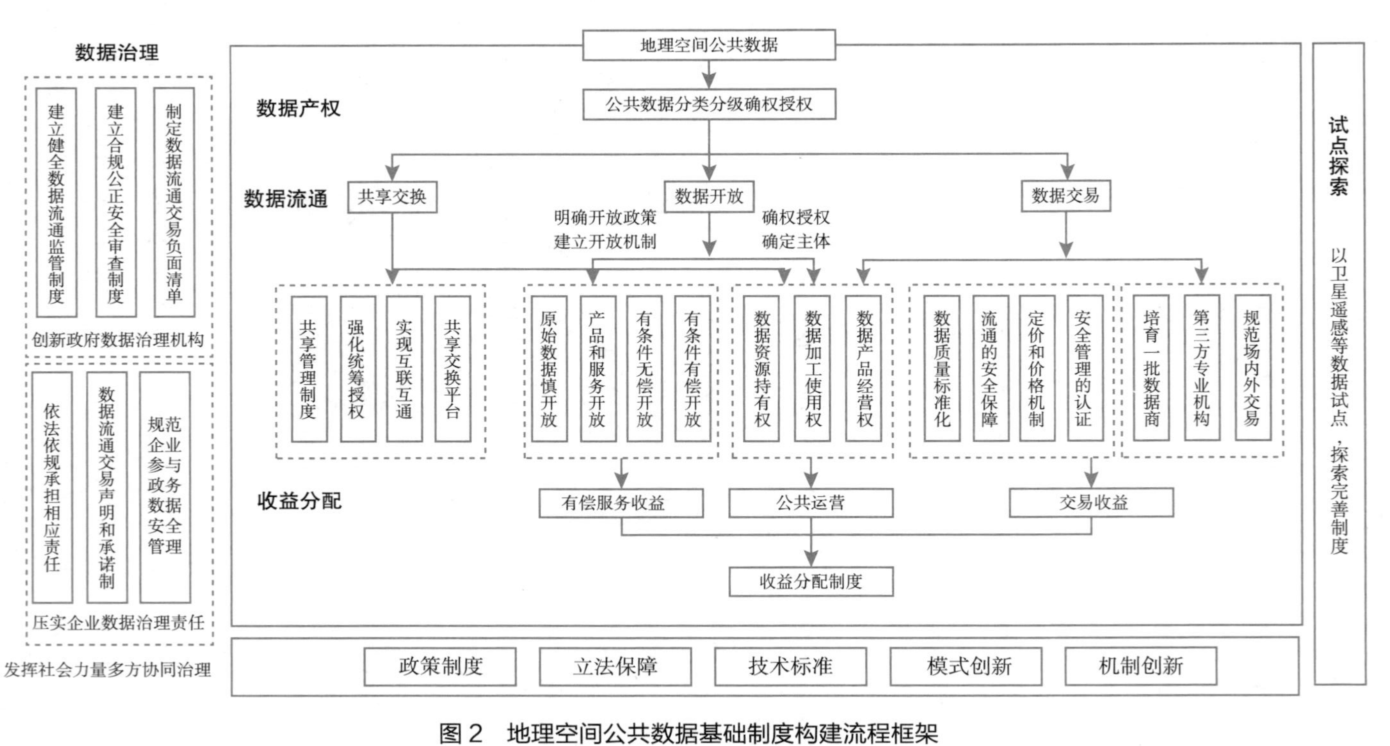

图 2　地理空间公共数据基础制度构建流程框架

资料来源：笔者自制。

有的合法权利，建立数据资源持有权、数据加工使用权、数据产品经营权等分置的产权运行机制。二是开展试点实践探索。以行业为试点，开展产权制度探索。

（三）探索推进地理空间公共数据流通利用制度建设

推进民用卫星遥感数据应用，提升开发利用价值，聚焦三个重点推进数据要素流通利用。

1. 推进政府部门之间的共享交换

在国家和地方两个层级开展制度完善及实践探索，提升地理空间公共数据汇聚共享水平。一是研究制定国家地理空间公共数据共享管理办法，在《遥感卫星数据开放共享管理暂行办法》等基础上，进一步细化明确卫星遥感数据共享管理细则。二是创新工作机制，在数字经济发展部际联席会议等工作机制下，研究新时期国家地理空间信息协调工作机制定位；推进互联互通，实现跨部门横向共享、国家与省市纵向共享，促进数据回流，打破“数据孤岛”。

2. 探索推进社会开放利用

在国家和地方两个层级开展制度完善及实践探索，推进地理空间公共数据开放。一是研究制定地理空间公共数据开放管理办法，在保障其公共属性和公益定位前提下，按照数据分类分级，明确公共数据可开放范围，界定公共数据开放的类型、内容、边界、形式等，确定有条件无偿开放、有条件有偿开放的适用条件，明确受益者负担公共数据治理成本的原则，促进公共数据转化为生产要素，让需求者可以获得可用且好用的公共数据资源；按照“原始数据不出域、数据可用不可见”的要求，明确可开放的产品和服务等；对不承载个人信息和不影响公共安全的公共数据，按用途扩大供给使用范围；编制数据开放目录及相关责任清单；研究制定公益性遥感数据开放管理办法，在遥感数据分类分级基础上，可考虑按照陆地、海洋、大气观测三个系列，分行业探索建立遥感数据开放管理办法。二是探索制定地理空间公共数据授权运营具体办法，可考虑细分行业或根据数据分类制定授权运营办法，利用民用卫星遥感数据先行先试，探索遥感数据授权运营主体、授权运营行为制度设计、授权运营监管机制设计、授权运营收益分配设计等，明确授权依据、授权方式、授权主客体，以及运营单位的安全条件、能力要求和行为规范，以市场机制提升公益性遥感数据开发利用的水平。确定数据开放授权主体、数据质量和合规性责任主体、承担数据治理成本的主体、数据运营主体，明确数据产品经营权。对于运营收益，明确数据生产、流通、使用过程中各相关主体及其收益分配机制。

3. 探索推进公益性数据交易

探索制定地理空间公共数据授权交易运营具体办法，明确可用于交易的数据类型，制定数据流通交易负面清单，制定数据资产登记、数据质量评价、数据资产价值评估等交易的政策、标准、规则等。

（四）持续提升地理空间公共数据服务平台能力

一是创新建设地理空间公共数据服务平台，在国家自然资源和地理空间基础信息库基础上，按需建设扩充地理空间公共数据服务平台。面向政务数据共享，提升共享交换服务能力，形成资源共享、业务协同、服务创新、机制激活、实用有效的地理空间领域共享交换平台；面向政务数据开放，形成全国地理空间公共数据开放服务一体化平台；面向遥感数据开放服务，形成遥感影像“一张图”平台底座，实现民用、商业卫星数据服务聚合，打造市场化统一服务平台。二是构建技术标准、管理办法、数据安全的保障体系。

应用篇

B.21 数字时代地理信息产业发展

李维森*

摘 要： 地理信息产业是涉及国计民生的战略性新兴产业，其基础性、战略性、先行性在数字时代会更加凸显。本报告从全面实现地理信息产业数字化、地理信息铸牢数字基础设施底座、地理信息技术助力公共服务数字化水平提升、加快推进地理信息数据要素产业化四个方面阐述了地理信息产业如何为数字经济发展提供动力，并提出当前需要重点做好创新驱动与需求牵引、信息安全与数据共享、自立自强与国际合作这三个维度的统筹工作，以提升地理信息产业的整体效能。

关键词： 地理信息产业 数字经济 产业数字化 数字底座 数据要素

数字经济已成为推进中国式现代化的重要驱动力量。2022 年，我国数字经济规模达到 50.2 万亿元，占 GDP 比重达到 41.5%，同比名义增长 10.3%，

* 李维森，中国地理信息产业协会会长，教授级高工，博士。

2016~2022 年年均复合增速达 14.2%，已连续 11 年显著高于同期 GDP 名义增速。[①] 地理信息产业是以现代测绘和地理信息系统、遥感、卫星导航定位等地理信息技术为基础，以地理信息开发利用为核心，从事地理信息获取、处理、应用的高技术服务业。作为战略性新兴产业，地理信息产业与数字经济相互赋能、比翼齐飞，近 5 年复合增长率为 11.5%[②]，已形成以高新技术服务业、软件业和高技术制造业为主导的发展格局，已成为数字经济的重要组成部分。

一　数字时代地理信息产业日益凸显三个属性

地理信息是数字化发展的重要新型基础设施。2021 年 9 月，国家主席习近平向首届北斗规模应用国际峰会致贺信并指出，“当前，全球数字化发展日益加快，时空信息、定位导航服务成为重要的新型基础设施”。[③] 时空信息是指基于统一时空基准活动或存在于时间和空间与位置直接或间接相关联的信息。[④] 提供人物事位置空间时序变化信息的地理信息数据是时空信息的基础框架数据，是在二维、三维空间开展业务活动分析的数字底座，在这个数字底座基础之上，通过时空数据增强、时空技术嵌入和时空服务协同等方式，叠加各种业务活动内容数据，发挥出地理信息的时空基底、时空关联、时空伴随、时空契合等作用，全面、系统、及时地反映社会经济发展特征及未来趋势，为高质量发展条件研判、环境调查、状态监测、过程洞察、趋势预见、跟踪问效、模式创新等赋能。[⑤]

---

① 《中国数字经济发展研究报告（2023 年）》，中国信通院网站，http://www.caict.ac.cn/kxyj/qwfb/bps/202304/t20230427_419051.htm。

② 中国地理信息产业协会编著《中国地理信息产业发展报告（2022）》，测绘出版社，2022，第 2~3 页。

③ 《习近平向首届北斗规模应用国际峰会致贺信》，《人民日报》2021 年 9 月 17 日。

④ 王家耀:《时空大数据：地理信息产业融合发展必由之路》，《中国自然资源报》2022 年 3 月 1 日。

⑤ 《中国工程院院士陈军谈测绘地理信息转型升级》，i 自然网站，https://www.iziran.net/news.html?aid=3494431。

地理信息产业是战略性新兴产业，地理信息数据是战略性数据资源。战略性新兴产业是引领未来发展的新支柱新赛道，是建设现代化产业体系的“重中之重”。自2014年国务院办公厅出台《关于促进地理信息产业发展的意见》（国办发〔2014〕2号）并将地理信息产业纳入战略性新兴产业以来，我国地理信息产业规模实现跨越式发展，产业结构持续优化，人才队伍不断壮大，产业基础和创新能力不断增强，应用领域广泛深入，自主创新成果丰硕，国际影响显著增强。2023年1月，自然资源部党组书记、部长王广华在接受《人民日报》记者采访时指出，地理信息数据作为重要的生产要素和战略性数据资源，支撑治国理政，赋能各行各业，服务千家万户，在推动高质量发展中具有基础性、先行性的重要地位和作用。①

在数字时代，地理信息产业的先行性、基础性更加凸显。国家建设，测绘先行。只有先做好了测绘工作，摸清了自然资源家底，掌握了国家地理实情，国家建设才能合理有序有效地开展。《测绘法》明确指出“测绘事业是经济建设、国防建设、社会发展的基础性事业”。发展数字经济，基础设施先行。习近平总书记强调，要加快新型基础设施建设，加强战略布局，加快建设高速泛在、天地一体、云网融合、智能敏捷、绿色低碳、安全可控的智能化综合性数字信息基础设施，打通经济社会发展的信息“大动脉”。②2023年初，习近平总书记再次强调，要完善扩大投资机制，拓展有效投资空间，适度超前部署新型基础设施建设，扩大高技术产业和战略性新兴产业投资，持续激发民间投资活力。③ 2023年2月，中共中央、国务院印发的《数字中国建设整体布局规划》中明确要夯实数字基础设施和数据资源体系“两大基础”。

综上所述，在加快数字经济发展和建设数字政府、数字中国的进程中，

---

① 朱隽、常钦:《优化要素保障 建设美丽中国（权威访谈）——访自然资源部党组书记、部长王广华》,《人民日报》2023年1月5日。

② 《习近平主持中央政治局第三十四次集体学习：把握数字经济发展趋势和规律 推动我国数字经济健康发展》，中央人民政府网站，https://www.gov.cn/xinwen/2021-10/19/content_5643653.htm?eqid=d2494217000c350100000002645d09b8。

③ 习近平:《加快构建新发展格局 把握未来发展主动权》,《求是》2023年第8期。

地理信息的数字底座角色与战略性价值无可替代、不可忽视。数字时代，地理信息产业会更加凸显基础性、战略性、先行性三个属性。

二　数字时代地理信息产业发展方向

回顾测绘地理信息发展历程，测绘地理信息事业孵化培育了地理信息产业。展望数字时代，地理信息产业既要承接好测绘地理信息事业的任务与使命，也要把握数字经济发展的脉搏，以集群化、融合化、生态化的方式，与关联产业形成合力，携手推动产业数字化与数字产业化，为数字经济发展赋能。

（一）全面实现地理信息产业数字化

从数字化测绘升级为智能化测绘，已成为业界共识。面对数字化、智能化的时代浪潮，测绘生产与服务面临数据获取实时化、信息处理自动化、服务应用知识化等诸多新难题。从根源上解决这些新难题，需要构建智能化测绘知识体系，研究智能化测绘技术方法，研制智能化测绘的应用系统与仪器装备，系统推动测绘的智能化升级，实现从基于传统测量仪器的几何信息获取拓展到泛在智能传感器支撑的动态感知，从以模型、算法为主的数据处理转变为以知识为引导、算法为基础的混合型智能计算范式，从平台式数据信息服务上升为在线智能知识服务，促进产业技术进步和事业转型升级。

推动地理信息软件平台化、智能化。地理信息软件涵盖地理信息获取、处理和应用的各个环节，已成为各领域信息化的重要基础软件。通过提升数据全流程处理效率来提高地理信息数据的现势性、可靠性和易用性，已成为地理信息软件领域迫切需要解决的问题。例如，为了满足诸多行业的应用诉求，需要有效提升海量遥感影像快速处理分析、高效存储、管理和分发共享的全流程效率。通过地理信息软件平台化、智能化，持续探索运用新技术，加强数据安全与质量控制，注重数据标准和互操作性，实现自动化处理、智能化知识挖掘、可视化呈现，让地理信息数据的采集、处理、挖掘、分析与应用全流程高效无缝衔接，让用户更容易从海量数据中发现深层次的有价值的信息，为达成最佳策略提供可靠的决策支撑。

大力推动测绘装备数字化、智能化。深入实施智能制造工程，围绕空间探测、海洋测绘、矿产勘查、先进遥感、导航定位等领域开展核心测量技术攻关，加强智能化计量校准技术研究。开展北斗卫星导航及多传感融合的组合导航系统时空信息溯源技术、卫星导航通信抗干扰 / 可靠性测试技术研究，建立可量化、可复现、可溯源的高精度卫星导航定位模拟计量校准系统和测试标准用例库。

加快地理信息企业数字化转型升级。引导企业强化数字化思维，提升员工数字技能和数据管理能力，加快推动研发设计、生产制造、经营管理、市场服务等全生命周期数字化转型。加快培育“专精特新”中小企业和制造业单项冠军企业。

（二）地理信息铸牢数字基础设施底座

推动涉及地理信息的新型基础设施建设。涉及地理信息的新型基础设施建设充分体现在地理信息获取、处理及应用的各个环节。获取环节涉及遥感卫星、导航卫星及卫星地面站的建设与运维；处理环节涉及包含地理信息数据的各种大数据平台建设，例如，实景三维建设、智慧城市时空大数据平台建设等；应用环节涉及各行业各场景的信息化应用软件开发及信息服务平台建设。在数字时代，要面向强国建设需要，以新发展理念为引领，以技术创新为驱动，以信息网络为基础，建立全球全时空大数据精准感知认知的理论和技术体系，充分利用现代测量、信息网络以及空间探测等技术手段，在信息基础设施、融合基础设施和创新基础设施三个方面协同发力，构建起“天－空－地－海－网”为一体，覆盖地理信息获取、处理及应用各环节的新型基础设施体系。

建设全域、全息、多维、高频的地理信息资源体系。开展面向智慧时空的多源信息获取、存储、挖掘、融合等技术研究，在海量多源数据自动综合处理技术、空天地网一体化测绘数据融合、高精度实景三维模型快速生产和更新、物联感知数据与地理实体时空关联、数据行业业务应用系统开发等方

面，持续完善产业生态体系。研制能客观真实反映人类生产、生活和生态空间的实景三维信息产品，构建能与现实三维空间实时互联互通的数字三维空间，实现多维度多层次的数据整合与融合。建立多源信息数据库，打造“地理信息高速公路”。提供基础数据共享、多源信息融合、数据挖掘与联网分析服务，形成自动获取、智能处理、全息表达、共享分发、三维显示、智慧应用的地理信息数据资源全链条管理体系，最大限度地提升数据应用价值，为数字转型、智能升级、融合创新提供高质量的信息服务支撑。

（三）地理信息技术助力公共服务数字化水平提升

加强地理信息技术、产品及商业模式创新，为构建新型基础测绘体系赋能。新型基础测绘是传统基础测绘发展到一定阶段后，按“全球覆盖、海陆兼顾、联动更新、按需服务、开放共享”等特征，以重新定义基础测绘成果模式作为核心和切入点，带动技术体系、生产组织体系和政策标准体系全面升级转型的基础测绘体系。[①] 地理信息产业要抓住构建新型基础测绘体系的机遇，以产业化方式丰富供给侧选择，强化技术创新、产品创新、商业模式创新，为我国测绘地理信息事业发展提供更多优质的国产化解决方案，提升公共服务数字化水平，满足新时代面向基础测绘的新需求。在技术创新上，推进测绘技术与新一代信息技术融合，实现立体测绘、智能化测绘，实现关键核心技术自主可控。在产品创新上，着力构建以企业为主体、以市场为导向、产学研相结合的技术创新体系，利用市场机制和经济杠杆倒逼企业增强技术创新的内在动力，推动企业转型和产业升级，提升以产品质量、标准、技术为核心要素的市场竞争力。在商业模式上，以建立健全测绘地理信息公共数据有偿使用和收益分配机制，促进北斗导航定位、数字地图、遥感等地理信息与实体经济深度融合为契机，加强产品创新、组织创新、商业模式创新，

① 《2023 测绘大讲堂分享 | 张继贤司长：新型基础测绘与实景三维中国建设和实践》，“中国测绘学会”微信公众号，https://mp.weixin.qq.com/s/aD0oVjMbr_ttfL74vKTpKw?exportid=export/UzFfAgtgekIEAQAAAAAAjscyv9UjTQAAAAstQy6ubaLX4KHWvLEZgBPE3KMwPDsgWfKHzNPgMIuQqbUzO317iZ5PxyLlPQUH&sessionid=975852473。

加大地理信息产业与资本市场对接力度，拓宽企业融资渠道，丰富研发资金来源，推动“科技—产业—金融”良性循环，总结推广企业管理创新优秀成果，实施企业管理创新示范工程，培育知名品牌。

融入美丽中国数字化治理体系，为生态环境治理数字化、信息化、智能化赋能。习近平总书记在全国生态环境保护大会上指出，深化人工智能等数字技术应用，构建美丽中国数字化治理体系，建设绿色智慧的数字生态文明。① 通过数字化引领国土空间治理方式变革，按照“统一底图、统一标准、统一规划、统一平台”的要求，完善自然资源三维立体“一张图”和国土空间基础信息平台的数据汇集与更新机制，强化大气、水、土壤、自然生态、核与辐射、气候变化等数据资源综合开发利用，持续提升自然资源开发利用、国土空间规划实施、海洋资源保护利用、水资源管理调配水平。基于碳卫星与地理空间大数据开展我国区域碳循环关键参数立体观测与反演关键技术研究，研发全空间碳源/汇监测信息服务系统，研制碳参数全、时空分辨率高、时间序列长的具有自主知识产权的碳参数产品，加快构建碳排放智能监测和动态核算体系。加快地理信息技术与新一代信息技术融合应用，建立一体化生态环境智能感知体系，打造生态环境综合管理信息化平台，构建精准感知、智慧管控的协同治理体系，提升生态环保协同治理能力。

（四）加快推进地理信息数据要素产业化

加快培育地理信息数据要素市场是加快推进地理信息数据要素产业化的重中之重。目前，地理信息使用的相关法规只是规定了具体领域的数据提供和使用，而针对统一数据要素市场的操作规则还没有建立起来，地理信息数据交易市场还处于萌芽状态，面临数据权属确定缺乏法律依据、数据估值困难、数据交易标准规范和监管缺失等诸多关键难题。自 2020 年中共中央、国务院在《关于构建更加完善的要素市场化配置体制机制的意见》中提出“加快培育数据要素市场”以来，数据产权、流通交易、收益分配、安全治理等

① 《习近平在全国生态环境保护大会上强调 全面推进美丽中国建设 加快推进人与自然和谐共生的现代化》，人民网，http://jhsjk.people.cn/article/40038459。

国家基础制度相继出台，随着国家数据局的成立，数据要素和数字经济建设相关领域推进力度有望加大，地方试点、产业实践的落地步伐也将加快。地理信息数据作为重要的生产要素和战略性数据资源，起到了数字底座的基础性作用，理应成为数据要素市场建设的重中之重。

推动地理信息数据市场化交易，积极融入新业态新模式。一方面，要做好上位政策的承接细化，稳妥推进测绘数据产权制度以及分类分级确权授权、众源数据利用管理等机制建设，探索建立测绘数据流通准入规则和数据质量标准化体系，推动数据资源向数据资产转变。另一方面，要基于数据的资源、资产与资本属性，以自动驾驶、共享经济等部分市场化应用成熟度高的场景为突破口，引导政府、园区和各类企业先行先试，遴选一批培育项目，并对其进行跟踪指导，逐步建立起政府地理信息公共服务和地理信息数据市场化交易之间的桥梁，打造数据要素市场价值链与生态体系。

围绕相关产业数字化转型，扩大并深化地理信息应用场景。以智慧水利、智慧农业、智能制造、智慧物流、智慧能源、智慧交通、智慧城市、共享经济等行业数字化转型、智能化升级为契机，围绕技术融合、数据智能、流程高效、沉浸体验、增值服务五个方面，推动要素整合与系统集成，推进地理信息技术、应用场景和商业模式融合创新，提供实时、定向、互动、闭环的数字化应用体验，实现各类生产要素在时空上快捷、精准、智能匹配，提升资源配置效率，为全面实现产业数字化转型赋能。

推动地理信息产业跨界融合发展，全方位融入现代化产业体系建设。党的二十大报告指出要“加快发展数字经济，促进数字经济和实体经济深度融合，打造具有国际竞争力的数字产业集群”，“推动战略性新兴产业融合集群发展，构建新一代信息技术、人工智能、生物技术、新能源、新材料、高端装备、绿色环保等一批新的增长引擎”。地理信息产业是现代信息技术应用的集大成者，地理信息数据获取、处理、应用涉及诸多技术及行业。上游数据获取涉及航空航天、卫星制造及应用服务、精密仪器仪表、传感器制造、智能网联汽车制造、手机制造等产业；中游数据处理涉及人工智能、云计算、大数据、通信、工具软件及平台软件开发等技术应用；下游数据应用涉及各行各业应用软件开发、数据交易与服务、数据安全解决方案等业务。以建设创新引领、协同发展的现代化产业体系为导向，推动数据融合、技术融合、标准融合、组织融合、业务融合，促进地理信息产业链上中下游的相关产业集群化、融合化、生态化发展，打造自主可控、安全高效的产业链供应链，构建优质高效、结构优化、竞争力强的现代化产业体系，以有限的资源满足更多的需求，让基于地理信息的新应用和新服务不断涌现，让地理信息产业成为数字经济新的增长引擎。

三　做好三个统筹，提升产业整体效能

《“十四五”数字经济发展规划》（国发〔2021〕29号）明确了“坚持创新引领、融合发展”“坚持应用牵引、数据赋能”“坚持公平竞争、安全有序”“坚持系统推进、协同高效”四大基本原则。目前，地理信息技术应用已融入经济社会的各个领域，体现出了强渗透性、广覆盖性、高创新性。未来，地理信息产业要以更好地支撑数字经济发展为导向，以满足测绘地理信息事业发展为基本要求，以提升产业整体效能、高质量发展为目标，发挥数据要素作用，坚持创新驱动发展，持续增强发展动能，不断提升应用成效，有效整合全球资源，进一步夯实地理信息产业基础性、先行性、战略性地位。近期需要重点做好创新驱动与需求牵引、信息安全与数据共享、自立自强与国际合作这三个维度的统筹工作。

（一）统筹创新驱动与需求牵引，不断提升应用成效

以核心技术为根，以场景应用为本，实现从“赶上时代”到“引领时代”的跨越。面向数字经济发展新形势，要从“强起来”的时代要求和高质量发展的主题要求出发，坚持以核心技术突破为根本，以场景深度融合应用为目标，持续强化理念创新、技术创新、业态创新、管理创新，推动创新技术与业务场景深度融合，不断将市场趋势和用户需求落地为解决方案和产品，不断提高地理信息全要素生产率和供给水平，减少重复供给、无效供给和低端

供给，扩大有效供给和高端供给，实现从“赶上时代”到“引领时代”的跨越，重塑地理信息产业发展新定位。

以需求牵引供给、供给创造需求，推动从“业务生产数据”向“数据产生业务”演进。要加强对未来应用场景的洞察与需求认知，要从反映现状的静态测绘服务转向体现变化和分析的动态地理信息服务，从被动服务转向主动服务，从后台服务转向前台服务，从单一测绘数据生产转向综合性信息服务，从时空感知走向时空认知。要敢于、善于引导和创造需求，以市场化方式推动数据技术产品、应用范式、商业模式协同创新，从“业务生产数据”向“数据产生业务”演进，充分发挥我国海量地理信息数据资源规模和丰富应用场景的优势，拓展地理信息数据应用的新空间，形成需求牵引供给、供给创造需求的更高水平动态平衡。

以有效市场和有为政府推动全国统一大市场建设，构建高效协作的产业生态。以统一市场、保护产权、公平竞争、有效监管为基本导向，加快营造市场化、法治化、国际化一流营商环境，优化民营经济发展环境。尊重经济发展规律、市场客观实际和行业应用需求，统筹考虑需要与可能，理出轻重缓急，在全面推进中突出重点，在长远布局中优先当前。政府要善于打造科创平台，让科研机构、投资机构、企事业单位都能参与其中，构建高效协作的产业生态。一是要加强科技创新工作统筹协调，推动科技项目、平台、人才、资金一体化配置，推进科技改革、科技攻关、科技平台、科技人才协同发展。二是要强化企业科技创新主体地位，发挥科技型骨干企业引领支撑作用，营造有利于科技型中小微企业成长的良好环境。三是要加强企业主导的产学研深度融合，推动人才、资本、数据等各类要素向企业集聚，促进地理信息企业创新集群，推动创新链产业链资金链人才链深度融合。四是要大力弘扬企业家精神，发挥企业在提高科技成果转化和产业化水平方面的重要作用。

（二）统筹信息安全与数据共享，发挥数据要素作用

安全是数据共享的前提，数据共享在充分释放数据价值的同时，也能更好体现出安全投入的价值。多年来，基础测绘、重大工程以及卫星遥感，已

产生海量地理信息数据，随着地理信息应用的深入，地理信息安全保护要求与现阶段经济发展对地理信息共享需求的矛盾日益突出。只有解决了安全问题，地理信息才能得到广泛的共享和充分的应用，否则，就会出现地理信息数据资源不敢共享、不愿共享的被动局面。[①]

推动地理信息保密处理技术融合创新，积极应对安全风险挑战，同时满足新的应用需求。为了在守牢地理信息安全底线的前提下，统筹考虑地理信息安全和广泛应用，进一步促进地理信息的充分应用，自然资源部、国家保密局印发了《测绘地理信息管理工作国家秘密范围的规定》（自然资发［2020］95号），自然资源部办公厅印发了《关于推进地理信息保密处理技术研发和服务工作的通知》（自然资办发［2021］22号），自然资源部印发了《公开地图内容表示规范》（自然资规［2023］2号），面向自动驾驶、三维数据应用等新需求，加速推进保密处理技术优化和升级。支持各地针对矢量数据、栅格数据、三维模型、实景数据及导航电子地图（含智能汽车基础地图）等涉密地理信息，研发对其空间位置、精度、属性内容及相互关系等全部或者部分进行保密处理的技术方法，通过保密处理，获得可以公开的地理信息，以满足共享的需求。一方面，积极应对大数据、物联网、自动驾驶等新技术应用发展的安全风险挑战；另一方面，充分利用这些挑战促进先进技术进行融合创新，保障成果安全可用、数据安全可控、服务应用可信。

建立适应数据市场化交易的地理信息安全体系。目前，地理信息安全相关研究和应用成果越来越多，但地理信息安全体系还未完全建立，需要从理论、技术、法规、标准、应用多方面统筹谋划、系统推进，以加快数据安全产业链、供应链、创新链的融合发展。积极探索数据安全合规有序流通的机制，培育数据流通和交易服务生态，推动地理信息数据全流程安全高效流通。构建完整的地理信息安全与应用政策法规体系、技术体系和人才体系，建成产学研高效融合的科技创新平台，为地理信息数据的安全应用与服务提供要素保障。

① 朱长青、任娜、徐鼎捷:《地理信息安全技术研究进展与展望》,《测绘学报》2022年第6期。

（三）统筹自立自强与国际合作，有效整合全球资源

紧密围绕“四个面向”，将提升自主化科技创新能力作为引领产业发展的第一动力。一是满足国家重大战略及工程实施、人民生产生活日益增长的地理信息需求，对标国际地理信息领域高技术水平，统筹国内和国际，找准发力点，有效整合全球资源，打破技术壁垒，补齐短板[①]，让地理信息产业打造出更多的国际化新名片。二是注重基础研究和原始创新，推动我国地理信息软件及装备技术创新深度融入国家重大科技工程攻关、强国建设等领域的创新发展大局之中。三是加快推进产学研用一体化发展，推动地理信息领域教育链、人才链、产业链、创新链有机衔接、高效融合，进一步完善地理信息领域科技创新体系。

提高地理信息企业与产业的国际化发展能力与国际市场竞争力。一是搭建国际化业务平台。针对地理信息企业规模普遍不大的特点，政府及社会组织应主动搭建有利于地理信息企业国际化发展的平台，为地理信息企业国际化发展提供服务与帮助。二是探索国际化的新路径。以共建“一带一路”国家、非洲国家和南美洲国家市场为主战场，重点针对有一定市场基础和有较好发展前景的国家，通过免费培训、赠送软件等措施，培养“中国智造”地理信息软硬件产品和数据产品的海外粉丝，促进国际市场开拓。三是形成国际化的新机制。围绕地理信息产业国际化发展要素与具体国家的政策、法规、市场、产品及服务，形成可持续的国际市场开拓研究与报告机制。

---

① 本刊评论员:《坚定不移地推进测绘地理信息高质量发展》,《中国测绘》2023 年第 6 期。

B.22

中国数字孪生城市建设进展与趋势

党安荣　田　颖　黄竞雄　翁　阳*

摘　要： 数字孪生城市是现实世界的物理城市与虚拟世界的数字城市共生共荣发展的产物，是集成应用物联网、大数据、云计算、信息技术、人工智能等建设的新型智慧城市。由于建设数字孪生城市有助于城市规划、建设、管理、运营、治理的科学化与现代化，所以政产学研各界对其广泛关注，近年来在数字孪生城市的政策理念、技术方法、实践应用等领域开展了大量的探索，取得了诸多典型成果，呈现出明显的特征。本报告梳理了国家和省市层面数字孪生城市建设的相关政策，分析了北京市、上海市、重庆市和雄安新区数字孪生城市建设的案例，最后对数字孪生城市发展趋势进行了研判，以期有助于数字孪生城市的有序发展。

关键词： 数字孪生　智慧城市　城市信息模型

一　数字孪生城市建设政策梳理

中国数字孪生城市的规划建设，是在数字中国、智慧社会国家发展战略及相应的一系列政策引导下有序开展的，相关的政策引导可以分为国家和省市两个层面梳理。

* 党安荣，清华大学教授、博导，清华大学人居环境信息实验室主任，国家文物局重点科研基地主任，主要研究方向为城乡规划技术科学及文化遗产数字化保护；田颖，清华大学建筑学院在读博士研究生，主要研究方向为城乡规划技术科学；黄竞雄，清华大学建筑学院在读博士研究生，主要研究方向为城乡规划技术科学；翁阳，清华大学建筑学院在读博士研究生，主要研究方向为城乡规划技术科学。

（一）国家层面的政策引导

2021 年 3 月,《中华人民共和国国民经济和社会发展第十四个五年规划和2035 年远景目标纲要》明确要求稳步推进城市数据资源体系建设，构建互联、开放、赋能的智慧中枢，研发城市信息模型平台和运行管理服务平台，开展数字孪生城市建设探索，成为数字孪生城市建设的国家战略指引。随后，相关部委陆续出台的不同领域的“十四五”规划，对数字孪生城市建设部署与落实具有促进意义，诸如《“十四五”国家信息化规划》提出深化新型智慧城市建设，完善 CIM 平台和运行管理服务平台，构建因地制宜的数字孪生城市;《“十四五”信息化和工业化深度融合发展规划》强调推动数字孪生、人工智能、大数据等新技术应用，探索形成一批“数字孪生 +”“人工智能 +”等智能场景。

2022 年 6 月，国家发展改革委发布《“十四五”新型城镇化实施方案》，明确“十四五”时期要以人为核心深入推进新型城镇化的战略目标，建设宜居、韧性、创新、智慧、绿色、人文城市，推进 5G 网络规模化部署，确保覆盖所有城市及县城；推行城市数据“一网通用”、城市运行“一网统管”、公共服务“一网通享”，部署“城市数据大脑”建设，探索建设数字孪生城市，丰富数字技术应用场景，发展智慧社区、智慧楼宇、智慧商圈、智慧应急、智慧安防等。

2022 年 7 月，住房和城乡建设部与国家发展改革委联合印发《“十四五”全国城市基础设施建设规划》，明确建设新一代信息通信基础设施，规模化部署 5G 网络，实现全国县级及以上城市城区 5G 网络连续覆盖，基本完成全国县级及以上城市城区千兆光纤网络升级改造，在此基础上，开展实施示范工程，重点在于打造数字孪生城市综合应用场景，并探索智能网联汽车与智慧城市、智慧交通系统的深度融合技术和实施路径。

2022 年 11 月，科技部与住房和城乡建设部联合印发《“十四五”城镇化与城市发展科技创新专项规划》，强调基础数字化与智能化技术，面向智能建造与智慧运维，开展基础共性技术和关键核心技术研发与转化应用，推进市政公用设施的智能化改造和物联网应用，提高城市运维效率，强化建筑与市政公用设施系统协同管控能力。研发文化资源数字化与内容挖掘集成技术，研究文旅“智慧大脑”，开发文化行业大数据统计与分析集成技术和系统。

2023 年 2 月，党中央、国务院印发《数字中国建设整体布局规划》，明确按照“2522”的整体框架建设数字中国，即夯实数据资源体系与数字基础设施“两大基础”，推进经济建设、政治建设、文化建设、社会建设、生态文明建设“五位一体”与数字技术的深度融合，强化数字安全屏障与数字技术创新体系“两大能力”，优化数字化发展国际与国内“两个环境”。到 2025 年，数字中国建设取得重要进展，基本形成纵向贯通、横向打通、协调有力的一体化推进格局；到 2035 年，数字中国建设取得重大成就，数字化发展水平进入世界前列。

（二）省市层面的政策实施

在上述国家层面相关政策引导下，全国各省（区、市）以及市县都不断出台相关的政策予以实施，限于篇幅，下面仅选择几个典型的省市相关政策进行说明。

北京市“十四五”规划明确提出：高标准构建城市大脑和网格化管理体系、建设数字孪生城市。2021 年 3 月，北京市大数据工作推进小组发布《北京市“十四五”时期智慧城市发展行动纲要》，要求构建统筹规范的城市感知体系，在数字孪生城市“四梁八柱深地基”框架基础上，夯实新型信息基础设施，“一网通办”惠民服务便捷高效，“一网统管”城市治理智能协同，到 2025 年，将北京市建设成为全球新型智慧城市的标杆城市。2022 年 11 月，北京市出台《北京市数字经济促进条例》，要求加强新技术基础设施建设、加快信息网络基础设施建设、推进算力基础设施建设，统筹推进人工智能、区块链、大数据等新技术基础设施及智慧城市建设，以便实现数字政务“一网通办”、城市运行“一网统管”、各级决策“一网慧治”，促进政府智慧履职，以数字孪生赋能城市治理。

上海市人民政府于 2023 年 9 月印发了《上海市进一步推进新型基础设施建设行动方案（2023—2026 年）》，提出构建数字孪生城市信息基础设施，构建权威、轻量、开放、易用的城市“一张图”服务应用体系，推动三维数字空间、虚拟数字人等新技术在城市管理、民生服务等领域率先应用。上海市浦东新区科技和经济委员会于2023年6月发布了《浦东新区产业数字化跃升计划（GID）三年行动方案（2023—2025年）》，提出研发十个数字化平台，建设百家智能工厂，汇聚百家有影响力的数字化服务商，带动千家企业数字化转型。

重庆市经济和信息化委员会于2023年2月发布《2023年重庆市制造业数字化转型行动工作要点》，提到要在2023年建设10个智能工厂、培育10个5G全连接工厂等。2023年7月，重庆市经济和信息化委员会等发布了《重庆市以场景驱动人工智能产业高质量发展行动计划（2023—2025年）》，强调“场景驱动”，到2025年打造10个标杆场景项目，涉及智慧路网管控、智能辅助诊断、数字孪生工厂等领域，提出了五大方向16条重点任务，围绕AI大模型、AI开发框架及工具体系等方向，建设人工智能开源社区。

在广东省，深圳市人民政府办公厅于2023年6月印发实施《深圳市数字孪生先锋城市建设行动计划（2023）》，提出建设具有“数实融合、同生共长、实时交互、秒级响应”特征的数字孪生先锋城市，包括建设一体协同的CIM平台底座、构建十类孪生数据底板、承载超百个应用场景、实现千项数字孪生应用，力争建设世界一流的智慧城市，推动城市高质量发展。2023年10月，广州市住房和城乡建设局与广州市政务服务数据管理局联合公布了《广州市新型智慧城市和“新城建”十大标杆应用场景》，包括民生服务、社会治理、生态宜居、产业经济等，旨在发挥场景驱动作用，加快智慧城市应用落地，让城市生活更美好、城市运行更安全、城市管理更智慧。

二　数字孪生城市建设进展分析

据不完全统计，截至2017年底，明确提出或正式开展智慧城市建设的城市超过500座[①]，开展应用场景探索实践的案例，覆盖居民生活、企业生产、

① 《中国超500座城市提出智慧城市建设 万亿级市场待掘金》，中国科学网，http://www.minimouse.com.cn/plan/2018/1031/44329.html。

商业服务、数字经济、社会治理、生态环境、遗产保护、文旅发展等城市规划、建设、管理、运营的全生命周期。下文仅通过北京市、上海市、重庆市、雄安新区等几个典型案例，管窥数字孪生城市建设进展。

（一）典型案例分析之一：北京市

“十四五”建设时期，北京市的城市副中心将重点建设数字孪生城市，让城市“能感知、会思考、可进化、有温度”，以进一步提升市民的获得感。为此，副中心将整合基础地理、规划设计、建筑建造等方面的数据，构建三维城市运行底座，为数字孪生城市的建设提供服务。在此基础上，统筹布局低功耗、高精度、低成本、高可靠的百万级城市感知设备，形成泛在的天空地一体化感知网络，为城市管理、市政交通、公共安全等领域提供服务，并开展数字孪生城市应用试点。对通州全区总长度达 9175 公里的地下管线布局进行 AR 增强现实三维操作[①]，在手机或者平板电脑上就能通过 App“透视”地下管线详细状态，避免施工盲挖。

北京市海淀区已经上线运行的“数字孪生海淀”，拥有 249 个数据图层，可为城市交通、城市管理、公共安全、生态环境等领域应用提供实时高效的地理空间服务，助力城市治理能力与治理水平的现代化。基于“数字孪生海淀”研发的“掌上海淀”综合移动便民服务平台，是全区为民、为企服务的“总入口”，平台纵向联通辖区街镇、深入社区一线，横向打通部门信息壁垒、融合便民应用资源，以精准服务社区居民为出发点，促进“融媒 +”基层社会治理模式落地。

（二）典型案例分析之二：上海市

上海市杨浦区的数字孪生城市建设试点选择了上海国际时尚中心（前身是 20 世纪 20 年代著名的裕丰纱厂），借助时空地理信息、建筑信息模型、实时动态物联网信息构建数字孪生底座，实现了上海国际时尚中心物理空间管

---

① 《城市副中心建“数字孪生城市”，10 万城市部件组成三维立体图》，“北京日报客户端”百度百家号，https://baijiahao.baidu.com/s?id=1675526546201868965&wfr=spider&for=pc。

理向数字空间治理的进化。诸如“车辆调度”“区域热度”“顾客密度”等过去传统、定性、被动和分散的管理内容，经过数字孪生底座的可视化呈现，转变为现代、定量、主动和系统的管理内容。在试点基础上，数字孪生城市在上海市杨浦区逐步成长并扩展应用，助力实现物理空间管理向数字空间治理的进化，聚焦“历史建筑信息、园区热点设施、文化活动地图、融合通信指挥、应急事件处理、无人车无接触服务、数智化管理、周边配套”等八大特色数智化管理应用场景。

上海市浦东新区的数字孪生城市建设与应用已经延伸到街道治理与服务。花木街道依托数字孪生城市建设成果，陆续推出一系列实用、便利的线上公共服务工具，居民借助“指尖上的社区”可以切身感受“一屏观天下，一网管全城”的建设成果；此外还有“云上议事厅”“自治金掌上小程序”“加装电梯服务小程序”等一系列应用小程序。花木街道数字孪生城市建设深入推进，近万幢建筑、十余万个城市部件，包括电线杆、电话亭、市政箱体等呈现在数字沙盘模型上。花木街道数字孪生城市是一个可成长的数字孪生城市，建设成果不仅提升了花木街道职能部门的工作效率，还让居民办事更加便捷。

（三）典型案例分析之三：重庆市

重庆市数字孪生城市的核心是重庆市城市信息模型（CIM）平台。该平台以三维模型系统为基础，建成覆盖全市范围的基础地理、实景三维模型数据。同时，动态整合了道路、建筑、地铁等多类信息模型，涵盖规划建设、城市运行、市政服务及自然资源等多维度的数据资源体系。通过整合不同时间、不同区域的空间数据和物联网数据等时空数据，CIM 平台能够精确还原各城市要素的空间关系，同时提供回溯和展望的可能性。这为山城重庆的数字化表达和管理提供了数字孪生底座，为重庆市的规划、管理、建设和运行全生命周期发展提供了支持。

重庆市的 CIM 平台具有全覆盖、全要素、全周期的特色，在传统三维虚拟城市的基础上，进一步完善了数据、技术和应用场景。在 CIM 平台的支持下，重庆市真正实现了虚拟数字城市与现实物理城市的虚实协同；借助 CIM

平台，不仅可以随时了解重庆市信息，更重要的是可以计算分析，对重庆市开展规划推演、建设管理、运行监测等工作。

（四）典型案例分析之四：雄安新区

承载“千年大计、国家大事”的“未来之城”雄安新区，是国内首个实现数字城市与现实城市同步建设的数字孪生城市。雄安新区在规划设计阶段就确立同时建设相互协同的三座城市——地上一座城、地下一座城、云上一座城，这是全新的未来城市规划设计理念，其中“云上一座城”就是指雄安新区数字孪生城市，具体涵盖城市计算中心、视频一张网平台、综合数据平台、物联网平台和城市信息模型平台，简称“一中心四平台”，构成雄安新区数字孪生城市的应用基础。为了给予“云上雄安”更好的支持，城市计算中心构建了城市级的边云超城市计算体系，涵盖数字孪生城市的数据应用、区块链运算、物联网支持、AI 和 AR/VR 等业务的计算存储和数据传输需要。雄安新区的数字孪生城市汇总集成了不同领域、不同实体、不同来源的数据，构建了“规划一张图、建设监管一张网、城市治理一盘棋”的新格局。

作为“未来之城”的雄安新区，数字孪生智能化应用场景不断涌现，涵盖公共服务、政务办公、日常生活的方方面面。雄安新区容东片区建设了数字道路，其中的智能汽车能够自动变道、跟车、停车，将逐步取代传统汽车成为数智生活的主力；在规模宏大的雄安新区起步区，智慧工地管理、智能物资接驳、无人超市运营等随处可见；借助智慧监测体系，人们将更好地了解和掌握白洋淀各项指标的变化情况，助力白洋淀生态环境的持续改善。

三　数字孪生城市发展趋势研判

通过数字孪生城市建设典型案例的分析，结合存量时代高质量发展需求及新型信息技术与人工智能的发展特点，可以研判未来数字孪生城市发展的三个主要特征：底座有广度、平台有温度、应用有深度。

底座有广度是指数字孪生城市数据底座的构成将极大地扩展，拥有极其

丰富的数据类型与专题内容。一方面，在实景三维中国的政策的引导下，数据底座全面实现三维化、实体化、情景化；另一方面，面向存量时代城市规划、建设、管理、运营全生命周期，数据底座必将走向动态化、实时化、协同化，特别是借助城市传感网与物联网，实时感知城市自然、经济、社会、人文的状态以及城市居民生活、工作、行为的模式，获取多源动态时空数据，极大地丰富和扩展数据底座的维度，以充分支撑有温度的平台和有深度的应用。

平台有温度是指数字孪生城市支撑平台的建设将以人民为中心，充分体现人本化的应用与服务需求。总体而言，以人民为中心必将充分考虑人民生活、生产、生态应用需求与应用服务的精细化场景，充分体现自然关怀、社会关怀、人文关怀。具体而言，数字孪生平台支撑人们对于美好生活向往的多个维度，自然方面涉及生态系统构成与服务、生物多样性状态与变化等，社会方面涉及组织管理效率、空间治理能力等，人文方面涉及室内室外活动、物质精神生活等，随时满足 5 分钟、10 分钟、15 分钟生活圈的服务需求。

应用有深度是指充分应用最新信息技术成果，特别是时空大数据、网络大模型、智能云服务、生成式人工智能的应用，开展创新应用研发。创新应用不仅要面向数字经济、双碳目标、生态文明、联合国 SDGS 等宏观层面深化探索，以便保障人类赖以生存的自然与社会环境的可持续发展，增强城市的韧性，更要聚焦人们日常生活的智慧化场景，诸如智慧家居、智慧楼宇、智慧社区、智慧教育、智慧医疗、智慧文旅等的深化发展，让人们多层次、多类型、全方位、全过程享受数字化转型与智慧化发展带来的福利。

B.23

测绘地理信息赋能数字经济发展

王 华　陈晓茜　张雁怡*

摘　要： 数字时代，以计算机、人工智能、互联网为核心的信息技术已深刻融入人类生产、生活和管理方方面面，智能化工具体系作为当代先进生产力的主要标志，在推动数字经济发展中发挥着关键作用。本报告通过深入分析测绘地理信息空间定位、时空场景支撑、空间分析三大核心能力，探讨了智能化工具体系对这三大核心能力及相关技术的客观需求，论证了测绘地理信息对数字经济发展具有不可或缺的作用，并从推动经济社会高质量发展的角度，围绕完善智能化测绘技术体系，提出了进一步做好测绘地理信息工作的意见和建议，旨在促进测绘地理信息事业转型升级，增强测绘地理信息在数字经济发展中的赋能作用，更好地适应数字时代的要求，有力支撑数字经济发展。

关键词： 数字经济　智能化工具体系　测绘地理信息　时空大数据平台

21世纪以来，全球科技创新进入密集活跃期，自动化加速走向数字化、网络化、智能化，新技术、新产业、新模式、新业态大规模涌现，深刻影响着全球科技创新版图、产业生态格局和经济走向。世界主要国家都把互联网

* 王华，湖北省自然资源厅地理信息处处长，正高职高级工程师，主要研究方向为测绘地理信息、数字城市发展、地理国情监测、时空大数据平台等；陈晓茜，湖北省空间规划研究院数字信息所所长，高级工程师；张雁怡，湖北省航测遥感院工作人员，主要研究方向为智能化测绘体系、时空大数据平台、遥感影像智能化处理等。

作为经济发展、技术创新的重点以及谋求竞争新优势的战略方向，提出要加快传统产业数字化、智能化，做大做强数字经济，拓展经济发展新空间。习近平总书记在浙江考察时指出“要抓住产业数字化、数字产业化赋予的机遇，加快5G网络、数据中心等新型基础设施建设……大力推进科技创新，着力壮大新增长点、形成发展新动能”。[①] 由此可以看出，数字经济的本质是信息化，信息化带来以智能化为特点的产业变革，通过广泛应用信息技术，发展和改造现代工具体系，促进生产力发展，提高经济增长质量，达到促进经济社会转型与发展目标。

新时期测绘地理信息成为重要的战略性数据资源和新型生产要素，党中央、国务院加快布局数字中国建设和数字经济发展，对测绘地理信息工作提出新的更高要求，如何发挥自身优势更好支撑数字经济发展是目前研究的热点之一。本报告从深入分析信息化发展过程中智能化工具体系在推动数字经济发展中发挥的关键作用的角度出发，研究探讨测绘地理信息在智能化工具体系中的重要支撑作用，旨在探索测绘地理信息赋能数字经济发展的相应路径。

一　智能化工具体系是当代数字经济发展的重要支撑

人类社会发展的历史是先进生产力不断取代落后生产力的历史。生产力是社会发展的最终决定力量，生产工具是衡量生产力发展水平的主要标志。生产工具是人类充分利用信息、处理信息的具体体现，其发展是人类充分利用信息处理技术开发利用信息资源，进而实现生产力的发展与突破的结果，同时也是人类智慧在生产、生活和管理等方面不断深入应用和发展的结果。

（一）智能化工具体系建设是当代社会生产力发展的关键抓手

当代信息社会的主要特征是以计算机、互联网、人工智能为代表的信息

① 《习近平关于网络强国论述摘编》，中央文献出版社，2021，第143页。

技术不断与各类工具相融合，最终形成智能化工具体系。智能化工具体系是信息化工具体系在现阶段的主要表现形式，是由终端设备、通信设备、存储设备、处理设备、感知设备等硬件体系，基础软件、应用软件、数据信息等软件体系，互联网、物联网、局域网等通信网络体系，以及人构成的四位一体的工具系统，是一种以智能化信息处理为标志的新型先进生产力，代表了信息技术被高度应用、信息资源被高度共享和深度开发利用。智能化工具体系的广泛应用将促进人类社会跨越式发展。随着以大数据、AI 等为代表的智能化技术快速发展以及“互联网 +”应用的深度融合，智能化工具体系替代了传统生产工具体系，正驱动社会治理从单向管理向双向协同互动转变，从线上线下割裂式管理向一体化管理转变，从“主观主义”的模糊治理向“数据引领”的精准治理转变。社会信息化程度与当代社会生产力的发展息息相关，因此，当代社会生产力发展的关键抓手是建设、完善、优化智能化工具体系。

（二）智能化工具体系在推动数字经济发展中发挥关键作用

数字经济的发展方向分为数字产业化和产业数字化。数字产业化，就是数字技术所形成的新产业，例如互联网、电子信息制造业、信息通信业、软件服务业等；产业数字化，是利用智能化的工具体系降本增效、转型再造。数字产业化要求发展一系列高新信息技术及产业，既涉及微电子产品、通信器材和设施、计算机软硬件、网络设备的制造等，又涉及信息和数据的采集、处理、存储等。而产业数字化主要表现在用信息技术改造和提升农业、工业、服务业等传统产业上。如工业数字化是以新一代信息技术与制造技术深度融合为特征的智能制造模式，数字农业、智慧农业等农业发展新模式就是数字经济在农业领域的实现与应用，引领农业现代化。不断升级以网络基础设施、软硬件、互联网、物联网、智能技术等为代表的当代信息化工具体系，使得人类处理大数据的能力不断增强，推动经济社会由工业经济向信息经济、智慧经济转化，极大地降低了社会交易成本，提高了资源优化配置效率，提高了产品、企业、产业附加值，推动社会生产力快速发展。因此，智能化工具体系是当下推动数字经济快速发展的根本动力。

（三）国家对发展智能化工具体系的一系列战略部署

为加快推进社会现代化进程，发展当代生产力，我国从宏观层面做出了信息化强国战略、新基建、数字中国等一系列部署。《国家信息化发展战略纲要》提出大力增强信息化发展能力，统筹规划基础设施布局，增强空间设施能力，加强信息资源规划、建设和管理等，着力提升经济社会信息化水平。2018 年中央经济工作会议提出加大制造业技术改造和设备更新力度，加快 5G 商用步伐，加强人工智能、工业互联网、物联网等新型基础设施建设。2021 年 12 月，国务院印发《"十四五"数字经济发展规划》，强调发展数字经济要优化升级数字基础设施、充分发挥数据要素作用，要加快建设与位置服务相关的北斗与导航定位、遥感、通信等空间基础设施。2023 年中共中央、国务院印发《数字中国建设整体布局规划》，明确数字中国建设要夯实数字基础设施和数据资源体系"两大基础"，加强传统基础设施数字化、智能化改造，推动公共数据汇聚利用。这一系列部署旨在更好地建设、应用、完善我国智能化工具体系，从而发展当代生产力，全面促进新时代中国式现代化建设。在国家推动数字经济发展、数字中国建设的战略部署中，时空信息、定位导航服务的基础地位不断提升，对增强测绘地理信息作为新型基础设施的要素保障和技术支撑作用的要求也逐渐提高。

二　测绘地理信息是智能化工具体系发挥作用的关键因素

随着信息化的发展，计算机、互联网、人工智能的广泛应用，生产工具不断升级，传统生产工具被以智能化为代表的生产工具所替代，逐步形成智能化工具体系，且不断被深入广泛应用于生活、生产和管理。各类软硬件设施以及计算机、网络通信、人工智能、测绘地理信息等核心技术是否完备，数据处理、共享交换以及挖掘分析等能力的强弱，都关系着智能化工具体系能效的发挥。测绘地理信息具备三大核心能力，在智能化工具体系中发挥关键作用。

（一）精准实时的空间定位能力

位置是各类空间信息的基础性和关键性要素，各种服务离不开精准、动态的空间位置信息。空间定位是指精准、快速地描述一切人类活动和自然地物的空间位置信息。精准的空间定位将人、人群与环境紧密关联。从传统的大地测量到如今全球导航卫星系统（GNSS），测绘空间定位技术实现了陆地到全域、静态到动态、事后处理到快速实时定位导航的升级转变，定位精度不断向米级、厘米级甚至毫米级提升。覆盖全域的高精度、三维、动态实时、连续空间定位被广泛深入地应用于人类社会的生产、生活、管理、治理等活动的方方面面。

（二）智能决策的时空场景支撑能力

时空场景是指具有时间、空间属性，且在一定范围内连续呈现的反映现实世界的地理特征，以及各类地物之间相互关系的一系列组合。测绘地理信息数据是对各类数据进行有效融合和空间分析的基础。以测绘地理信息数据为核心基准，校准融合各行业专题数据、物联网动态感知数据等，形成历史和现状、二维和三维、静态和动态、实景和模型、地上和地下、室内和室外等六个一体化的时空场景，在数字空间内多维展示实体的静态、动态和关系等各类信息，实现全要素可视化表达，赋能各行各业、服务千家万户，可为基于空间分析实现智能决策提供能真实、立体、时序化反映和表达生产生活生态空间的时空场景支撑。

（三）强大的空间分析能力

空间分析是基于时空场景，对具有专题属性的数据进行时空化的运算和分析。空间分析能提取并传输空间数据中隐含的更深层次的时空信息，发现有关空间问题的一般性规律。对各种地理数据进行分析和处理，可以发现它们之间的空间联系和区域分布特征，从而更好地理解现象的本质，掌握发展规律，评估和预测区域的发展趋势。这是一个发现知识的过程，能够为后续

科学决策提供重要支撑。

从生活中的智慧出行，到生产中的智慧工业制造和智慧城市管理，其核心都是智能化工具体系在高效运转。以生活中最常见的打车为例，乘客通过互联网向打车软件发送需求，软件接收需求后通过卫星导航定位功能在线实时获取乘客以及其附近可供使用的出租车的空间位置信息，基于时空场景进行空间分析，指派最合适的车辆前往乘客所在地。在确认乘客上车后，通过基于时空场景的空间分析自动分析路况，规划最优路线，为乘客节约时间。简单的打车过程，就是一个智能化工具体系在生活中发挥能效的过程，这一过程能高效运转其核心在于基于空间分析的科学决策服务，而精确、有效的空间分析离不开高效、优质、持续的导航定位、时空信息以及可视化场景支撑。随着测绘地理信息三大核心能力的不断增强，基于位置的服务正在向智慧感知、分析和决策控制演进，这正是信息社会智能化工具体系最需要的、最关键的通用基础能力。因此，习近平总书记指出“时空信息、定位导航服务成为重要的新型基础设施”。[①]

三　测绘地理信息赋能数字经济发展的路径分析

数字经济是当代经济发展中的重要组成部分，它以信息技术为核心，被广泛应用于各个领域，数字化、智能化是数字经济和实体经济融合发展的重要方向。测绘地理信息作为智能化工具体系的基础支撑和新型基础设施，在推动数字产业化、产业数字化方面的作用不断凸显。同时，数字经济发展对测绘地理信息及技术提出了数据获取实时化、数据处理自动化、服务应用知识化的更高要求。

（一）建强“一中心一平台”核心时空基础设施

“一中心一平台”是指高精度、高可靠的导航与位置服务中心和时空大数

① 《习近平向首届北斗规模应用国际峰会致贺信》，中央人民政府网站，https://www.gov.cn/xinwen/2021-09/16/content_5637628.htm。

据平台。保障测绘地理信息三大核心能力的实现，发挥测绘地理信息的时空优势和资源价值，需要加快建设导航与位置服务中心和时空大数据平台，对外提供统一的高精度导航定位服务与时空场景，通过高精度的数据处理与空间分析为政府决策服务，发挥智能化工具体系的能效，真正盘活数据资源，挖掘数据价值，推动数字经济高质量发展。

1. 打造导航与位置服务中心

深化北斗导航与位置服务，建设全国统一、高精度、快速的导航与位置服务中心。精准位置服务作为一项基于先进技术和智慧应用的服务，已经被广泛应用于物流配送、出行导航、在线购物、共享经济等生产生活领域，成为经济社会一项基础的服务能力，在不同的领域发挥着巨大的应用价值。导航与位置服务中心是测绘地理信息赋能数字经济发展的关键，它依托连续运行参考站（CORS）和卫星大地控制网，获得高精度、动态三维、稳定、连续的观测数据，通过提供空间数据基准和定位与导航服务、数据共享与开放以及位置智能化应用，助力各行业实现更高效、精准和智能的空间决策与服务。

2. 完善时空大数据平台

高规格建设时空大数据平台，建成涵盖历史和现状、二维和三维、静态和动态、实景和模型、地上和地下、室内和室外等六个一体化的时空场景，具备数据汇聚融合、共享交换、应用挖掘、模拟仿真、安全监管等核心能力的数据中台。时空大数据平台以云架构的形态存在，通过网络将信息社会具备定位、时空场景和空间分析能力的平台连接起来，实现数据与功能的无障碍互通共享。这些平台作为云架构的组成节点，构成最终的时空大数据平台。

时空大数据平台对外提供精准高效的时空场景，支撑各行业专题信息模型的融合应用，在数字空间内多维展示实体的静态、动态和关系等各类信息，共同搭建多角度、全方位、可分析的时空场景，形成数字孪生场景，实现信息的高效共享、交换、运维、管理和服务。以时空场景赋能智能管理，通过时空数据的实时采集、快速分析、智能决策，实现对交通、环境、能源等方面的监测和预测，从而对民生、公共安全、环保、城市服务、工商业活动等各种活动需求做出快速智能反应，提高现实世界的运行效率和可持续发展能力。

时空大数据平台基于时空场景，融合行业专题信息，通过空间分析能力，以全局视角厘清现实世界复杂事物的内在联系及未来发展趋势，支撑全方位数字孪生，进一步顺应和促进信息社会的数字化转型。空间分析能力对现实世界治理具有重要作用，通过将业务需求与人类的知识经验数字化、指标化、规则化和模型化，面向规划、建设、管理、服务等应用领域，充分分析挖掘数据价值，全面提升决策者和规划者的认知与决策的智慧程度，从而制定更科学有效的措施和规划，更好地满足社会信息化建设的需要，促进数字经济发展。

（二）完善智能化测绘技术体系

随着测绘地理信息向数据获取智能化、服务平台化、应用个性化的方向加速演变，技术体系也从数字化信息化逐步向智能化转变。智能化测绘技术体系涵盖所有涉及测绘地理信息、利用测绘地理信息技术的工作内容，为了更好地支撑“一中心一平台”建设、发挥测绘地理信息三大核心能力，要统筹全社会之力，进一步完善智能化测绘技术体系，支撑智能化工具体系高效运转，从七个方面做好基础工作。

一是以导航和位置服务中心为核心，建成安全可控、统一无缝的现代测绘基准体系。二是坚持应用为先、需求导向，以时空大数据平台建设为抓手，打造出内部纵向贯通、各行业应用部门横向互联的智能化测绘应用服务体系。三是不断完善测绘产品体系，创新升级以地理实体、实景三维为核心的测绘产品，将政府关注、公众需要的地理信息作为增量服务重点，增加与民生密切相关的要素内容，丰富完善时空大数据体系，更好满足经济社会发展、政府治理以及公众服务需要。四是以测绘成果快速更新为驱动，打破传统的生产组织方式，构建国家、省、市、县一体化联动更新，自然资源部门与其他行业部门联动更新，服务应用与生产联动更新的三级联动更新生产组织体系，共同推进测绘成果建设，强化数据共享。五是政策先行，构建切合实际的政策体系，创新测绘管理体制机制，研究制定符合实际情况的数据生产管理更新、时空大数据平台建设和应用服务等方面的标准规程，保障时空大数据平台有序建设。六是加强测绘安全监管体系建设，拓展新型测绘地理信息成果在自然资源、经济建设、公众公益等领域的安全使用。七是促进技术体系创新，加强智能化测绘技术体系关键技术研究，推动测绘地理信息技术与互联网、云计算、大数据、人工智能、5G等新一代信息技术融合，促进时空大数据平台汇聚融合、挖掘分析等核心功能不断提升。

四　结语

定位导航服务、时空信息是赋能智能化工具体系的关键部件，已成为数字政府、数字社会、数字中国建设过程中不可或缺的战略性数据资源和生产要素，既是全面提升信息化水平的重要条件，也是加快转变经济发展方式的重要支撑。随着测绘地理信息技术的智能化、泛在化特征日益显著，围绕“支撑经济社会发展、服务各行业需求，支撑自然资源管理、服务生态文明建设”的总体定位，要充分发挥测绘地理信息数据作为重要新型基础设施的支撑性作用，进一步提升测绘地理信息数据要素保障能力，推动智能化测绘技术体系发展，从而支撑各类生产要素供给和需求在时空上的精准智能匹配，助力数字经济快速发展，为经济社会高质量发展赋能增效。

参考文献

何枭吟:《数字经济发展趋势及我国的战略抉择》,《现代经济探讨》2013年第3期。

李腾、孙国强、崔格格:《数字产业化与产业数字化：双向联动关系、产业网络特征与数字经济发展》,《产业经济研究》2021年第5期。

李雪梅、周艳、赵琪等:《现代测绘技术在水利信息化中的应用》,《地理空间信息》2010 年第 5 期。

任保平、迟克涵:《数字经济背景下中国式现代化的推进和拓展》,《改革》2023 年第 1 期。

宋旭光、何佳佳、左马华青:《数字产业化赋能实体经济发展:机制与路径》,《改革》2022 年第 6 期。

王华、陈晓茜、祁信舒:《关于数字城市建设模式的探讨》,《地理空间信息》2011 年第 2 期。

王华、陈晓茜、祁信舒:《试论数字城市地理空间框架在城市规划中的应用》,《地理空间信息》2010 年第 2 期。

王华、陈晓茜:《加快地理空间框架建设,推进经济社会科学发展》,《科技引领产业、支撑跨越发展——第六届湖北科技论坛论文集萃》,2011。

王华、何丽华、张雁怡:《运用时空大数据平台支撑数字孪生建设》,载刘国洪主编《测绘地理信息“两支撑 一提升”研究报告(2022)》,社会科学文献出版社,2023。

王华、李雪梅、史琼芳:《地理国情构建与监测》,载库热西·买合苏提主编《面向新时代的地理国情监测研究报告(2018)》,社会科学文献出版社,2018。

周星、阮于洲:《加快测绘地理信息事业转型升级的思考》,《测绘通报》2014 年第 1 期。

B.24

城市智理时空数字化平台探索与实践

——以上海市为例

王 号　王 跃　陈春来*

摘　要： 本报告概括了我国数字中国、数字城市的建设情况及上海市政务数字化建设取得的主要成就、存在的瓶颈及所遇到的挑战，提出了一个基于大数据、云计算、物联网等新技术与行业应用深度融合的城市智理时空数字化平台方案，并介绍了平台的总体目标、总体框架、建设任务以及示范应用情况。平台提高了城市治理中的时空数据共享和业务协同能力，平台的建设和应用对探索超大城市信息化新模式，实现从城市治理到城市智理的转变具有一定的参考价值。

关键词： 城市治理　时空数据　智能化　数字化转型

"十四五"期间，我国经济社会进入数字化发展新时代，综合运用大数据、物联网、云计算、人工智能等技术赋能城市治理、实现数字化转型已成为提高城市治理水平的重要因素。国家"十四五"规划纲要提出了"加快数字发展，建设数字中国""迎接数字时代，激活数据要素潜能，推进网络强国建设，加快建设数字经济、数字社会、数字政府，以数字化转型整体驱动生产方式、生活方式和治理方式变革"等要求。中共中央、国务院印发的《数字中国建设整体布局规划》则指出"建设数字中国是数字时代推进中国式现

*　王号，上海市大数据中心高级工程师，博士；王跃，上海市大数据中心高级工程师；陈春来，上海市大数据中心四分中心副主任。

代化的重要引擎，是构筑国家竞争新优势的有力支撑”。包括北京、上海、广州和深圳等在内的诸多城市陆续出台“智慧城市”“数字城市”相关政策，竞相提出“全球新型智慧城市的标杆城市”“国际数字之都”“具有数字孪生特色的国际一流智慧城市”“数字孪生先锋城市”等发展规划和建设目标，积极推进数字城市建设工作。

面对新阶段、新机遇、新挑战，上海积极开展“城市数字底座建设，全面提升城市数字化转型的泛在通用性、智能协同性和开放共享性”。全面推进城市数字化转型，主动服务新发展格局，打造城市共性技术赋能平台，持续深化数字化优势，提升城市核心竞争力。

一　构建基准统一的时空数据底图，赋能城市治理数字化转型

为进一步推进城市数字化转型，继续深化优化“两张网”（“一网通办”和“一网通管”）建设等工作，2021 年上海开展信息化职能整合优化工作，将 41 个政府部门的信息技术实施职能划转到市大数据中心，实现系统统筹建设、服务统一购买、数据充分共享，从体制机制上破解“系统小而散、互联互通难、数据共享难”等信息化瓶颈问题。[①] 借助此次改革的整合统筹优势，上海将统筹全市政务时空信息化建设需求，统筹大系统、大平台建设，进一步赋能城市治理数字化转型工作。

2023 年 4 月 10 日，上海市城市数字化转型工作领导小组会议指出，“加快构建一张基准统一的‘时空底图’、打造一个边界一致的‘数字网格’、编制一个标识统一的‘城市码’”。[②] 一张基准统一的“时空底图”即将城市的时空数据进行归集、编目、融合、编码、建模、发布，作为城市治理的基础。

为积极响应城市数字化转型以及信息化职能整合优化工作要求，进一步

① 梁满、刘迎风:《上海公共数据安全运营管理思考与实践》,《中国信息安全》2022 年第 1 期。

② 张骏:《增强敏锐性紧迫感牢牢掌握发展主动权》,《解放日报》2023 年 4 月 11 日，第 1 版。

提升全市时空信息相关工作统筹及整合优化能力，上海市围绕构建全市基准统一“时空底图”这一目标，以“大平台、大数据、大安全”思维，强化大数据资源平台的时空数据融合能力、时空服务提供能力和时空应用支撑能力，开展城市智理时空数字化平台（以下简称平台）建设工作，为全市政务时空类业务应用提供统一的赋能平台，为服务超大型城市精细化、智能化治理和数字化转型提供技术支撑。

二　城市智理时空数字化平台目标与框架

（一）总体目标

围绕上海市城市数字化转型总体要求，综合运用新技术、新理念、新模式，开展基础底座、数据体系、开发环境、应用体系等方面的平台信息化能力建设，综合提升多跨融合、数字孪生、创新场景业务等应用的综合支撑能力，打造多方位共性能力支撑的城市时空智能中枢，推动系统开发模式由“项目型”向“平台型”转型，促进实现真正的数据融合、系统整合、业务协同，为智能化、精细化城市治理提供有力支撑。为实现超大型城市精细化和智能化治理、全球数字之都建设、城市数字化转型及“两张网”融合等工作提供支撑。

（二）总体框架

以应用引领和融合赋能为原则，围绕基础底座、数据体系、开发环境、应用体系等四个方面，建设形成涵盖大数据资源池、API 服务池和 App 集市三大核心资产的完整时空业务体系，为市级、区级和街镇级的城市规划、建设、管理和运营等时空类应用提供精准科学的智慧分析和辅助决策能力，提升城市治理的智能化水平，助力城市数字化转型（见图 1）。

基于以容器化技术为核心的云原生平台，从政务应用系统的平台信息化建设方法和流程出发，基于模块化封装、微服务架构及容器化部署开展建设，形成一种新的架构体系，实现建设模式从项目信息化向平台信息化的转变，为智能化城市治理提供技术支持。

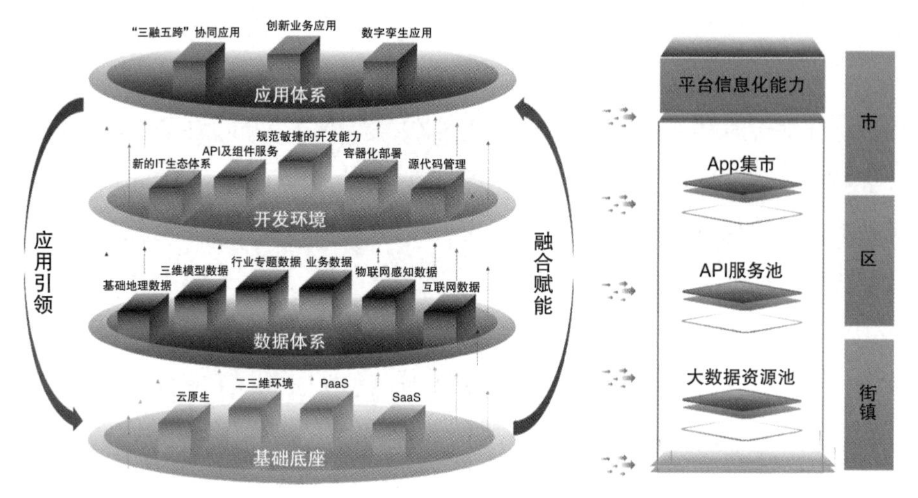

图1　平台总体框架

资料来源：笔者自制。

目前，信息系统正在经历由单体系统到分布式系统的演变。传统应用大多采用单体系统来实现，在应对业务复杂度、代码缺陷累积、开发团队组织、系统的弹性伸缩等方面面临很大的挑战。而平台采用的微服务架构基于分布式系统，以容器作为应用程序部署的独立单元，在容器中运行应用程序，可以实现高水平的资源隔离，提供更好的弹性伸缩能力。通过集中式的容器编排调度系统，来动态管理和调度应用程序和服务。在一个微服务内的容器间具有明确的服务依赖关系，而在不同的微服务之间则实现完全解耦，体现了"松耦合、高内聚"的设计思想。

三　城市智理时空数字化平台建设任务

通过对图1总体框架中的基础底座、数据体系、开发环境、应用体系等核心内容进一步细化，与政府部门的业务工作紧密结合，实现数据与业务融合，形成八大能力体系，即八项建设任务：平台信息化能力、时空数据融合能力、统一引擎能力、统一服务能力、场景快速搭建能力、应用管理能力、统一运维能力、标准规范保障能力。

（一）打造平台信息化能力

创新政务应用系统的开发模式，突破传统的烟囱式系统建设模式。策略上，采用云原生架构，打破原有系统边界，打破部门间数据壁垒，形成流畅便捷的数据生产、加工、发布、使用模式，融合业务链条，整合数据和流程，统一数据管理、统一资产管理、统一共性能力建设与管理、统一应用管理，打造可横向扩展的架构体系，敏捷响应业务需求，形成动态扩展能力。业务上，首先对平台信息化需求开展整体性、系统性业务分析，形成对业务的整体性认知；其次详细分析其中的关键业务过程，包括实现时空数据管理与共享服务的流程、API 管理流程、业务建模流程、数字孪生应用开发流程、业务应用管理流程等，形成基于平台的政务应用系统开发流程体系，涵盖全市时空数据资源与应用资源的统筹管理、分发和利用等关键业务环节，达到利用技术手段促进时空业务应用系统从“项目型”向“平台型”突破的目标。实现从原来单一烟囱式项目型系统转变为基于大平台、大系统的平台信息化建设系统，为解决时空应用系统“烟囱林立”、时空资源重复利用率低、跨部门业务协作不畅通等瓶颈问题提供技术支持。

（二）打造时空数据融合能力

汇集全市基础地理数据、遥感影像数据、公共要素地图数据、业务专题时空数据、神经元感知数据、开放类时空数据、社会化数据等七大类时空数据，开展时空数据跨部门融合、图像合并、图数融合等治理工作，构建一张基准统一的“时空底图”，统一提供多源多模态数据存储管理能力、数据标准化加工处理能力、跨部门融合能力、统一管理能力、可视化能力和使用调用能力，解决跨部门数据共享使用问题，满足互联网数据需求，支撑新型测绘、城市治理等工作需要。

（三）打造统一引擎能力

统一引擎能力的建设目标是，统一时空技术引擎，打造公共组件及工具箱等共性能力，促进各项资源与能力的统一提供和重复利用，降低生产成本。各业务部门在统一的技术体系框架下开展组件、工具与应用的开发，有利于各方成果的沉淀、集成、推广与复用。统一引入 AI、人工智能等新技术引擎，建设柔性可扩展的引擎体系，满足各级应用需求。

建设内容是二维地理信息引擎、二三维一体化引擎、数字孪生应用引擎和数字孪生可视化引擎。其中，二维地理信息引擎实现时空数据资源的一体化管理，将其呈现并转化为在线服务，供全市业务系统在线调用。建设内容包括核心服务能力与扩展服务能力。二三维一体化引擎即数字孪生底座平台，突破传统二维 GIS 应用限制，同时改善纯三维 GIS 应用局限性。建设内容包括二三维服务接引、二三维场景构建、二三维符号库、二三维应用联动、二三维专题图和二三维空间分析。数字孪生应用引擎着重与业务场景结合，促进各委办局的时空业务应用走向三维场景化和数字孪生化。建设内容包括门户服务、场景管理、场景发布、服务集群与服务接口组件。数字孪生可视化引擎是时空数据展示能力的重要组成部分，内容包括多源数据加载、城市数字孪生底座自动化生成、可视化引擎服务、三维场景渲染、精细化场景服务、仿真模拟、三维空间分析、通用功能、信息查询与多层级开发接口等。

（四）打造统一服务能力

平台对数据服务、引擎功能服务、应用功能服务、第三方开放服务等进行统一管理，建立统一服务资源目录和服务门户，为业务部门各类业务应用提供服务支撑。同时与各业务部门进行对接，梳理各自已有共性服务能力，对可复用的能力逐步实现统一管理和使用，避免重复建设。通过时空一体化服务与发布体系的建设，实现时空数据和服务资源对相关委办局业务数字化的赋能。

统一服务能力以 API 服务全生命周期管理体系为核心，实现对时空服务资源体系的全方位管理。其中，时空服务资源体系管理对象包括：①用于存取时空基础数据、行业业务数据、实时感知数据等的服务资源；②二维地理信息引擎、数字孪生应用引擎、数字孪生可视化引擎等提供的功能性服务资源；③各业务应用系统沉淀下来的应用功能服务资源；④接入的外部第三方服务资源。通过对这四类服务资源的统一管理，形成一体化的时空服务资源池。

为实现对时空服务资源池的全方位、标准化管理，建设 API 门户与 API 网关，形成集 API 注册、编排、调试、发布、授权、分析、评价和下线于一体的管理流程体系，促进服务资源的统筹管理与共享，满足政务业务应用开发过程中的服务资源使用需求。

（五）打造场景快速搭建能力

在城市智理时空一体化技术体系、数据体系、服务与发布体系的支撑下，通过对关键技术能力的组合与封装，形成一批可快速高效开发应用场景的组件与模板，支持以零代码 / 低代码、高级应用、数字孪生等多种方式进行业务应用的开发构建，达到重新定义业务应用开发流程、创新平台信息化建设模式的目标，使之能够更好地支持各业务应用系统开发和数字化转型进程。

例如，二三维空间智能查询类组件提供针对二三维空间数据的属性筛选、空间筛选、图查数、数查图等查询方式，从而获得图数一体的查询结果；提供针对时间、空间、类别等多个维度的分类统计功能，并以图表结合的方式进行可视化表达；支持导出查询结果、统计结果。二三维空间监测预警类组件支持接入不同的物联网数据、城市监测指标数据，依据设置的监测预警指标阈值，对自然资源、生态环境、城市运行等主要要素变化以及经济发展、城乡建设、重大基础设施和公共服务等进行长期监测，并定期发布监测报告等。

场景快速搭建能力体系，一方面支持以“搭积木”方式，快速搭建出各类时空业务应用，灵活应对业务流程和场景应用的频繁切换、快速调整需求；另一方面通过业务系统建设，不断积累各类组件，促进平台自生长能力形成，进一步助力基层应用场景建设，提供更多共性能力，为基层减负增能。

（六）打造应用管理能力

对基于平台开发部署的各种应用开展统一管理，实现智能化监测预警与态势分析，统一展示应用建设成果和成效，包括：①业务应用管理，对平台上应用的部署、更新、监控、下线等提供自动化工具，提高应用上线和持续改进的效率；②中间件管理，在项目的建设过程中，充分考虑时空数据特性和安全可控性，保证各个集群运行性能，基础软件硬件环境应符合国产化（信创）要求，支持人大金仓、南大通用和武汉达梦等国产数据库，支持开源中间件，支持分布式消息队列，实现对消息的主动推送等。

（七）打造统一运维能力

问题及时响应方面，建立一站式运维保障体系，建立“7 × 24 小时”的现场运维服务机制，保障平台面向全市能力输出的稳定性、持续性及高可用性。系统迭代优化方面，通过系统体检、知识库建立、反馈等功能和机制，不断迭代优化平台效能。

（八）打造标准规范保障能力

制定支持平台正常运行的标准规范，包括通用类、数据资源类、应用服务类等标准规范，为平台的规范运营保驾护航。对于需承载的各类数据资源、服务资产以及需支撑的各类业务应用等，均有相对应的标准规范保障。

四　城市智理时空数字化平台示范应用

平台本身不是一个业务应用系统，其主要为政务部门的时空业务应用场景建设统一提供大数据、云计算、人工智能、时空运算、数字孪生等通用能力和服务，为各类时空应用系统场景赋能。基于跨部门开展数据及流程治理，实现由垂直行业应用建设向综合性应用拓展、由单体项目建设向一体化建设转变的基础动作，有利于实现城市级跨部门数据融合、流程闭环管理，为政务应用系统的开发、部署及服务调用等提供统一标准的一体化服务和能力，能够更好地促进相关业务与新技术及海量数据的智能应用。平台已汇聚基础地理数据、遥感影像数据、公共要素地图数据、业务专题时空数据、开放类时空数据、社会化数据、神经元感知数据等七大类时空数据。在统筹政府部门时空类数据应用和能力需求的基础上，可以提供从基础资源、统一服务、能力引擎到应用构建和管理的全方位支撑能力。通过政务时空数据融合，面向业务的时空数据治理，打造统一的时空数据汇集、管理和全面感知，创新政务应用系统的平台信息化开发模式，形成集中部署、跨部门业务协同的一体化业务应用体系，为上海市政务时空相关业务应用系统的开发提供统一支撑及跨部门的业务协同示范。

目前，基于该平台已成功开发了数字孪生黄浦江系统、水生态环境质量综合监管系统、自然灾害综合监测预警系统等若干系统，发挥了积极作用，取得了良好效果。下面以基于平台开发建设的自然灾害综合监测预警系统为例，介绍平台的功能作用及其与相关应用场景之间的关系。

（一）平台赋能应用场景建设

自然灾害综合监测预警系统的技术架构、数据服务、引擎能力等完全基于平台赋能进行建设。其中，在部署架构上，直接部署在平台云原生环境中，通过系统负载均衡实现应用容器的弹性伸缩，通过微服务配置中心实现微服务配置、注册、管理，同时采用前后端分离方式分别搭建微服务集群管理。在功能服务支撑上，使用平台的二维地理信息引擎能力和数字孪生引擎能力，包括前端页面展示、分析，以及与专业应急模型结合后形成预警能力。在数据服务支撑上，通过“一张图”能力体系进行申请、审批，以服务接口进行获取，在数据接入方式、数据格式、操作规范等方面均实现统一。目前已经申请使用应急、气象、水务等各类数据服务 80 余个，其他所需行业数据持续通过“一张图”协调对接。在地图底图支撑上，利用平台提供的上海区域 6 种轻量化地图底图和 80 余个数据服务，遵循全市统一的底图使用规范和坐标系，使得业务应用场景建设可以直接基于平台赋能，快速搭建、快速见效，既避免了重复建设，又加快了开发进度。

（二）应用场景反向赋能平台

自然灾害综合监测预警系统在建设过程中，也实现了共性数据、共性能力反向向平台赋能的情况，将应急部门的公共服务设施、历史灾害等54项数据积极共享给平台，由平台形成统一标准接口发布后，再进行调用。系统对自然灾害的综合研判结果可通过服务接口形式融入平台，形成多灾种、灾害链综合监测预警能力，可为交通、生态、绿容、农业农村等其他行业提供风险预警，进一步丰富了平台能力。

五　总结与展望

平台立足于打造技术统一、数据融合及业务协同的全新IT生态环境，实现共性能力的统一提供，各类行业时空数据的统一集成、统一治理、统一发布，可有效整合全市政务时空相关信息系统建设应用所需的开发资源、部署资源及运维资源，避免重复投资，降低生产及保障成本。基于模块化开发、微服务架构及容器化部署等技术，使政务应用系统开发由单一烟囱式向平台信息化方式转变，实现跨行业、跨层级、跨系统的数据互联互通和能力共享复用，进一步提高城市治理中的数据融合、业务协同能力，有效提升城市治理水平、降低城市治理成本。

平台的建设与应用，有助于探索一条超大城市时空数据全面融合、时空系统全面整合的新路子，不断提高城市智能化管理水平，提升城市安全风险防控能力，保障城市安全运行；能够创造优良人居环境，持续改善城市营商环境，更好地服务于城市未来发展；促进实现从城市治理向城市智理转变，推动城市数字化转型。

Abstract

Currently, the development of the digital economy is in full swing, profoundly affecting and changing the mode of economic and social development. Data, as an emerging factor of production, has become the "oil" of the digital age. As an important component development of the digital economy, surveying & mapping and geoinformation needs to adapt to new situations and accelerate transformation and development. To this end, the Surveying and Mapping Development Research Center of the Ministry of Natural Resources organized the editing of the 14th Surveying & Mapping and Geoinformation Blue Book - "Report on Surveying & Mapping and Geoinformation in the Digital Era (2023)" (hereinafter referred to as the "Blue Book"). This blue book summarizing the development situation faced by surveying & mapping and geoinformation work in the digital era, and exploring measures to promote the high-quality development of surveying & mapping and geoinformation work in the digital era.

The Blue Book mainly includes two parts: a general report and special reports. The general report analyzes the new situation faced by surveying & mapping and geoinformation work in the digital era, summarizes the current development status of surveying & mapping and geoinformation work, analyzes the main problems that exist, and puts forward relevant suggestions for the high-quality development of surveying & mapping and geoinformation work in the digital era. The special report consists of six parts: Digital Infrastructure, Data Resources, Data Security, Digital Innovation and Technology, Basic Systems, and Applications. It analyzes how to promote the high-quality development of the surveying & mapping and geoinformation work in the digital era from different fields and perspectives.

Keywords: Surveying & Mapping and Geoinformation; Digital Era; Data Elements; Production Factors

Contents

I General Report

B.1 Research Report on Surveying & Mapping and Geoinformation in the Digital Era

Ma Zhenfu, Qiao Chaofei, Jia Zongren and Zhou Xia / 001

1. The New Situation Faced by Surveying & Mapping and Geoinformation Work in the Digital Era / 002
2. The Development Status of Surveying & Mapping and Geoinformation Work in the Digital Era / 007
3. The Main Problems in Surveying & Mapping and Geoinformation Work in the Digital Era / 016
4. Suggestions for the High-Quality Development of Surveying & Mapping and Geoinformation Work in the Digital Era / 018

Abstract: Currently, the development of the digital economy is in full swing, profoundly affecting and changing the mode of economic and social development. Data, as an emerging factor of production, has become the "oil" of the digital era. This report analyzes the domestic and international situations faced by surveying & mapping and geoinformation work in the digital era, summarizes the current development status of data infrastructure, data resource supply, data technology innovation, and data applications. The main problems currently existing in surveying & mapping and geoinformation work are pointed out, including insufficient reflection of the value of data elements, hidden dangers in data security protection, and insufficient soundness of relevant standard systems. Finally, policy recommendations are proposed to promote the high-quality development of surveying & mapping and geoinformation work in the digital era, including strengthening the supply of geographic information data resources, promoting the construction of geographic information data element markets, building a self reliant and self strengthening technological innovation system, improving institutional mechanisms to promote collaborative development, and strengthening talent support.

Keywords: Digital Era; Surveying & Mapping and Geoinformation; Data Elements

Ⅱ Digital Infrastructure

B.2 Beidou Spatiotemporal Information to Promote the Development of Digital Economy

Yu Xiancheng / 027

Abstract: This report discusses that the digital economy is an important driving force for national economic growth, and Beidou-related industries are an important part of the digital economy. The development of Beidou indoor and outdoor seamless positioning and navigation technology has boosted the rapid development of the digital economy; Beidou has been deeply applied in various fields and regions to promote the rapid development of the digital economy; Beidou has become the foundation for the development of the intelligent industry and injected vitality into the development of the digital economy. As the large-scale application of Beidou enters the stage of marketization, industrialization and international development, Beidou will improve the informatization and intelligence level of various industries in China, continuously promote the transformation and upgrading of traditional industries, give birth to new business formats, and accelerate the development of the digital economy. Facing the future, China will build a Beidou system with more advanced technology, more powerful functions and better services, and provide a more ubiquitous, more integrated and more intelligent comprehensive space-time system.

Keywords: Digital Economy; Beidou Spatiotemporal Information; Intelligent Industry

B.3 The Basic Path to Improve the Capability of the National Common Platform of Territorial Spatial Information

Wu Hongtao, Li Zhijun / 038

Abstract: The National Common Platform of Territorial Spatial Information is the basic support platform for the system of natural resource informatization, which manages the "One Map" data resources in a unified way, and supports the construction, integration, operation and maintenance of business applications through basic services, data services, and thematic services. This report analyzes the new situation and demand of natural resource management and territorial space governance faced by the National Common Platform of Territorial Spatial Information, as well as the existing problems of insufficient data empowerment, insufficient sharing and collaboration, and low level of intelligence, and proposes the basic construction idea of the platform, which is to improve the architecture of the distributed land and space basic information platform, and improve the data management scheduling and intelligent application support capabilities of the platform. Within the Ministry of Natural Resources, this platform will be used to fully coordinate the construction and integration of various applications. At the same time, this platform will be built and shared with other departments to provide support for information sharing and business coordination among various departments of the state. The National Common Platform of Territorial Spatial Information will ensure the effective implementation of national strategies and promote the modernization of national governance system and capacity.

Keywords: Natural Resources; The National Common Platform of Territorial Spatial Information; "One Map"

B.4 Progress in the Construction and Application of Smart City Spatiotemporal Big Data Platform

Yan Ronghua / 052

Abstract: The spatial-temporal big data platform is a foundational, universally accessible, open technology system that offers diverse spatial-temporal information services. Its purpose is to support the high-quality development of natural resources management and urban development, as well as address application challenges. This platform represents a significant aspect of the Ministry of Natural Resources' efforts to accelerate the transformation and enhancement of geographic information work. This report examines the service content and forms of geographic information at various stages of urban informatization development, provides a detailed explanation of the origins of the smart city spatial-temporal big data platform, outlines its construction concepts, content composition, and core elements for each component. It also analyzes the positioning, role, and relationships with other related systems; summarizes relevant work on platform construction promoted by the Ministry through pilot programs, cooperative initiatives, and recent deepening and improvement efforts; finally introducing construction achievements and application scenarios through several actual pilot cases. Lastly, recommendations are presented on how to further leverage the platform's role while enhancing its construction capabilities and service levels.

Keywords: Smart City; Spatiotemporal Big Data Platform; Cloud Platform

B.5 Geoinformation Public Data and Its Open Platform Construction

Huang Wei, Zhang Hongping and Zhao Yong / 064

Abstract: As production factors, data is the foundation of deepening digital development. Public data, as a type of data element directly related to public interests, constitutes a foundational information resource that drives transformations in production, daily life, and governance methods. The fundamental geographic information, functioning as a unified spatial positioning framework and the basis of spatial analysis, is related to a wide range of public interests. It serves as a public support and foundation for digital development. This report analyzes the intrinsic characteristics of fundamental geospatial information data from the perspective of public data, expounds that it is an important public data, and discusses that promoting the opening of it with high quality is the premise of realizing the value of its production factors. Furthermore, the paper focuses on how to build an open platform for geospatial public data, form the aspects of basic idea, overall needs, and main components,so as to promote the transformation and upgrading of the National Platform for Common Geospatial Information Services (Tianditu), better release the potential huge value of fundamental geospatial information data, and give full play to its important role in supporting the construction of digital government and facilitating the development of digital economy.

Keywords: Geoinformation; Public Data; Production Factor; Tianditu

Ⅲ Data Resources

B.6 Construction of Marine Geoinformation Resources in the Digital Era

Xiang Wenxi / 074

Abstract: Marine geoinformation is an important basic and strategic resource of the country, and the construction of marine geoinformation resources is of great significance for the construction of Digital China. This report summarizes the current situation of marine geoinformation resources construction, which include the acquisition of data, the development of products, application services and key technology , put forward relevant suggestions to promote the construction of marine geographic information resources, including strengthening the awareness of "a game of chess" in marine basic surveying and mapping, enriching marine geographic information resources, accelerating the construction of a new marine surveying and mapping product system, improving the level of marine geographic information public services, and strengthening the research on marine surveying and mapping technology and data fusion method, with a view to providing a reference for the construction of national, industry and local marine geoinformation resources.

Keywords: Marine Geoinformation; Data Resources; Marine Surveying and Mapping

B.7 Advanced Assisted Driving Map Data Resource Construction

Liu Yuting / 085

Abstract: With the implementation of the innovation and development strategy of intelligent vehicles and the vigorous development of intelligent transportation, domestic intelligent networked vehicles have developed rapidly. Technologies such as digitalization are accelerating the evolution of the car into an ever-evolving mobile third place. Advanced driver assistance is an important infrastructure for intelligent driving and smart travel, and it is very important to build high-quality, low-cost, and large-scale data resources. This report focuses on the key technologies and applications of Baidu's intelligent generation of advanced assisted driving maps on the basis of the technical support of the intelligent development of the industry, including the key technologies of field collection, automatic and accurate recognition of traffic markings, automatic generation technology of lane traffic network, rapid generation algorithm of ADAS data for assisted driving, construction of large-scale semantic maps and map data difference technology, and finally the prospect of advanced assisted driving maps.

Keywords: Advanced Assisted Driving Map; Lane Level Navigation; Vertical View

Ⅳ Data Security

B.8 Geoinformation Security and Regulation

Li Pengde, Zhu Yueqin / 097

Abstract: With the rapid expansion of the internet and the Internet of Things (IoT), geoinformation finds extensive applications across various fields. However, security concerns have become increasingly prominent. Geoinformation data with spatiotemporal attributes now far surpass traditional surveying realms. Moreover, fundamental geoinformation exhibits the characteristics of new digital infrastructure, providing indispensable support across various industries and playing an irreplaceable role in society's exploration of big data and artificial intelligence. Geoinformation is assuming an ever more crucial role in national development, with its completeness, credibility, reliability, and standardization directly affecting the safety of people's lives and property. The establishment of a new geoinformation ecosystem is essential for enhancing the level of geographic information security regulation. This represents not only an inherent requirement within the national governance system but also influences the modernization of the nation's governance capabilities. Based on the novel features of geoinformation, this report analyzes the situation of geographic information security and the requirements of geographic information security supervision under the new situation, and gives policy suggestions for geographic information supervision and security governance according to law.

Keywords: Geoinformation; Fundamental Geoinformation; Geospatial Information Security; Geospatial Information Ecosystem

B.9 Exploration and Practice of Spatiotemporal Information Security Technology

Yan Qin, Wang Jizhou and Xue Yanli / 106

Abstract: In recent years, aerospace remote sensing technology and equipment has been continuously upgraded, and the real-time and refined level of spatiotemporal information products has been continuously improved. The intelligent and networked level of navigation positioning and spatiotemporal information services has gradually improved. The rapid development of new technologies and applications such as autonomous driving, crowdsourcing surveying, and spatiotemporal AI has posed serious challenges to the reliable application of spatiotemporal information security, and there is an urgent need for supporting policies, standards, and technical support. This report analyzes the hidden dangers and risks of national spatio-temporal information security, studies the shortcomings and problems of spatio-temporal information security technology, including weak theoretical methods, limited security detection and processing technology, insufficient support capacity of security application and regulatory governance, etc., and introduces the exploration and practice of the Chinese Academy of Surveying and Mapping in the theory and standard of data element security governance, topographic map security processing technology, domestic commercial cryptography application technology, intelligent map review technology, network geographic information security supervision technology, etc.

Keywords: Spatiotemporal Information; Information Security; Smart Map

B.10 Map Supervision in Digital Era

Zhang Wenhui, Di Lin and Zuo Dong / 114

Abstract: Maps are the main manifestation of a country's territory, reflecting the territory and sovereignty of a country intuitively, having a serious political nature, rigorous scientific nature, and strict legality. Meanwhile, maps are also one of the important achievements in surveying and mapping geographic information, closely related to national geographic information security. Therefore, our country implements a map supervision system. Entering the Digital Age, surveying and mapping geographic information has entered a period of rapid development. The diversity and complexity in maps are becoming increasingly prominent. Map achievements are developing towards digitization and digitization, posing significant challenges to map review work. This report analyzes the new situation and challenges faced by map supervision in the digital age. Based on the significance and key review contents of map supervision, it comprehensively implements the overall national security concept and proposes reference suggestions for the development path of map security review in the digital age.

Keywords: Digital Era; Map Supervision; New-type Maps; National Security

B.11 Building the Geoinformation Security Governance System

Jia Zongren, Qiao Chaofei / 123

Abstract: Building the geoinformation security governance system is a necessary measure to promote the high-quality development and high-level security interaction of surveying, mapping and geographic information industry. This report analyzed the definition of geoinformation security and geoinformation security governance system, systematically elaborated on the evolution of geoinformation security governance from data and data resources to data assets and data elements, pointed out the main contradictions between current geoinformation security and applications, proposed the general idea, main objectives and implementation path for building a geoinformation security governance system, and clarified the key tasks of the geoinformation security governance system in the future period, including accelerating the reform of the geographic information confidentiality system, establishing a classification and hierarchical protection system for geographic information data, expanding the supply of geographic information data products for governments and enterprises, and accelerating the construction of geographic information data security infrastructure and technical prevention and control systems.

Keywords: Geoinformation; Data Elements; Date Intermediate State; Capitalization

V Digital Innovation and Technology

B.12 Integration of 3S Technology and Its Application in Infrastructure Safety Monitoring

Li Qingquan, Wang Chisheng, Mao Qingzhou, Zhang Dejin, Xiong Siting and Zhou Baoding / 134

Abstract: Infrastructure is the lifeblood of communities cities and countries, and its security is an important guarantee for people's production, livelihood and economic and social development. 3S integrated technology, that is, the integrated organism of remote sensing, global navigation satellite system, and geographic information system, is a comprehensive spatial information technology that comprehensively uses a variety of spatial information data collection methods, such as satellite remote sensing, ground and space-based platforms, as well as a variety of positioning methods, such as GPS, Beidou, inertial navigation, etc. This report discusses the development opportunities and challenges of 3S integration technology in the digital era, analyzes the development of 3S integration technology in confined space pose measurement, multi-intelligent system collaborative perception, multi-source measurement big data processing, and air-space-ground integrated online monitoring, and introduces some application cases of 3S integration technology in infrastructure security monitoring.

Keywords: 3S Integrated Technology; Infrastructure; Safety Monitoring; Digital Era

B.13 Current Status and Trends of High Definition Map Development for Autonomous Driving

Du Qingyun, Ren Fu and Kuang Lulu / 150

Abstract: Intelligent connected vehicles have become integral to modern intelligent transportation systems, with autonomous driving technology emerging as a prominent trend in the automotive industry. High-definition map, as a vital component of autonomous driving, have garnered extensive attention for their developmental status and future prospects. This report begins by analyzing the distinct requirements across autonomous driving technology levels, ranging from L0 to L5. Subsequently, it delves into the concept, features (precision, richness, freshness), data models, and pivotal technologies involved in the production of high-definition map. The focus then shifts to an in-depth analysis of the current multidimensional applications of high-definition map, exploring innovative approaches for swift and dynamic data updates.

At last, the report examines policy developments related to high-definition map at both national and analysis it future development trend.

Keywords: High-Definition Map; Intelligent Connected Vehicle; Autonomous Driving

B.14 Research and Application of Key Technologies for Geographical Entity Production in Beijing

Chen Pinxiang, Zeng Yanyan and Cao Yifei / 163

Abstract: As a pilot city for the construction of a new national basic surveying and mapping system, Beijing is currently actively promoting related construction work, among which geographical entities are the core products. This report takes the practical work of the new basic surveying and mapping construction pilot project in Beijing as the starting point, and introduces the key technical methods for the production of geographical entities in Beijing's pilot project from two aspects: the conversion of basic geographic information feature data and the collection of important geographical entity data in mountainous areas. Among them, there two methods for collecting data on important geographical entities in mountainous areas, including 3D stereo compilation based collection of geographical entities and aerial image based collection of geographical entities. Based on this, the application of geographical entities in engineering projects is introduced, providing valuable experience and achievements for the construction of new basic surveying and mapping in China.

Keywords: Realistic 3D; Geographical Entities; 3D Stereoscopic Editing; Aerial Image; Stereo Acquisition

B.15 Application and Development of Automatic Single-object Construction Technology in the Real-world 3D Reconstruction of China

Gao Kai, Yue Liming, Peng Ling and Chen Xiuli / 176

Abstract: The construction of realistic 3D China is a new positioning and demand for the surveying and mapping geoinformation industry to serve economic and social development and ecological civilization construction. As a real, three-dimensional, and temporal reflection of human production, life, and ecological space, realistic 3D covers three-dimensional terrain and basic geographical entities, and is the core of the construction of realistic 3D China. Currently, the automation level of the production of basic geographic entity data for 3D representation is not high, and how to efficiently produce realistic 3D data has become a research hotspot. This report elaborates on the technical process of the construction of realistic 3D China, points out that data product production is a crucial part of the construction of realistic 3D China, analyzes the main problems faced by the construction of realistic 3D China data products, and clarifies the positioning of automatic monomer construction technology in the construction of realistic 3D China. The automated production technology of terrain level realistic 3D geographic entities and urban level realistic 3D geographic entity automation production technology are respectively introduced. Finally, the application of automatic monomer construction technology in the construction of realistic 3D China is introduced.

Keywords: Automatic Single-object Construction Technology; Real-world 3D China; Structure Extraction; Texture Repair

Ⅵ Basic Systems

B.16 The Current Situation and Development Ideas of Surveying & Mapping and Geoinformation Work

Xu Kaiming / 187

Abstract: The surveying, mapping and geoinformation work faces the problem of integrating into the main battlefield of ecological civilization construction and economic and social development, meeting the needs of all parties with efficient and high-quality services, while maintaining professional characteristics and highlighting the main responsibilities. This report analyzed the changes in the main business and main technical methods of surveying and mapping units after institutional reform. Then a series of prominent issues were pointed out such as the mismatch between functional responsibilities and main businesses, the need for integration of internal surveying and mapping work in natural resource systems, the lack of organic integration of surveying and mapping work into government information construction, the lack of establishment of a new surveying, mapping and geoinformation business system, and the disconnection between departmental production, public services, and application needs. From the perspective of promoting the deep integration of surveying and mapping work, some suggestions were proposed for integrating surveying and mapping work within the natural resource system, doing well in new concepts, inheriting new technologies and traditional business systems, and constructing a new basic surveying and mapping production service system.

Keywords: Geoinformation Data Elements; Common Technologies; One Measurement for Multiple Purposes; Public Platforms

B.17 The Practice and Thinking of Surveying & Mapping and Geoinformation Support the Reform of "Multi Surveying Integration"

Yang Hongshan / 199

Abstract: Currently, the "multi surveying integration" reform is be steadily promoted nationwide. Various regions have conducted extensive exploration and practice in policy formulation, unified technical standards, and optimization of supporting services. The comprehensive deepening of the reform has achieved new results. As an important measure to deepen reform and optimize the business environment, the "multi surveying integration" reform is a major task undertaken by the Ministry of Natural Resources, and it urgently needs the support and guarantee of surveying and mapping geographic information. Based on the specific practices of the Sichuan Bureau of Surveying Mapping and Geoinformation in supporting the "multi surveying integration" reform, this report analyzes the problems and challenges faced by surveying, mapping and geoinformation to support the reform of "multi-surveying and integration", puts forward suggestions for the future surveying mapping and geoinformation to support the reform. It aims to provide safer, more efficient, accurate and reliable guarantee of surveying and mapping geographic information support for the "multi surveying integration" reform.

Keywords: Surveying & Mapping and Geoinformation; Multi Surveying Integration; Reform

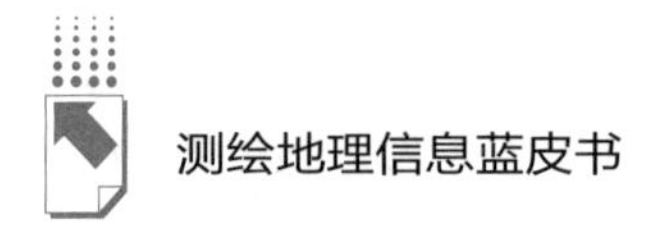

B.18 Analysis of Construction and Current Situation of Implementation of Registered Surveyor System

Yi Shubai, Wang Qi and Zeng Chenxi / 211

Abstract: The report of the 20th National Congress of the Communist Party of China pointed out that high-quality development is the primary task of comprehensively building a modern socialist country. The national high-quality development strategy has clarified the specific requirements for various sectors to promote high-quality development in the coming period. The implementation of the Registered Surveyor System is an important initiative for the strategic planning of high-quality development in the surveying and mapping industry. This report conducts an in-depth analysis of the current status of the construction and implementation of the Registered Surveyor System in China. It investigates from various aspects such as the significance of system establishment, the construction of the system framework, the status of the talent team, and the current state of management and implementation. The research focuses on how to further strengthen the construction of the surveying and geographic information talent team, improve the quality of professional surveying personnel, ensure the quality of surveying results, and safeguard national and public interests. It analyzes the achievements, challenges, and problems encountered during the implementation of the Registered Surveyor System and offers targeted suggestions for positively and steadily advancing the deep-rooted establishment of the Registered Surveyor System. This effort aims to fulfill the functional positioning of "two supports, two improvements" in the new era of surveying and geographic information work, effectively promote the quality upgrade of surveying, and foster the healthy, regulated, and orderly development of the surveying industry by providing a robust talent foundation.

Keywords: Surveying & Mapping and Geoinformation; Registered Surveyor; Professional Qualification; Talent Cultivation

B.19 Conception of Introducing Franchise Mechanism into the Development and Utilization of Natural Resource Data

Qiao Chaofei / 221

Abstract: This report briefly summarizes the three stages of government data development and utilization in China, including data sharing, data openness, and data authorization operation. It analyzes the applicability of the government data authorization operation model - franchise, and pointed out that franchise is applicable to chargeable items which have characteristics such as social, public welfare, sharing, low marginal cost of use, spatiotemporal, large investment scale, and long service life. The feasibility of introducing franchise into the development and utilization of natural resource data was discussed, including the fact that natural resource data has the characteristics of chargeable items and conforms to the spirit of relevant national documents, and the "Three Determinations" regulations of the Ministry of Natural Resources provide a basis for responsibilities. The main parts of introducing franchise into the development and utilization of natural resource data are proposed, which mainly includes: selecting authorized enterprises through open bidding, developing and operating natural resource data products by authorized enterprises, and enterprises returning franchise rights after the expiration of the authorization period. Finally, the respective rights and obligations of the department of natural resources and enterprises in the authorized operation of natural resource data are analyzed.

Keywords: Natural Resources; Public Data; Authorized Operation; Franchise

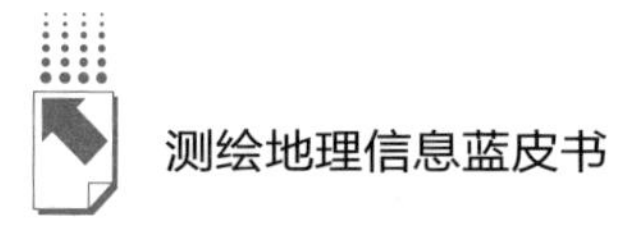

B.20 Research on the Construction of Basic System for Geospatial Public Data

—Taking Satellite Remote Sensing Data as an Example

Zhou Yuemin, Li Jun and Mou Xiongbing / 230

Abstract: Geospatial information is a national fundamental and strategic information resource. Its public data consists of remote sensing, communications, navigation satellite information and cross-departmental thematic information. It has the advantages of massive data scale and rich application scenarios, ranking first among geospatial public data elements. Authoritative, public welfare and primary status have an overall leading role in stimulating the value of geospatial public data elements. Following the top-level framework of the "Twenty Data-Articles", we should focus on the open circulation of geospatial public data as soon as possible and use civil satellite remote sensing and other data as pilot projects to explore policy standards and institutional mechanisms for geospatial public data property rights, circulation transactions, income distribution, and security governance. Promote geospatial public data elements "come alive, move, and be used" to empower government governance and economic development.

Keywords: Geographical Space; Data Property Rights; Sharing; Openness; Data Governance

Ⅶ Applications

B.21 Development of Geoinformation Industry in the Digital Era

Li Weisen / 241

Abstract: The geographic information industry is a strategic emerging industry related to the national economy and the people's livelihood. Its basic, strategic and advanced nature will be more prominent in the digital age. This report expounds how the geographic information industry can provides impetus for the development of digital economy from four aspects:Comprehensively realizing the digitization of geographic information industry, the establishment of digital infrastructure base for geographic information, the promotion of digital level of public services through geographic information technology, and accelerating the industrialization of geographic information data elements, and put forward the current need to focus on innovation-driven and demand-driven, information security and data sharing, self-reliance and international cooperation in these three dimensions of the overall work to enhance the overall effectiveness of the geographic information industry itself.

Keywords: Geoinformation Industry; Digital Economy; Industrial Digitization; Digital Base; Data Elements

B.22 Progress and Trends of Digital Twins City Construction in China

Dang Anrong, Tian Ying, Huang Jingxiong and Weng Yang / 253

Abstract: Digital twins city is the achievement of the symbiosis, interaction and co-prosperity development of the physical city in the real world and the digital city in the virtual world. It is a new smart city that integrates the application of the internet of things, big data, cloud computing, information technology, and artificial intelligence. Due to the contribution to urban planning, construction, management, operation, management of scientific and modern development, the development of digital twins city attracts attentions of all aspects. In recent years, the policy concept, technical method, practice application of digital twins city have carried out a lot of exploration and many typical achievements which showing obvious characteristics. This report reviews the relevant policies for the construction of digital twin cities at the national and provincial and municipal levels, analyzes the cases of digital twin city construction in Beijing, Shanghai, Chongqing, and Xiong'an New Area, and finally proposes a study on the development trend of digital twin cities, hoping to contribute to the orderly development of digital twin cities.

Keywords: Digital Twins; Smart City; City Information Modeling

B.23 Empowering the Development of Digital Economy through Surveying & Mapping and Geoinformation

Wang Hua, Chen Xiaoxi and Zhang Yanyi / 261

Abstract: In the era of digital civilization, information technology centered around computers, artificial intelligence, and the internet has deeply integrated into various aspects of human production, life, and management. The intelligent tool system, as a primary symbol of contemporary advanced productive forces, plays a key role in promoting the development of the digital economy. This report, through in-depth analysis, explores the three core capabilities of surveying & mapping and geo information: spatial positioning, spatiotemporal scene support, and spatiotemporal analysis. It discusses the objective requirements of intelligent tool systems for these three core capabilities and related technologies. Demonstrates the indispensable role of surveying & mapping and geo information in the development of the digital economy. Furthermore, from the perspective of promoting high-quality economic and social development, focusing on the establishment of an intelligent surveying & mapping technology system, further opinions and suggestions on improving surveying & mapping and geo information work were proposed. Aiming to advance the evolution and enhancement of the surveying & mapping and geo information sector, broaden the utilization of surveying & mapping and geo information in empowering new digital economy formats, effectively align with the demands of the digital era, and provide robust backing to digital economy progression.

Keywords: Digital Economy; Intelligent Tool System; Surveying & Mapping and Geoinformation; Spatiotemporal Big Data Platform

B.24 Research and Application of Spatio-Temporal Digital Platform for Urban Intelligent Governance
—A Case Study of Shanghai
Wang Hao, Wang Yue and Chen Chunlai / 271

Abstract: This report summarizes the development trends of digital China and digital cities, as well as the main achievements, bottlenecks, and challenges encountered in the digitalization construction of Shanghai's government affairs information. Then a spatio-temporal digital platform for urban intelligent governance based on the deep integration of new technologies such as big data, cloud computing, and the IOT with government applications was proposed. The overall goals, overall framework, and construction tasks and demonstration applications of the platform are introduced. The platform has improved the spatio-temporal data sharing and business collaboration capabilities in urban governance, which has certain reference value for exploring new models of information technology in mega-cities and achieving intelligent urban governance.

Keywords: Urban Governance; Spatio-Temporal Data; Intelligence; Digital Transformation

皮 书

智库成果出版与传播平台

皮书定义

皮书是对中国与世界发展状况和热点问题进行年度监测，以专业的角度、专家的视野和实证研究方法，针对某一领域或区域现状与发展态势展开分析和预测，具备前沿性、原创性、实证性、连续性、时效性等特点的公开出版物，由一系列权威研究报告组成。

皮书作者

皮书系列报告作者以国内外一流研究机构、知名高校等重点智库的研究人员为主，多为相关领域一流专家学者，他们的观点代表了当下学界对中国与世界的现实和未来最高水平的解读与分析。

皮书荣誉

皮书作为中国社会科学院基础理论研究与应用对策研究融合发展的代表性成果，不仅是哲学社会科学工作者服务中国特色社会主义现代化建设的重要成果，更是助力中国特色新型智库建设、构建中国特色哲学社会科学“三大体系”的重要平台。皮书系列先后被列入“十二五”“十三五”“十四五”时期国家重点出版物出版专项规划项目；自 2013 年起，重点皮书被列入中国社会科学院国家哲学社会科学创新工程项目。

S UB DATABASE 基本子库

中国社会发展数据库（下设 12 个专题子库）

紧扣人口、政治、外交、法律、教育、医疗卫生、资源环境等 12 个社会发展领域的前沿和热点，全面整合专业著作、智库报告、学术资讯、调研数据等类型资源，帮助用户追踪中国社会发展动态、研究社会发展战略与政策、了解社会热点问题、分析社会发展趋势。

中国经济发展数据库（下设 12 专题子库）

内容涵盖宏观经济、产业经济、工业经济、农业经济、财政金融、房地产经济、城市经济、商业贸易等12个重点经济领域，为把握经济运行态势、洞察经济发展规律、研判经济发展趋势、进行经济调控决策提供参考和依据。

中国行业发展数据库（下设 17 个专题子库）

以中国国民经济行业分类为依据，覆盖金融业、旅游业、交通运输业、能源矿产业、制造业等 100 多个行业，跟踪分析国民经济相关行业市场运行状况和政策导向，汇集行业发展前沿资讯，为投资、从业及各种经济决策提供理论支撑和实践指导。

中国区域发展数据库（下设 4 个专题子库）

对中国特定区域内的经济、社会、文化等领域现状与发展情况进行深度分析和预测，涉及省级行政区、城市群、城市、农村等不同维度，研究层级至县及县以下行政区，为学者研究地方经济社会宏观态势、经验模式、发展案例提供支撑，为地方政府决策提供参考。

中国文化传媒数据库（下设 18 个专题子库）

内容覆盖文化产业、新闻传播、电影娱乐、文学艺术、群众文化、图书情报等 18 个重点研究领域，聚焦文化传媒领域发展前沿、热点话题、行业实践，服务用户的教学科研、文化投资、企业规划等需要。

世界经济与国际关系数据库（下设 6 个专题子库）

整合世界经济、国际政治、世界文化与科技、全球性问题、国际组织与国际法、区域研究 6 大领域研究成果，对世界经济形势、国际形势进行连续性深度分析，对年度热点问题进行专题解读，为研判全球发展趋势提供事实和数据支持。

法律声明